Adobe After Effects CC
课堂实录

宋岩峰　李　莹　主编

清華大学出版社
北　京

内 容 简 介

本书以After Effects软件为载体，以知识应用为中心，对视频后期处理知识进行了全面阐述。书中每个案例都给出了详细的操作步骤，同时还对操作过程中的设计技巧进行了描述。

全书共10章，遵循由浅入深、循序渐进的思路，依次对影视后期学前知识、专业术语、相关软件协同应用、After Effects的素材管理、图层应用、文字应用、蒙版工具、色彩校正效果、视频滤镜效果等内容进行了详细讲解。最后通过制作杂志宣传视频、水墨动画效果等综合案例，对前面所介绍的知识进行了综合应用，以达到举一反三、学以致用的目的。

本书结构合理，思路清晰，内容丰富，语言简练，解说详略得当，既有鲜明的基础性，也有很强的实用性。

本书既可作为高等院校相关专业的教学用书，又可作为影视制作爱好者的学习用书。同时也可作为社会各类After Effects软件培训机构的首选教材。

图书在版编目(CIP)数据

Adobe After Effects CC课堂实录 / 宋岩峰，李莹主编.—北京：清华大学出版社，2021.6

ISBN 978-7-302-57853-6

Ⅰ. ①A… Ⅱ. ①宋… ②李… Ⅲ. ①图像处理软件 Ⅳ. ①TP391.413

中国版本图书馆CIP数据核字（2021）第056976号

责任编辑：李玉茹
封面设计：杨玉兰
责任校对：吴春华
责任印制：宋　林

出版发行：清华大学出版社
网　　址：http://www.tup.com.cn，http://www.wqbook.com
地　　址：北京清华大学学研大厦A座　　**邮　　编：**100084
社 总 机：010-62770175　　**邮　　购：**010-62786544
投稿与读者服务：010-62776969，c-service@tup.tsinghua.edu.cn
质量反馈：010-62772015，zhiliang@tup.tsinghua.edu.cn

印 装 者：三河市铭诚印务有限公司
经　　销：全国新华书店
开　　本：200mm×260mm　　**印　　张：**15　　**字　　数：**365千字
版　　次：2021年6月第1版　　**印　　次：**2021年6月第1次印刷
定　　价：79.00 元

产品编号：091190-01

序　言

数字艺术设计是指通过数字化手段和数字工具实现创意和艺术创作的全新职业技能，全面应用于文化创意、新闻出版、艺术设计等相关领域，并覆盖移动互联网应用、传媒娱乐、制造业、建筑业、电子商务等行业。

ACAA意为联合数字创意和设计相关领域的国际厂商、龙头企业、专业机构和院校，为数字创意领域人才培养提供最前沿的国际技术资源和支持，是中国教育发展战略学会教育认证专业委员会常务理事单位。

ACAA二十年来始终致力于数字创意领域，在国内率先创建数字创意领域数字艺术设计技能等级标准，填补该领域空白，依据职业教育国际合作项目成立“设计类专业国际化课改办公室”，积极参与“学历证书+若干职业技能等级证书”相关工作，目前是Autodesk中国教育管理中心。

ACAA在数字创意相关领域具有显著的品牌辨识度和影响力，并享有独立的自主知识产权，先后为Apple、Adobe、Autodesk、Sun、Redhat、Unity、Corel等国际软件公司提供认证考试和教育培训标准化方案。

二十年来，通过ACAA数字艺术设计培训和认证的学员，有些已成功创业，有些成为企业骨干力量。众多考生通过ACAA数字艺术设计师资格或实现入职，或实现加薪、升职，企业还可以通过高级设计师资格完成资质备案，来提升企业竞标成功率。

ACAA系列教材旨在为院校和学习者提供更为科学、严谨的学习资源，我们致力于把最前沿的技术和最实用的职业技能评测方案提供给院校和学习者，促进院校教学改革，提升教学质量，助力产教融合，帮助学习者掌握新技能，强化职业竞争力，助推学习者的职业发展。

ACAA教育\Autodesk中国教育管理中心
(设计类专业国际化课改办公室)
主任：王　东

前　言

本书内容概要

After Effects 是 Adobe 公司推出的一款图形视频合成与处理软件，可以帮助用户高效且精确地创建无数种引人注目的动态图形和震撼人心的视觉效果，被广泛地应用于影视后期制作、电视节目包装、广告制作等领域。本书从软件的基础讲起，循序渐进地对软件功能进行全面论述，让读者充分熟悉软件的各大功能。同时，结合各领域的实际应用，进行案例展示和制作，并对行业相关知识进行深度剖析，以辅助读者完成各项视频处理工作。每个章节结尾都安排有针对性的练习测试题，以使读者实现学习成果的自我检验。

篇	章节	内容概述
学习准备篇	第 1 章	主要讲解了影视后期的基础知识、After Effects 软件的应用领域和工作界面、视频的专业术语和相关软件协同应用等知识
理论知识篇	第 2 ～ 8 章	主要讲解了 After Effects 的素材管理、图层应用、文字应用、蒙版工具、色彩校正效果、视频滤镜效果等知识
综合实战篇	第 9 ～ 10 章	主要讲解了水墨动画、杂志宣传视频等案例的制作

系列图书一览

本系列图书既注重单个软件的实操应用，又看重多个软件的协同办公，以“理论＋实操”为创作模式，向读者全面阐述了各软件在设计领域中的强大功能。在讲解过程中，结合各领域的实际应用，对相关的行业知识进行了深度剖析，以辅助读者完成各种类型的设计工作。正所谓要“授人以渔”，读者不仅可以掌握这些设计软件的使用方法，还能利用它独立完成作品的创作。本系列图书包含以下图书作品：

★《Adobe Premiere Pro CC 课堂实录》
★《Adobe After Effects CC 课堂实录》
★《Adobe Photoshop CC 课堂实录》
★《Adobe Illustrator CC 课堂实录》
★《Adobe InDesign CC 课堂实录》
★《Adobe Dreamweaver CC 课堂实录》
★《Adobe Animate CC 课堂实录》
★《Photoshop CC + Illustrator CC 插画设计课堂实录》
★《Premiere Pro CC+After Effects CC 视频剪辑课堂实录》
★《Photoshop+Illustrator+InDesign 平面设计课堂实录》
★《Photoshop+Animate+Dreamweaver 网页设计课堂实录》
★《HTML5+CSS3 前端体验设计课堂实录》
★《Web 前端开发课堂实录（HTML5+CSS3+JavaScript）》

配套资源获取方式

目前，市场上很多计算机图书中配带的 DVD 光盘，总是容易破损或无法正常读取。鉴于此，本系列图书的资源可以通过扫码获取。

课件＋素材＋视频

本书由宋岩峰（哈尔滨师范大学）、李莹（哈尔滨石油学院）编写。其中宋岩峰编写第 1~6 章，李莹编写第 7~10 章。在写作过程中始终坚持严谨细致的态度，由于时间有限，书中疏漏之处在所难免，希望读者批评指正。

CONTENTS 目录

学习准备篇

第 1 章 影视后期制作学前热身

理论知识篇

第 2 章 After Effects CC 入门必学

CONTENTS

CONTENTS

第 6 章

蒙版工具的应用

第 7 章

色彩校正与调色

CONTENTS

综合实战篇

第 9 章

制作水墨动画效果

第 10 章

制作杂志宣传视频

学习准备篇

Study Preparation

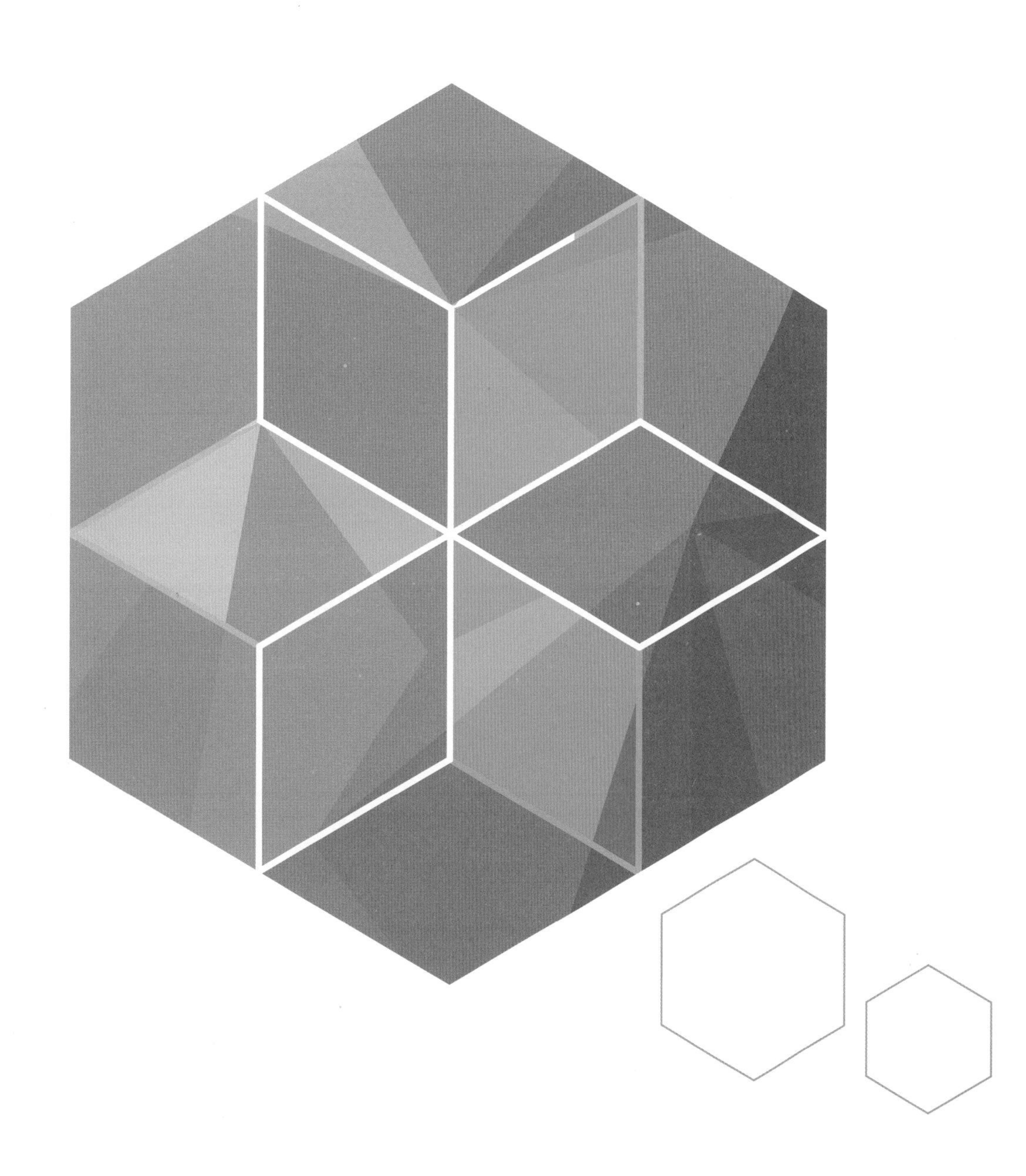

第1章 影视后期制作学前热身

内容导读

After Effects 简称 AE，是 Adobe 公司开发的一款视频剪辑及设计软件，是制作动态影像设计不可或缺的辅助工具，适用于从事设计和视频特技的机构。在学习该软件之前，首先应该对其相关基础理论有一个整体和清晰的认识。

本章将会对 After Effects 使用过程中的常用术语和文件格式、影视后期常用的操作软件等知识进行详细介绍。

学习目标

» 影视后期的学习

» 熟悉常用术语

» 熟悉常用文件格式

» 了解相关操作软件

1.1 了解影视后期制作

影视后期制作就是对拍摄完的影片或者软件制作的动画进行后期的再处理，加上文字、各种特效声音等，使其形成完整的影片。其制作流程一般包括剪辑、特效、音乐、合成等步骤。

1. 剪辑

影片的剪辑又分为粗剪和精剪两种。粗剪即对素材进行整理，使素材按脚本的顺序进行拼接，形成一个包括内容情节的影片；精剪就是对粗剪的进一步加工，修改粗剪视频中不好的部分，然后加上一部分的特效等，完成画面的工作。

2. 特效

特效是影视后期处理中比较重要的步骤，它可以精剪并完善影片中效果不好或未拍到的部分，也可以制作一些具有强烈视觉冲击力的画面效果。与三维软件结合更是可以做出一些超越现实的作品。

3. 音乐

音乐可以增强画面的效果，揭示影片的内容与主题，使影片具有一定的节奏感。

4. 合成

结束以上步骤后，就可以将所有元素合成在一起，输出完整的影片。

1.2 掌握操作软件

影视后期制作分为视频合成和非线性编辑两部分，在编辑与合成的过程中，往往需要用到多个软件，如Adobe公司旗下的After Effects、Premiere、Photoshop等软件，以及Corel公司旗下的会声会影等。通过综合使用多个软件，可以制作出更绚丽的视频效果。下面将针对这些软件进行介绍。

1.2.1 After Effects

After Effects是Adobe公司旗下一款非线性特效制作视频软件，包括影视特效、栏目包装、动态图形设计等方面。该软件主要用于制作特效，可以帮助用户创建动态图形和精彩的视觉效果，和三维软件结合使用，可以使作品呈现更为酷炫的效果。如图1-1所示为使用After Effects软件制作出的效果。

图1-1

1.2.2 Premiere Pro

Premiere Pro是由Adobe公司出品的一款非线性音视频编辑软件。主要用于剪辑视频，同时包括调色、字幕、简单特效制作、简单的音频处理等常用功能。且与Adobe公司旗下的其他软件兼容性较好，画面质量也较高，因此被广泛应用。如图1-2所示为使用Premiere软件后期调色制作出的效果。

图 1-2

1.2.3 会声会影

会声会影是一款功能强大的视频编辑软件，具有图像抓取和编修功能。该软件出自Corel公司，操作简单，功能丰富，适合家庭日常使用，相对EDIUS、Adobe Premiere、Adobe After Effects等视频处理软件来说，在专业性上略逊色。如图1-3所示为使用会声会影软件制作的视频效果。

图 1-3

1.2.4 Photoshop

Photoshop软件与After Effects、Premiere软件同属于Adobe公司，是一款专业的图像处理软件。该软件主要处理由像素构成的数字图像，在影视后期制作中，该软件可以与After Effects、Premiere软件协同工作，满足日益复杂的视频制作需求。如图1-4所示为使用Photoshop软件制作的图像效果。

图 1-4

ACAA课堂笔记

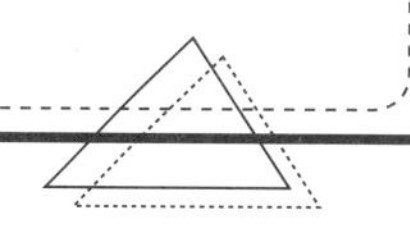

1.3 熟悉常用术语

在使用 After Effects 的过程中会遇到很多常用的专业术语，读者在学习之前应掌握各种术语的概念和意义，才能更好地学习 After Effects。

1. 合成图像

合成图像是 After Effects 中的一个重要术语。在一个新项目中制作视频特效，首先需要创建一个合成图像，在合成图像中才可以对各种素材进行编辑和处理。合成图像以图层为操作的基本单元，可以包含多个任意类型的图层。每一个合成图像既可以独立工作，又可以嵌套使用。

2. 图层

图层是引用 Photoshop 中的概念，可以使 After Effects 非常方便地导入 Photoshop 和 Illustrator 中的图层文件，还可以将视频、音频、文字、静态图像等其他类型的文件作为图层显示在合成图像中。

3. 帧

帧是指每秒显示的图像数（帧数），是传统影视和数字视频中的基本信息单元。人们在电视中看到的活动画面其实都是由一系列的单个图片构成，相邻图片之间的差别很小。这些图片高速连贯起来就成为活动的画面，其中的每一幅就是一帧。

4. 帧速率

帧速率就是视频播放时每秒渲染生成的帧数。电影的帧速率是 24 帧 / 秒；PAL 制式的电视系统，其帧速率是 25 帧 / 秒；NTSC 制式的电视系统，其帧速率是 29.97 帧 / 秒。由于技术的原因，NTSC 制式在时间码与实际播放时间之间有 0.1% 的误差，达不到 30 帧 / 秒，为了解决这个问题，NTSC 制式中有设计掉帧格式，这样就可以保证时间码与实际播放时间一致。

5. 帧尺寸

帧尺寸就是形象化的分辨率，是指图像的长度和宽度。PAL 制式的电视系统，其帧尺寸一般为 720×576；NTSC 制式的电视系统，其帧尺寸一般为 720×480；HDV 的帧尺寸则是 1280×720 或者 1440×1280。

6. 关键帧

关键帧是编辑动画和处理特效的核心技术，记载着动画或特效的特征及参数，关键帧之间画面的参数则是由计算机自动运行并添加。

7. 场

场是电视系统中的另一个概念。交错视频的每一帧由两个场构成，被称为“上”扫描场和“下”扫描场，或奇场和偶场，这些场依顺序显示在 NTSC 或 PAL 制式的监视器上，能够产生高质量的平滑图像。

场以水平线分割的方式保存帧的内容，在显示时先显示第一个场的交错间隔内容，然后选择第二个场来填充第一个场留下的缝隙。也就是说，一帧画面是由两场扫描完成的。

8. 时间码

时间码是影视后期编辑和特效处理中视频的时间标准。通常，时间码是用于识别和记录视频数

据流中的每一帧，以便在编辑和广播中进行控制。根据动画和电视工程师协会使用的时间码标准，其格式为“小时 : 分钟 : 秒 : 帧”。

9. 纵横比

纵横比是指画面的宽高比，一般使用 4 ∶ 3 或 16 ∶ 9 的比例。如果是计算机中使用的图形图像数据，像素的纵横比是一个正方形形态；NTSC 制式的电视系统是由 486 条扫描线和每条扫描线 720 个取样构成。

电影、SDTV 和 HDTV 具有不同的纵横比格式。SDTV 的纵横比是 4 ∶ 3 或比值为 1.33；HDTV 和 EDTV（扩展清晰度电视）的纵横比是 16 ∶ 9 或比值为 1.78；电影的纵横比值从早期的 1.333 已经发展到宽银幕的 2.77。

10. Alpha 通道

Alpha 通道是图形图像学中的一个名词，是指采用 8 位二进制数存储于图像文件中，代表各像素点透明度附加信息的专用通道。其中白色表示不透明，黑色表示透明，灰色则是根据其程度不同而呈现出半透明状态。Alpha 通道常用于各种合成、抠像等创作中，是保存选择区域的地方。

11. 像素

像素是指形成图像的最小单元，如果把图像不断放大就会看到，它是由很多的小正方形构成的。像素具有颜色信息，可以用 bit 来度量。例如，1bit 可以表示黑白两种颜色，2bit 则可以表示 4 种颜色，通常所说的 24 位视频，是指具有 16777216 个颜色信息的视频。

1.4 认识常见文件格式

After Effects 支持大部分的视频、音频、图像以及图形文件格式，还可以将记录三维通道的文件调入并进行修改。下面将对常用的文件格式进行介绍。

- ◎ BMP：在 Windows 下显示和存储的位图格式。可以简单地分为黑白、16 色、256 色和真彩色等形式。大多采用 RLE 进行压缩。
- ◎ AI：Adobe Illustrator 的标准文件格式，是一种矢量图形格式。
- ◎ EPS：封装的 PostScript 语言文件格式。可以包含矢量图形和位图图像，被所有的图形、示意图和页面排版程序所支持。
- ◎ JPG：用于静态图像标准压缩格式，支持上百万种颜色，不支持动画。
- ◎ GIF：8 位（256 色）图像文件，多用于网络传输，支持动画。
- ◎ PNG：作为 GIF 的免专利替代品，用于在 Word Wide Web 上无损压缩和显示图像。与 GIF 不同的是，PNG 格式支持 24 位图像，产生的透明背景没有锯齿边缘。
- ◎ PSD：Photoshop 的专用存储格式，采用 Adobe 的专用算法。可以很好地配合 After Effects 进行使用。
- ◎ TGA：Truevision 公司推出的文件格式，是一组由后缀为数字并且按照顺序排列组成的单帧文件组。被国际上的图形、图像工业广泛接受，已经成为数字化图像、光线追踪和其他应用程序所产生的高质量图像的常用格式。
- ◎ AVI：一种不需要专门硬件参与就可以实现大量视频压缩的数字视频压缩格式，是文件中音频与视频数据的混合，音频数据与视频数据交错存放在同一个文件中，是视频编辑中经常用到的文件格式。

◎ MPEG：MPEG 的平均压缩比为 50 ：1，最高可达到 200 ：1，压缩效率非常高，同时图像和声音的质量也很好，并且在 PC 上有统一的标准格式，兼容性好。

◎ WMV：一种独立于编码方式的在 Internet 上能够实时传播的多媒体技术标准。它们的共同特点是采用 MPEG-4 压缩算法，因此压缩率和图像的质量都很不错。

◎ WAV：Windows 记录声音用的文件格式。

◎ MP3：可以说是目前最为流行的音频格式之一，采用 MPEG Audio Layer 3 的技术，将音乐以 1 ：10 甚至 1 ：12 的压缩率压缩成容积最小的文件，压缩后文件容量只有原来的 1/10 到 1/15，而音色基本不变。

◎ MP4：在 MP3 的基础上发展起来的，其压缩比更大，文件更小，且音质更好，真正达到了 CD 的标准。

1.5 色彩基础知识

色彩是设计中最重要、最有表现力的元素之一。在利用 After Effects 进行后期制作和处理时，合理地运用色彩，可以引起观者的审美愉悦，创造幻觉空间的效果。

1.5.1 色彩属性

色相、明度、纯度（饱和度）三种元素构成了色彩，下面将针对这三种元素进行介绍。

1. 色相

色相即各类色彩的相貌名称，如红、黄、蓝等，是区分色彩的主要依据，是有彩色的最大特征。如图 1-5 和图 1-6 所示分别为十二色相环和二十四色相环。

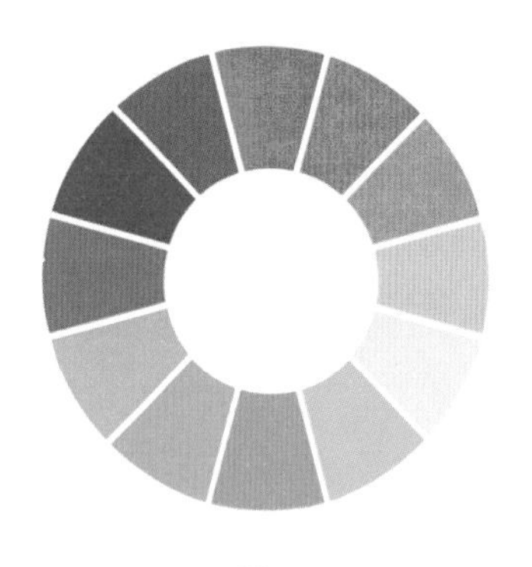

图 1-5

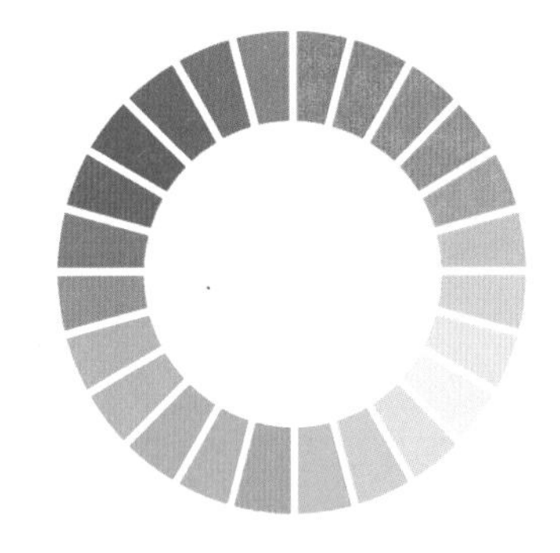

图 1-6

2. 明度

明度即指色彩的明暗差别，也指色彩亮度。色彩的明度有两种情况：一是同一色相不同明度，如天蓝、蓝、深蓝，都是蓝，但一种比一种深。二是各种颜色的不同明度，每一种纯色都有与其相应的明度，其中，白色明度最高，黑色明度最低，红、灰、绿、蓝色为中间明度。

色彩从白到黑靠近亮端的称为高调，靠近暗端的称为低调，中间部分为中调，如图 1-7 所示为明度尺。

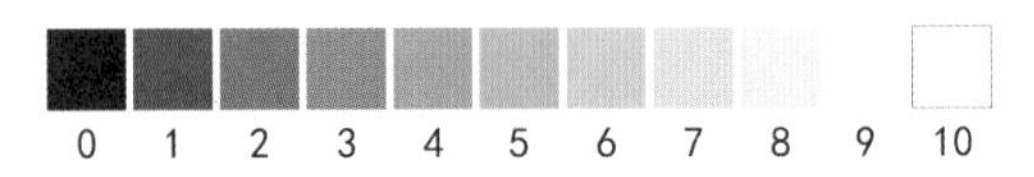

图 1-7

其中低调是以深色系 1 ～ 3 级为主调的称为低明度基调，具有沉静、厚重、迟钝、沉闷的感觉；中调是以中色系 4 ～ 6 级为主调的称为中明度基调，具有柔和、甜美、稳定、舒适的感觉；高调是以浅色系 7 ～ 9 级为主调的称为高明度基调，具有优雅、明亮、轻松、寒冷的感觉。

明度反差大的配色称为长调，明度反差小的配色称为短调，明度反差适中的配色称为中调。

在明度对比中，运用低调、中调、高调和短调、中调、长调进行色彩的搭配组合，构成 9 组明度基调的配色组合，称为“明度九调构成”，分别为：高长调、高中调、高短调、中长调、中中调、中短调、低长调、低中调、低短调。

3. 纯度

纯度即各色彩中包含的单种标准色成分的多少，即色彩的鲜艳度。其中红、橙、黄、绿、蓝、紫等的纯度最高，无色彩的黑、白、灰的纯度几乎为零。

不同色相所能达到的纯度是不同的，其中红色纯度最高，绿色纯度相对低些，其余色相居中，如图 1-8 和图 1-9 所示为不同纯度的黄色。

图 1-8　　图 1-9

1.5.2 基础配色知识

色彩搭配是指对色彩进行搭配，使其呈现更好的视觉效果。本小节将针对原色、冷暖色、邻近色等一些基础配色知识进行介绍。

1. 原色

不能通过颜色的混合调配而得出的基本色称为原色。颜料的三原色为红、黄、蓝，所有颜色都可以由原色混合得到，三原色是平均分布在色相环中的，如图 1-10 所示。

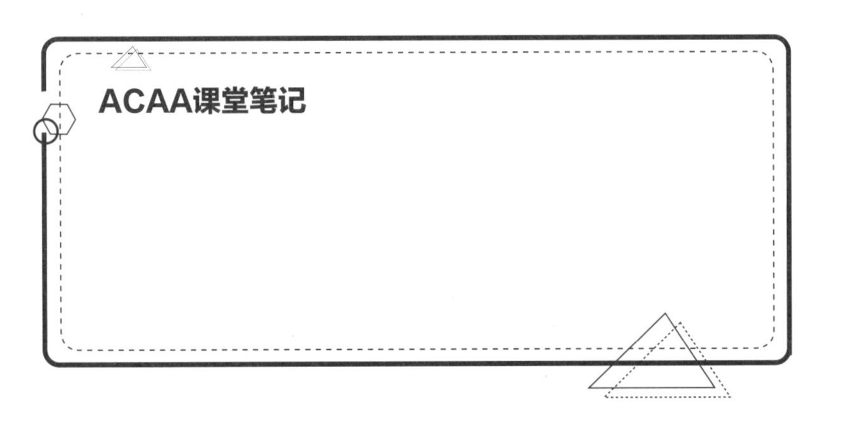

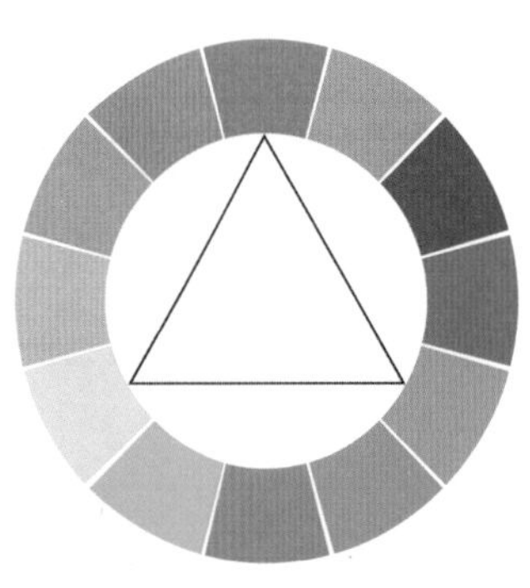

图 1-10

2. 冷暖色

色彩学上根据心理感受，把颜色分为暖色调（红、橙、黄）、冷色调（绿、蓝）和中性色调（紫、黑、灰、白）。暖色给人以温暖、热烈的感觉，如图 1-11 所示；冷色给人凉爽、轻松的感觉，如图 1-12 所示。

图 1-11

图 1-12

3. 类似色

色相环中相距 60° 以内的色彩为类似色，其色相对比差异不大，给人统一、稳定的感觉，如图 1-13 和图 1-14 所示。

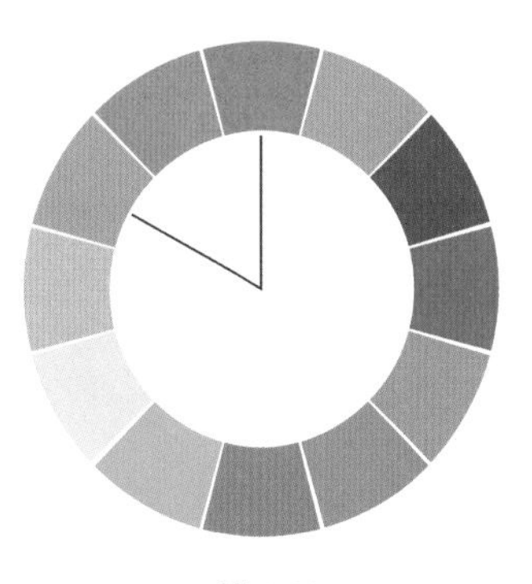

图 1-13

图 1-14

4. 邻近色

色相环中相距 60° ～ 90° 的色彩为邻近色，如红色与黄橙色、青色与黄绿色等，邻近色色相彼此近似，冷暖性质一致，色调统一和谐，如图 1-15 和图 1-16 所示。

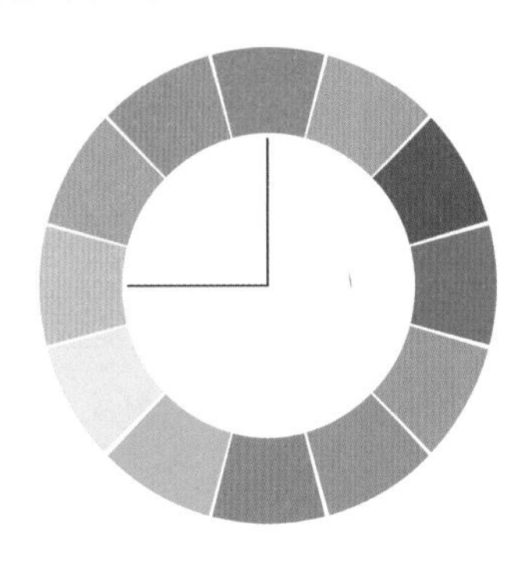

图 1-15

图 1-16

5. 对比色

色相环中夹角为 120° 左右的色彩为对比色关系。这种搭配使画面具有矛盾感，矛盾越鲜明，对比越强烈，如图 1-17 和图 1-18 所示。

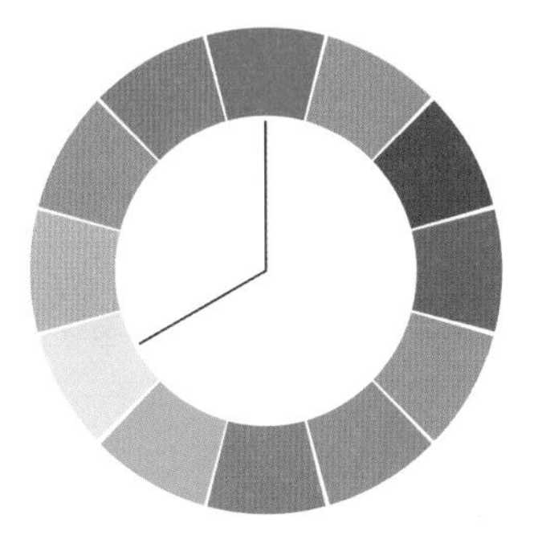

图 1-17

图 1-18

6. 互补色

色相环中相距 180° 的色彩为互补色，如红色与绿色、黄色与紫色、橙色与蓝色等，互补色有强烈的对比度，可以带来震撼的效果，如图 1-19 和图 1-20 所示。

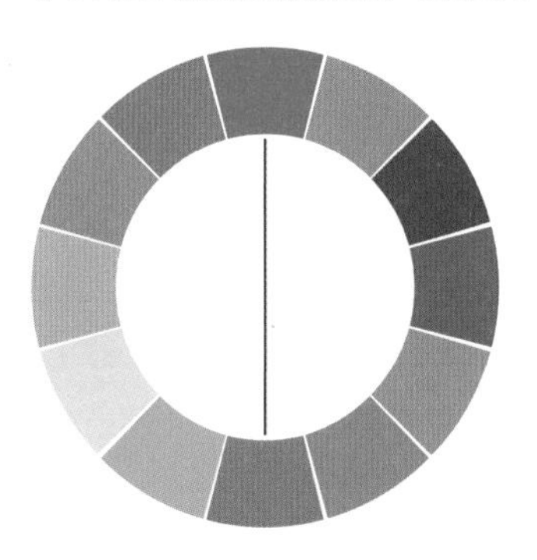

图 1-19

图 1-20

1.5.3 色彩平衡

色彩搭配中，主色、辅助色和点缀色三种色彩组成了一幅画的所有色彩。通过主色奠定基调，辅助色丰富画面，点缀色引导，使得整个画面变得美妙。

1. 主色

主色，就是最主要的颜色，也就是在色彩中占据面积最多的色彩，占到全部面积的 50% ～ 60%。主色决定画面的风格，传达要表达的信息，辅助色和点缀色都需要围绕着它来进行选择与搭配。

2. 辅助色

辅助色的主要目的就是衬托主色，使画面更加丰富，占全部面积的 30% ～ 40%。

3. 点缀色

点缀色的面积虽小，但却是画面中最吸引眼球的“点睛之笔”，通常体现在细节处。一幅完美的画面除了有恰当的主色和辅助色的搭配，还可以添加亮眼的点缀色进行引导。但要注意的是，点缀色并不是必须要添加的。

1.6 素材拍摄工具

影视中最重要的元素之一就是素材，用户可以通过一些拍摄工具来获取音视频素材。本小节将对一些常见的拍摄工具进行介绍。

1. 单反

单反即指单镜头反光式取景照相机，该款相机取景器中的成像角度与最终出片的角度一致，既可摄影也可用于取景，搭配不同镜头还可以得到不同的效果。但单反相机一般较为笨重，不便携带，操作上也较为复杂。如图 1-21 所示为佳能 EOS 800D 单反相机。

2. 手机稳定器

稳定器可以降低因手部不稳而导致的镜头晃动的问题。在日常拍摄过程中，用户可以搭配手机稳定器和手机使用，使拍摄更为方便。如图 1-22 所示为 Ronin SC（如影 SC）单手持微单稳定器。

图 1-21

图 1-22

ACAA课堂笔记

3. 光学镜头

光学镜头可以影响成像质量的优劣，按照焦距来分有广角、标准、长焦距、微距等多种，在使用时需要根据用途合理选择。如图 1-23 所示为常见的镜头。

4. 麦克风

麦克风可以将声音信号转换为电信号，主要用于音频素材的收集。如图 1-24 所示为森海塞尔 EW 500 FILM G4 便携组合话筒套装。

图 1-23

图 1-24

ACAA课堂笔记

课后作业

一、选择题

1. After Effects 的操作过程中，最多可以恢复的步数是（　　）。

A. 10　　B. 49

C. 99　　D. 无限制

2. After Effects 最主要的功能是（　　）。

A. 应用于数字化视频领域的后期合成

B. 基于 PC 或 Mac 平台对数字化的音视频素材进行非线性的剪辑编辑

C. 基于 PC 或 Mac 平台对数字化的音视频素材进行非线性的叠加合成

D. 制作多媒体文件

3. 8bit 位深度的含义是（　　）。

A. 每个通道使用 2 的 4 次方量化　　B. 每个通道使用 2 的 8 次方量化

C. 每个通道使用 8 的 2 次方量化　　D. 每个通道使用 4 的 2 次方量化

4. 关于视频制式的使用，下列描述正确的是（　　）。

A. 美国、加拿大采用 NTSC 制式　　B. 日本采用 PAL 制式

C. 欧洲采用 NTSC 制式　　D. 中国采用 PAL 制式

5. PAL 制式的电视节目，使用像素的宽高比是（　　）。

A. 4 ∶ 3　　B. 3 ∶ 2

C. 1.07　　D. 0.9

二、填空题

1. PAL 制式影片的帧速率是 ＿＿＿＿＿。

2. After Effects 编辑的最小时间单位是 ＿＿＿＿＿ 帧 ＿＿＿＿＿。

3. 隔行扫描的优点是可以在保证清晰度无太大下降和画面无大面积闪烁的前提下，将图像信号＿＿＿＿＿。

三、操作题

1. 上网搜索并查询 AE 中常见的动态素材和图像素材，如：MOV、AVI、MPEG、BMP、JPEG/JPG、GIF、PNG、TGA 等格式的文件。

2. 上网查看并下载视频文件处理软件、音频文件处理软件，为后期进一步的学习奠定基础。

理论知识篇

Theoretical knowledge

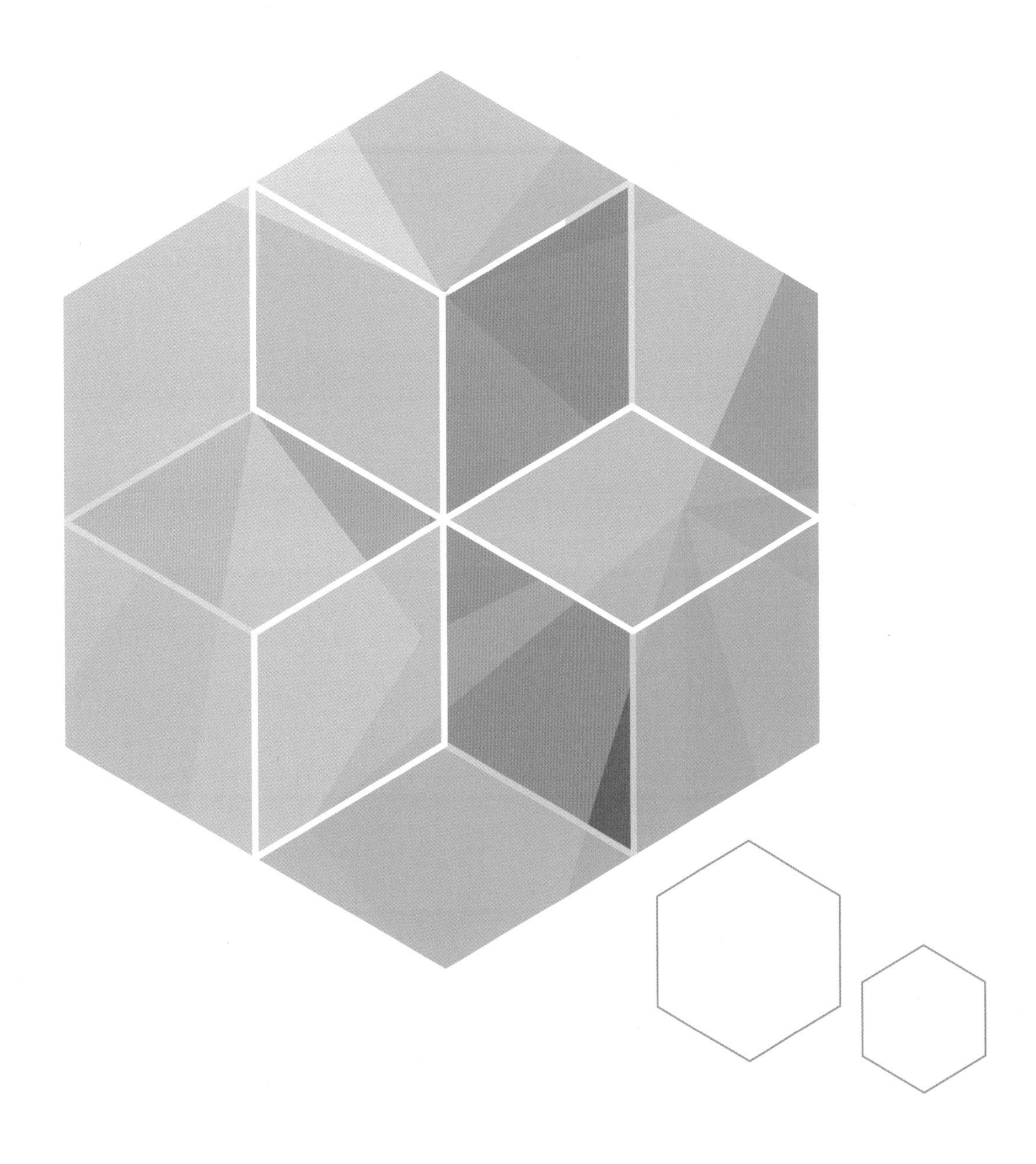

第2章 After Effects CC 入门必学

内容导读

本章将对 After Effects 的应用领域、工作界面、首选项设置以及项目创建的基本过程进行详细讲解。通过对本章内容的学习，读者可以全面认识和掌握 After Effects CC 的应用领域、工作界面组成、软件的设置以及项目创建等知识。

学习目标

- 熟悉 After Effects CC 的应用领域
- 熟悉 After Effects CC 的工作界面
- 熟悉软件的设置
- 掌握项目的基本操作技能

2.1 After Effects CC 应用领域

随着社会的进步和科技的发展，电视、计算机、网络、移动多媒体等媒体设备在人们生活中越来越普及。每天我们都通过不同的媒体观看并了解精彩的新闻时事、生活资讯和娱乐节目，这已经成为我们生活中不可缺少的一部分。正因为有了这些载体，影视后期处理的发展也越来越快，影视后期处理软件的应用领域也越来越广泛。

After Effects CC 是电视台、影视后期工作室和动画公司的常用软件，其应用涵盖了影片、电影、广告、多媒体以及网页等范围，如图 2-1 和图 2-2 所示。

图 2-1

图 2-2

（1）后期合成。

After Effects CC 作为一款后期特效合成软件，内部的粒子系统可以将多种常见的自然现象进行有效模拟，如雨景、火焰、大雪、云层等，可以制作出天衣无缝的合成效果，使得 After Effects CC 在影视后期合成制作中得到了广泛应用。

（2）影视动画。

在如今靠视听特效来吸引观众眼球的动画片中，无处不存在影视后期特效的身影，影视后期特效在影视动画中的应用效果是有目共睹的，可以说没有后期特效的支持，就没有影视动画的存在。

（3）电视栏目及频道片头。

在信息化时代，影视广告是传播产品信息的首选，同时也是企业树立形象的重要手段。利用 After Effects CC 可制作出色彩丰富、变幻无穷的特技，轻松实现使用者的一切创意。运用数十秒的时间将企业、产品、创意、艺术有机地结合在一起，可以达到图、文、声并茂的特点，传播范围广，也容易被大众接受，这是平面媒体所无法取代的效果。

2.2 After Effects CC 工作界面

After Effects CC 是一款用于高端视频特效系统的专业特效合成软件，其借鉴了许多优秀软件的成功之处，将视频特效合成技术上升到了一个新的高度。After Effects CC 保留了 Adobe 软件与其他图形图像软件的优秀兼容性，可以非常方便地调入 Photoshop、Illustrator 等的层文件，也可以近乎完美地再现 Premiere 的项目文件，还可以调入 Premiere 的 EDL 文件。

新版本进一步提升了软件性能，而且提供了全新的硬件加速解码、扩展和改进了对格式的支持并修复了一些错误。启动 After Effects CC 2018 应用程序，系统会弹出起始界面，显示软件的加载进度，如图 2-3 所示。

After Effects CC 2018 成功启动后，系统会弹出“开始”对话框，右侧显示最近打开过的项目，左侧显示“新建项目”“打开项目”“新建团队项目”“打开团队项目”按钮，如图 2-4 所示。

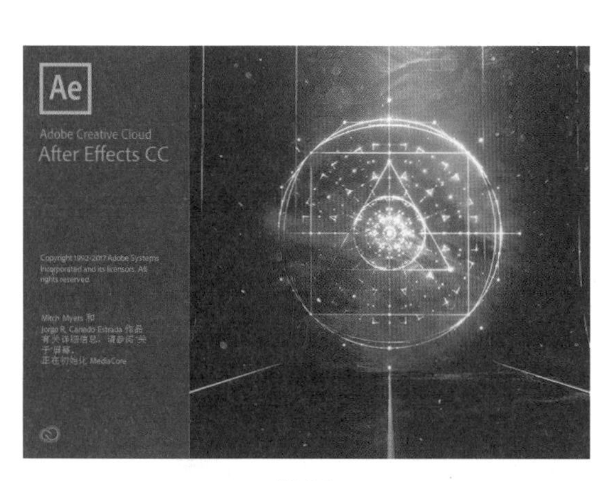

图 2-3

图 2-4

待进入其工作界面后便能看到它的真面目，After Effects CC 2018 的工作界面由菜单栏、工具栏、项目面板、合成面板、时间轴面板以及各类其他面板组成，如图 2-5 所示。

图 2-5

◎ 菜单栏：菜单栏包含文件、编辑、合成、图层、效果、动画、视图、窗口和帮助 9 个菜单项。

◎ 工具栏：工具栏中包含十余种工具，如选择、缩放、旋转、文字、钢笔等，使用频率非常高，是 After Effects CC 非常重要的部分。

◎ 项目面板：项目面板主要用于管理素材和合成，是 After Effects CC 的四大功能面板之一。用户可以单击鼠标右键进行新建合成、新建文件夹等操作，也可以显示或存放项目中的素材或合成。面板上方为素材的信息栏，包括名称、类型、大小、媒体持续时间、文件路径等，依次从左到右进行显示。

◎ 合成面板：合成面板主要用于显示当前合成的画面效果，并且可以对素材进行编辑。

◎ 时间轴面板：时间轴面板是控制图层效果或图层运动的平台，用户可以在该面板中进行创建图层、创建关键帧等操作。

◎ 其他工具面板：After Effects CC 工作界面中还有一些面板在操作时常会用到，如窗口面板、信息面板、音频面板、预览面板、效果和预设面板等。由于界面大小有限，不能将所有面板完整展示，因此，使用的时候只需在工作界面右侧的列表中单击即可打开相应的面板。

实例：自由调整工作界面

After Effects CC 的工作界面是可以自由调整的，用户可以根据需要调整其面板组成或分布大小。

Step01 初次启动 After Effects CC 2018 时，其工作界面面板默认分布如图 2-6 所示。

Step02 任意打开一个项目文件，可以看到当前合成面板的显示区域较小，如图 2-7 所示。

图 2-6

图 2-7

Step03 将鼠标指针移动到面板与面板之间的缝隙处，鼠标指针会变成，按住鼠标并拖动，即可调整该缝隙相邻的两个面板的大小，最终调整后的工作界面如图 2-8 所示。

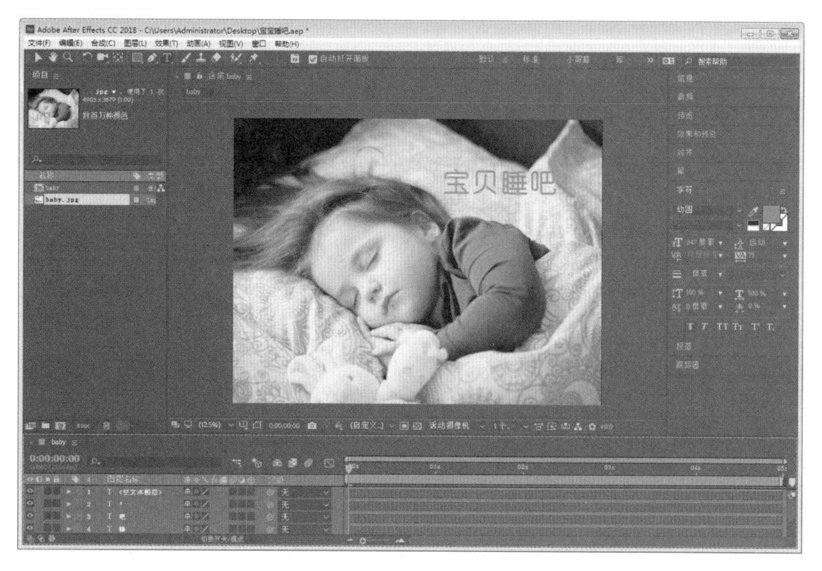

图 2-8

2.3 首选项设置

通常，系统会按默认设置运行 After Effects CC 软件，但为了适应用户制作需求，也为了使所制作的作品满足各种特技要求，用户可以通过执行“编辑”|“首选项”命令，打开“首选项”对话框来设置各类参数。

2.3.1 常用首选项

常用首选项是一些基本的和经常使用的选项设置，包括常规、预览、显示和视频预览等首选项内容。

（1）常规。

在“常规”选项卡中可以设置软件操作中的一些最基本的操作选项，如图 2-9 所示。

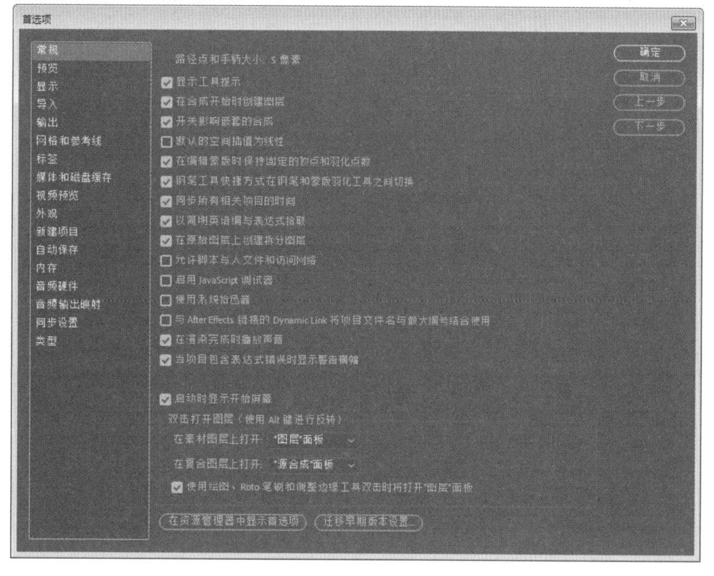

图 2-9

（2）预览。

切换至“预览”选项卡，在展开的列表中设置项目完成后的预览参数，如图 2-10 所示。

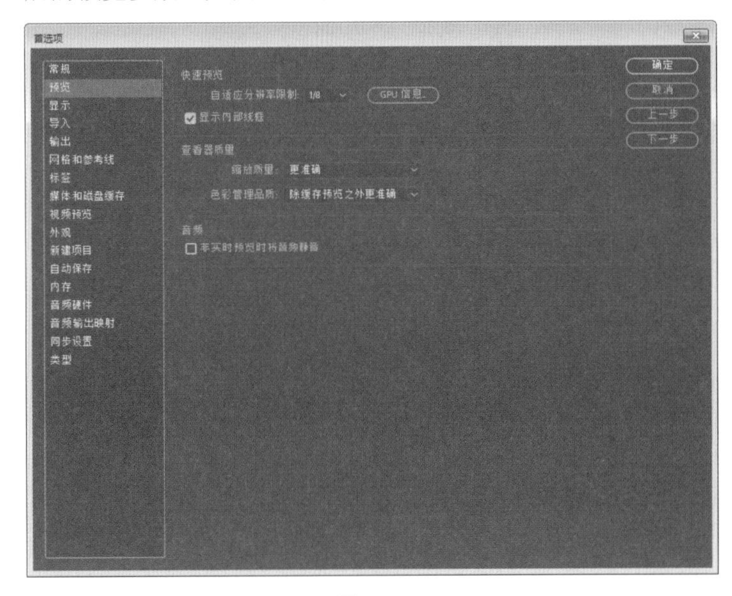

图 2-10

（3）显示。

切换至“显示”选项卡，在展开的列表中设置项目的运动路径和相应的首选项即可，如图 2-11 所示。

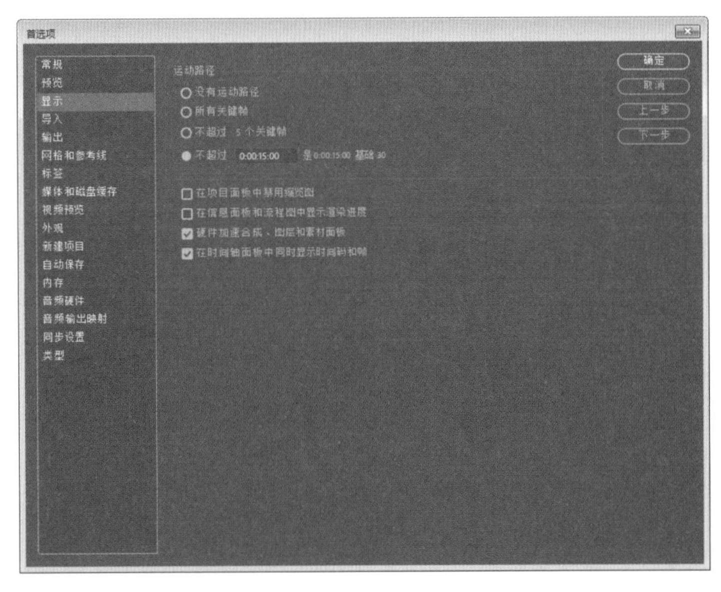

图 2-11

（4）视频预览。

切换至“视频预览”选项卡，在展开的列表中设置外部监视器，如图 2-12 所示。

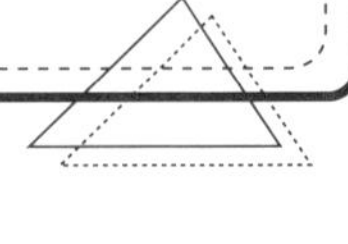

ACAA课堂笔记

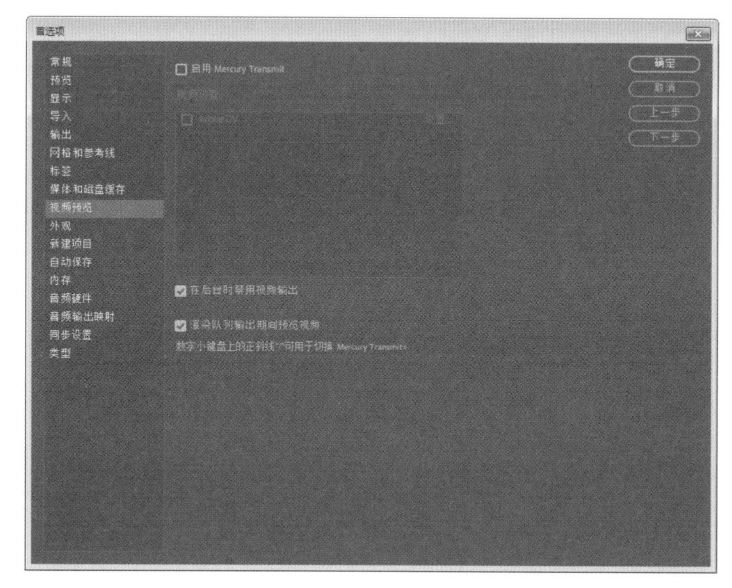

图 2-12

2.3.2 导入和输出

导入和输出选项主要用于设置项目中素材的导入参数，以及影片和音频的输出参数和方式。

（1）导入。

切换至“导入”选项卡，可以设置静止素材、序列素材、自动重新加载素材等导入选项，如图 2-13 所示。

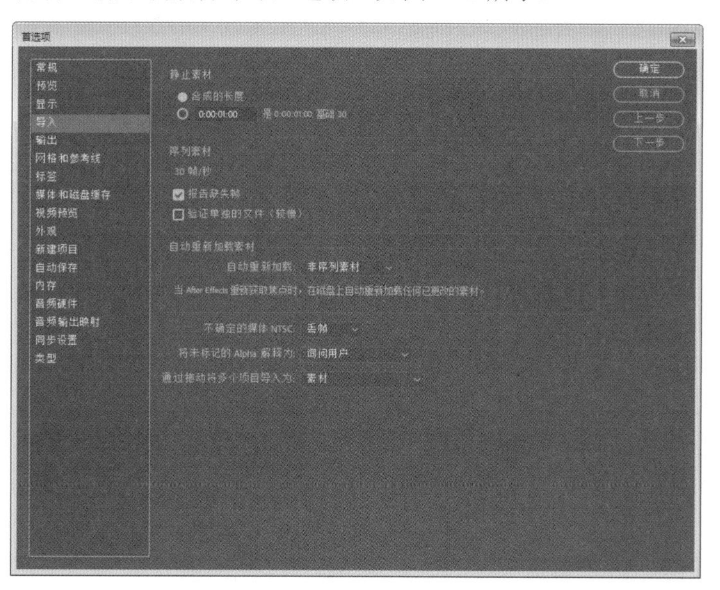

图 2-13

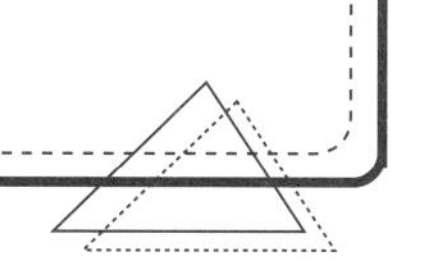

（2）输出。

切换至“输出”选项卡，可以设置影片的输出参数，如图 2-14 所示。

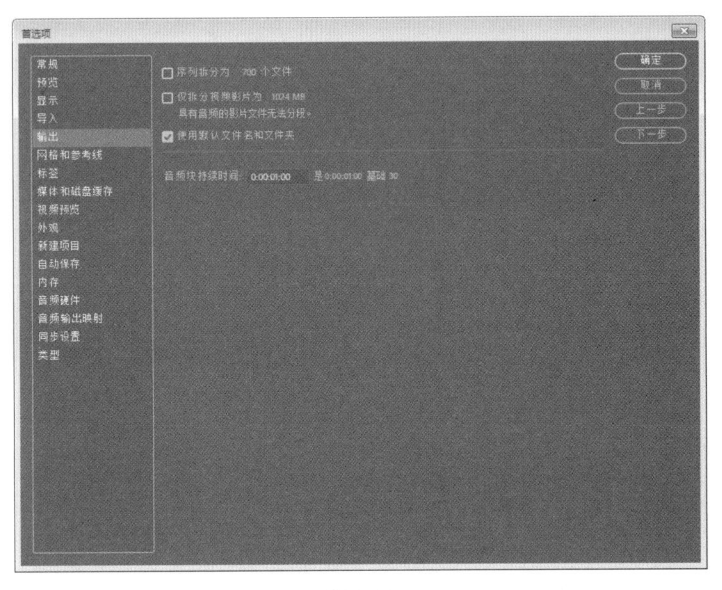

图 2-14

（3）音频输出映射。

切换至“音频输出映射”选项卡，其中包含了“映射其输出”“左侧”“右侧”3 个选项，每个选项的具体设置与计算机所安装的音频硬件相关，用户在其中可以设置音频映射时的输出格式，如图 2-15 所示。

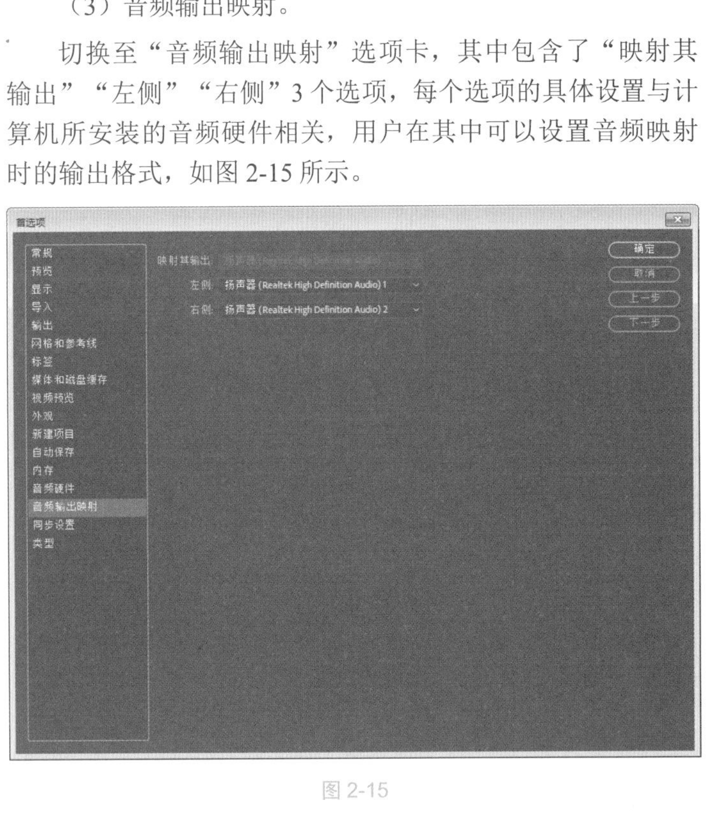

图 2-15

2.3.3 界面和保存

界面和保存首选项主要用于设置工作界面中的网格和参考线、标签和外观，以及软件的自动保存功能，使软件更加符合用户的使用习惯。

ACAA课堂笔记

（1）网格和参考线。

切换至“网格和参考线”选项卡，可以设置网格颜色、网格样式、网格线间隔，以及对称网格、参考线和安全边距等选项，如图 2-16 所示。

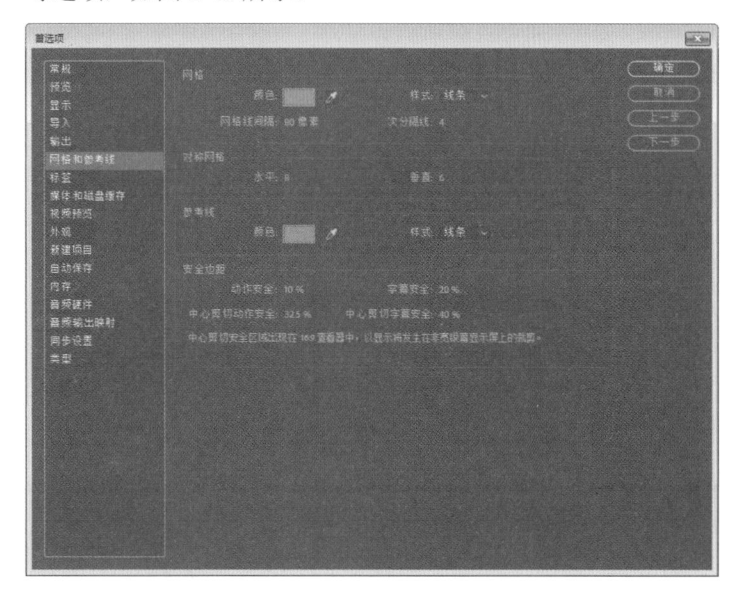

图 2-16

（2）标签。

切换至“标签”选项卡，可以设置标签的默认值和颜色，如图 2-17 所示。

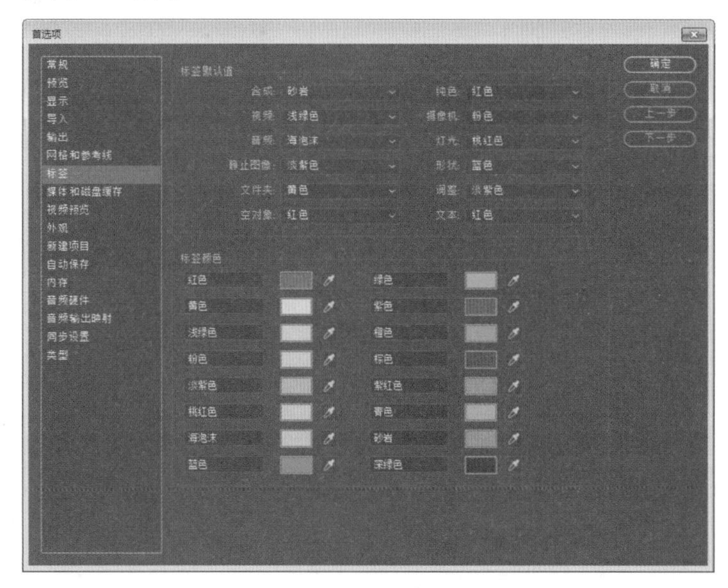

图 2-17

（3）外观。

切换至“外观”选项卡，在其中设置相应的选项即可，如图 2-18 所示。

（4）自动保存。

切换至“自动保存”选项卡，选中“自动保存位置”选项组中的单选按钮，系统将根据所设置的保存间隔，自动保存当前所操作的项目。只有选中该选项组中的单选按钮，“保存间隔”和“最大项目版本”选项才变为可用状态，如图2-19所示。

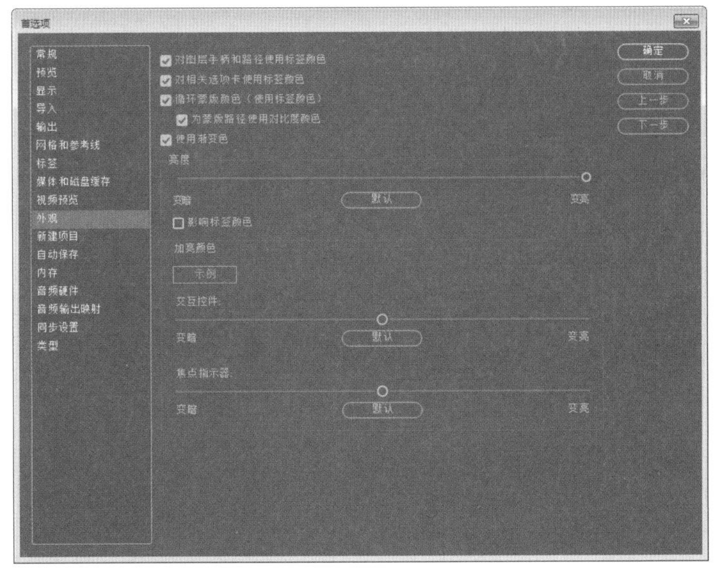

图 2-18

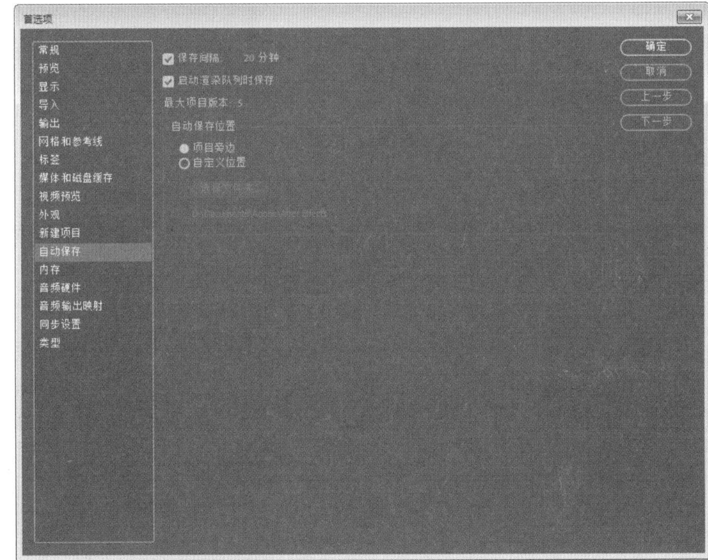

图 2-19

2.3.4 硬件和同步

硬件和同步首选项主要用于设置制作项目时所需要的媒体和磁盘缓存、音频硬件，以及新增加的同步设置功能。

（1）媒体和磁盘缓存。

切换至“媒体和磁盘缓存”选项卡，可以设置磁盘缓存、符合的媒体缓存和XMP元数据等选项，如图2-20所示。

（2）内存。

切换至“内存”选项卡，可以设置内存和After Effects CC多重处理选项，如图2-21所示。

ACAA课堂笔记

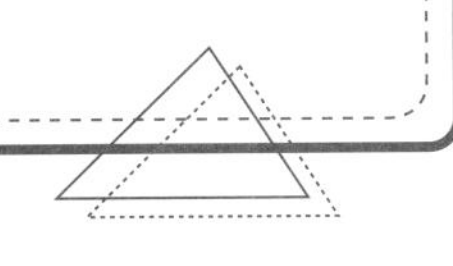

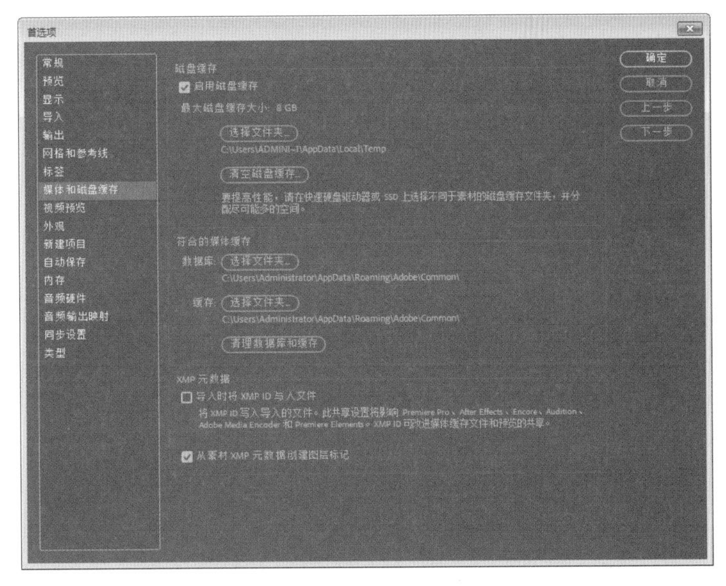

图 2-20

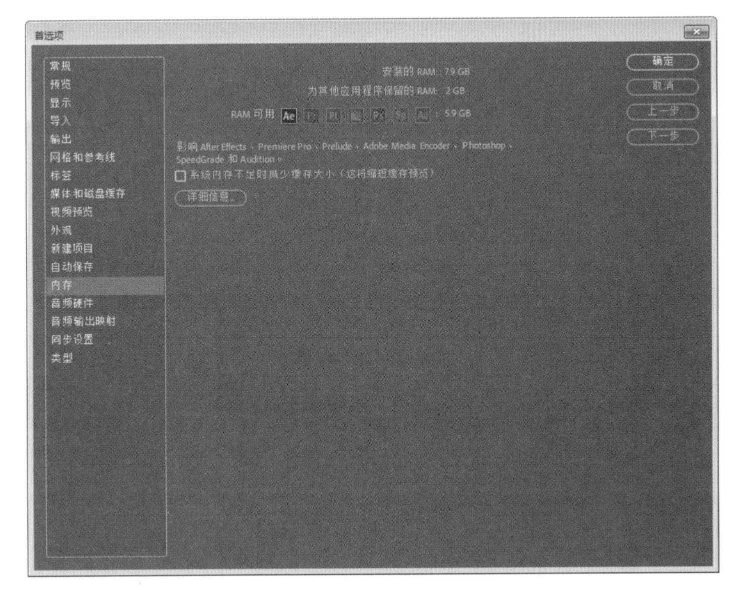

图 2-21

（3）音频硬件。

在“首选项”对话框中，切换至“音频硬件”选项卡，可以设置音频的相关选项，如图 2-22 所示。

（4）同步设置。

在“首选项”对话框中，切换至“同步设置”选项卡，可以设置有关同步设置中的相关选项，如图 2-23 所示。

图 2-22

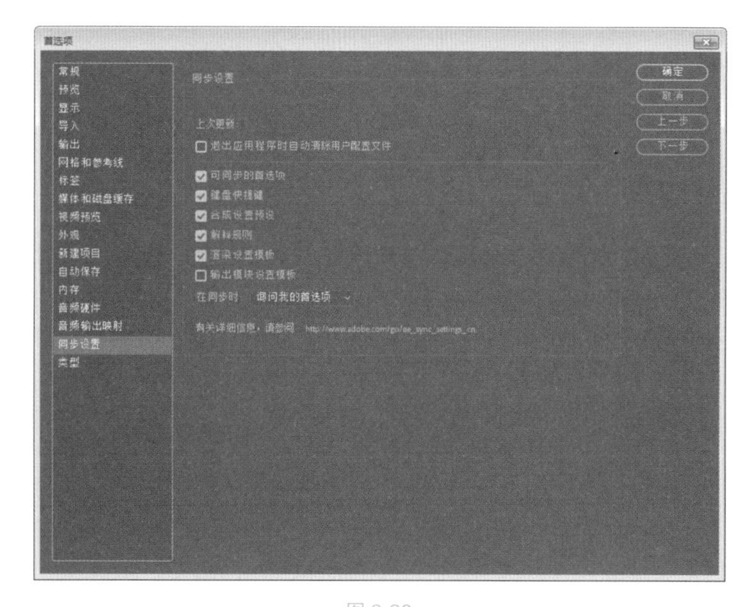

图 2-23

2.4 创建我的项目

启动 After Effects CC 软件时，系统会创建一个项目，通常采用的是默认设置。如果用户要制作比较特殊的项目，则需新建项目并对项目进行更详细的设置。

2.4.1 新建项目

After Effects CC 中的项目是一个文件，用于存储合成、图形及项目素材使用的所有源文件的引用。在新建项目之前，用户需要先了解项目的基础知识。

（1）项目概述。

当前项目的名称显示在 After Effects CC 窗口的顶部，一般使用 .aep 作为文件扩展名。除了该文件扩展名外，还支持模板项目文件的 .aet 文件扩展名和 .aepx 文件扩展名。

（2）新建空白项目。

依次执行“文件”|“新建”|“新建项目”命令，即可创建一个采用默认设置的空白项目。用户也可以按键盘上的 Ctrl+Alt+N 组合键，快速创建一个空白项目。

操作技巧

在“项目”面板中的素材列表空白处单击鼠标右键，在弹出的快捷菜单中可以进行新建合成、新建文件夹、导入素材等操作，如图 2-24 所示。

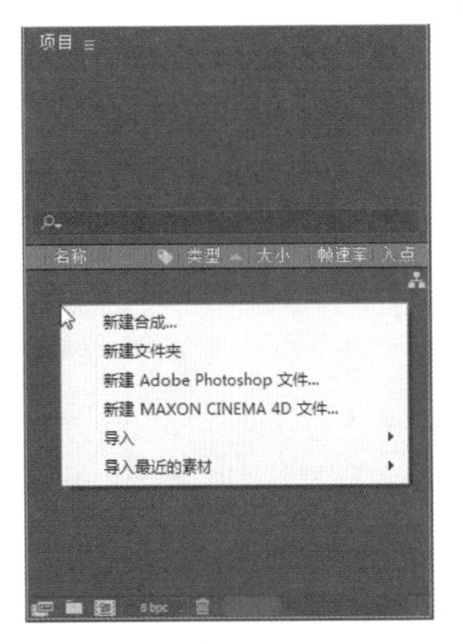

图 2-24

2.4.2 设置项目

在开始工作前，用户要根据工作需求对项目进行一些常规性的设置。执行“文件”|“项目设置”命令，打开“项目设置”对话框，用户可在该对话框中对视频渲染和效果、时间显示样式、颜色、音频等进行相应的设置。

1. 视频渲染和效果

该选项板用于设置视频渲染和效果的使用范围，如图 2-25 所示。

2. 时间显示样式

该选项板用于对制作项目所使用的时间基准和帧数进行设置，如图 2-26 所示。

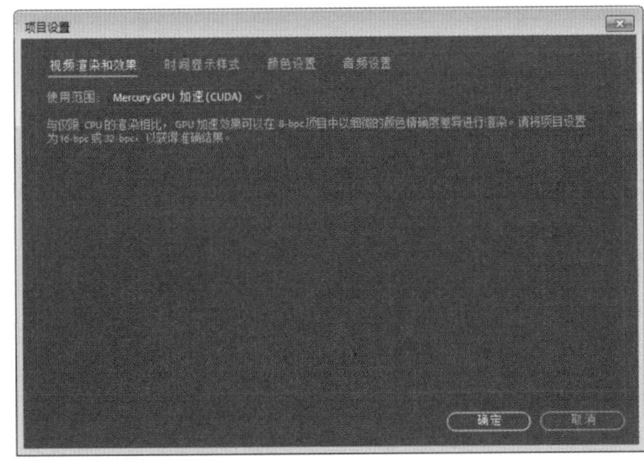

图 2-25

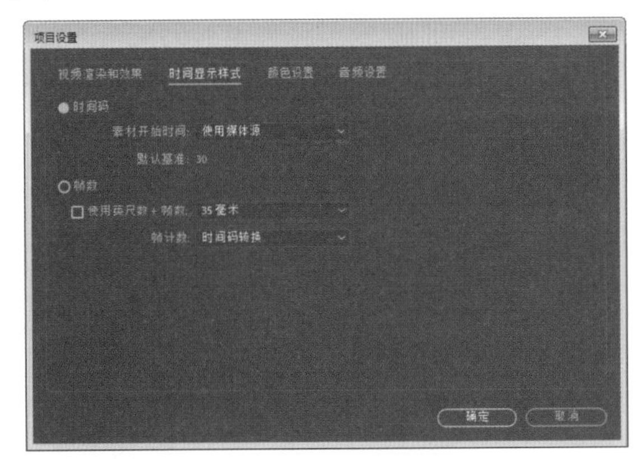

图 2-26

◎ 时间码：主要用于设置时间位置的基准，表示每秒放映的帧数。例如选择 25 帧 / 秒，即每秒放映 25 帧。

◎ 帧数：按帧数计算。

◎ 使用英尺数 + 帧数：用于计算 16 毫米和 35 毫米电影胶片每英寸的帧数。16 毫米胶片为 16 帧 / 英寸，35 毫米胶片为 35 帧 / 英寸。

◎ 帧计数：确定“帧数”时间显示样式的起始数。

3. 颜色设置

该选项板用于对项目中所使用的色彩深度进行设置，如图 2-27 所示。

4. 音频设置

该选项板用于设置在当前项目中所有声音素材的质量。采样率越高，声音的质量就越好，占用的存储空间也越大，如图 2-28 所示。

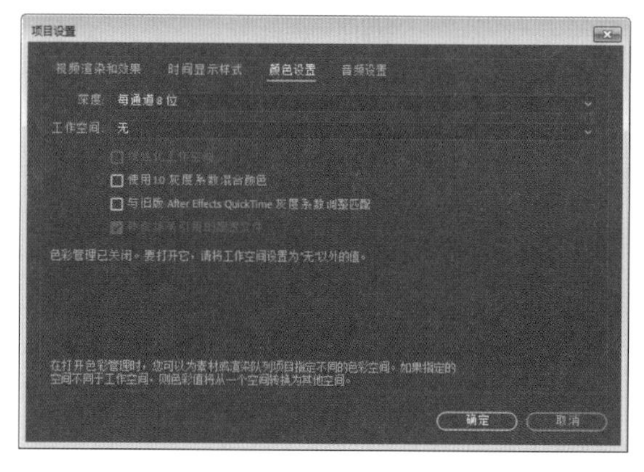

图 2-27

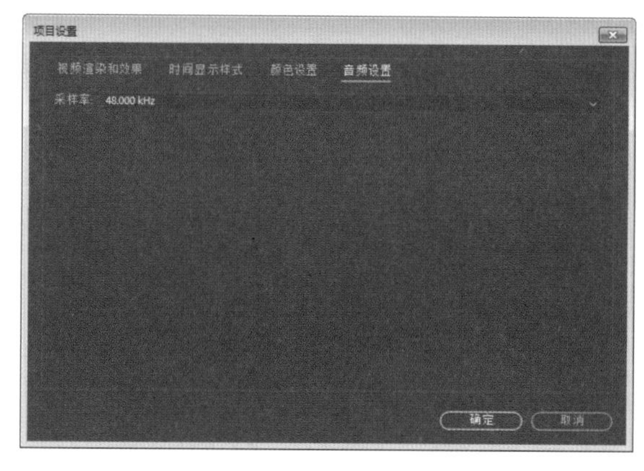

图 2-28

2.4.3　打开项目文件

在制作后期特效的时候，经常会打开已有的项目文件。After Effects 为用户提供了多种项目文件的打开方式，包括打开项目和打开最近项目等方式。

1. 打开项目

执行“文件”|“打开项目”命令，在“打开”对话框中选择相应的项目文件，单击“打开”按钮即可将其打开，如图 2-29 和图 2-30 所示。

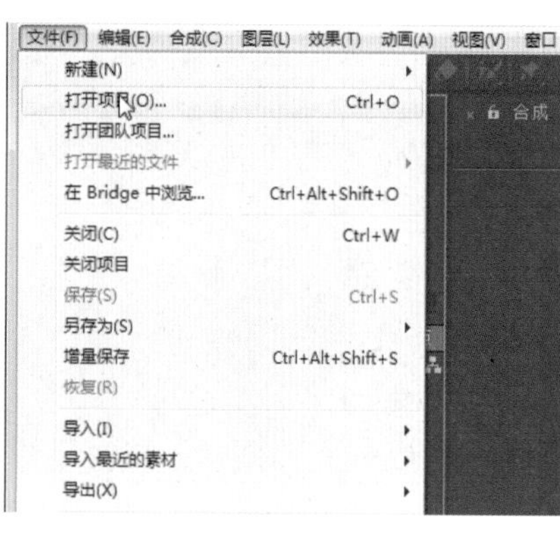

图 2-29

图 2-30

2. 打开最近的文件

执行“文件”|“打开最近的文件”命令，在展开菜单中选择具体项目名，即可打开最近使用的项目文件，如图 2-31 所示。

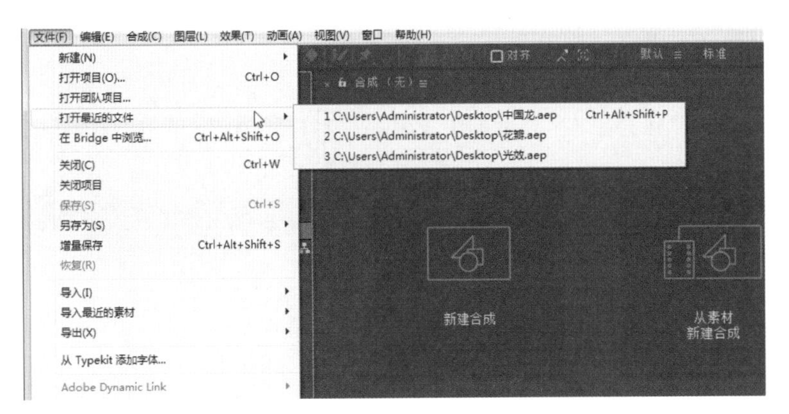

图 2-31

操作技巧

在工作中，常使用直接拖曳的方法来打开文件。在文件夹中选择要打开的场景文件，然后按住鼠标左键将其直接拖曳到 After Effects 的“项目”面板或“合成”面板中即可打开。

2.4.4 保存和备份项目

创建并编辑完项目之后，为防止项目内容丢失，还需要保存和备份项目。

（1）保存项目。

保存项目是将新建项目或重新编辑的项目保存在本地计算机中，对于新建项目则需要执行“文件”|“保存”命令，如图 2-32 所示，在弹出的“另存为”对话框中设置保存名称和位置，单击“保存”按钮即可，如图 2-33 所示。

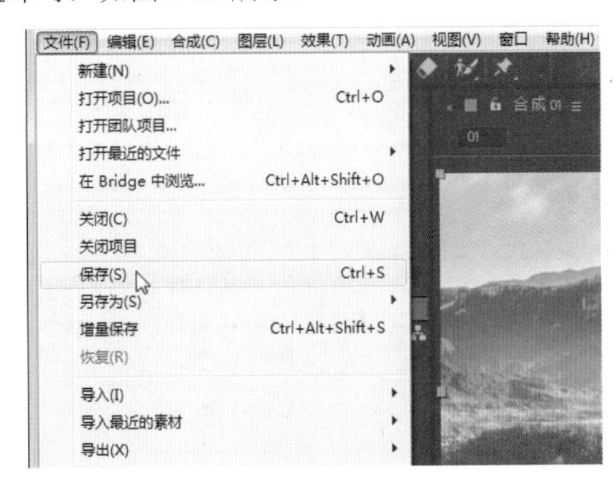

图 2-32

图 2-33

ACAA课堂笔记

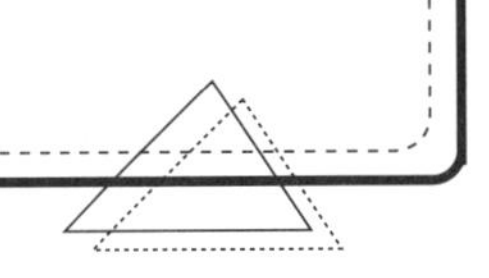

（2）保存为副本。

如果需要将当前项目文件保存为一个副本，则可以依次执行“文件”|“另存为”|“保存副本”命令，如图 2-34 所示。在弹出的“保存副本”对话框中设置保存名称和位置，单击“保存”按钮即可，如图 2-35 所示。

图 2-34

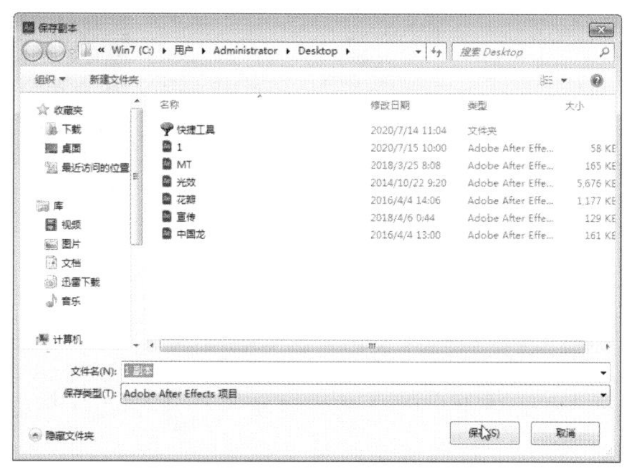

图 2-35

（3）保存为 XML 文件。

当用户需要将当前项目文件保存为 XML 编码文件时，依次执行“文件”|“另存为”|“将副本另存为 XML”命令，如图 2-36 所示。在弹出的“副本另存为 XML”对话框中设置保存名称和位置，单击“保存”按钮即可，如图 2-37 所示。

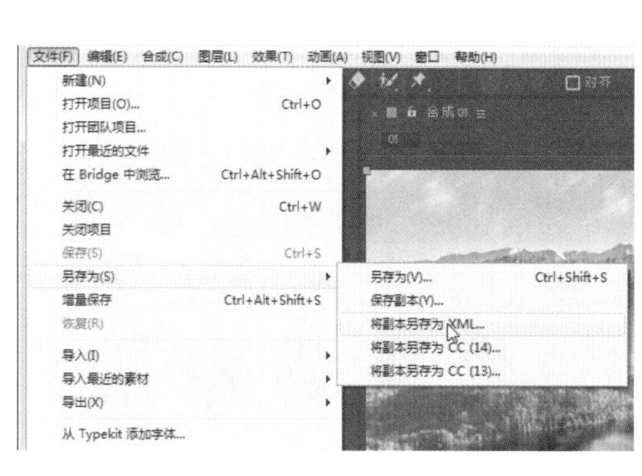

图 2-36

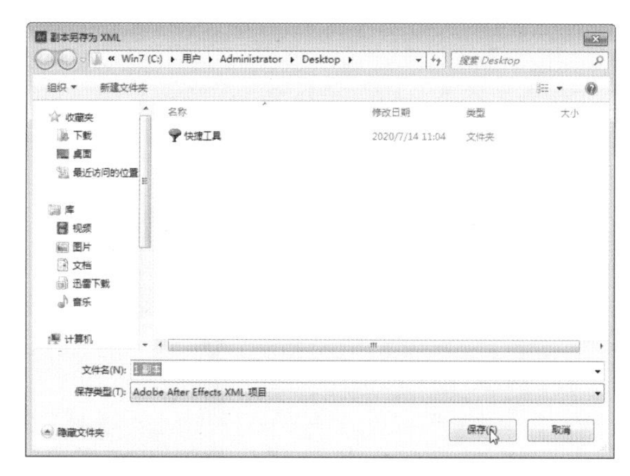

图 2-37

■ 实例：新建项目与合成

新建项目与合成操作是 After Effects CC 的必备操作之一，用户需要熟练掌握。具体操作步骤如下。

Step01 启动 After Effects 应用程序，从菜单栏执行“文件”|“新建”|“新建项目”命令，如图 2-38 所示。

Step02 在“项目”面板中单击鼠标右键，在弹出的快捷菜单中选择“新建合成”命令，如图 2-39 所示。

Step03 系统会弹出“合成设置”对话框，默认合成名称为“合成 1”，设置宽度和高度，帧速率为 25 帧 / 秒，如图 2-40 所示。

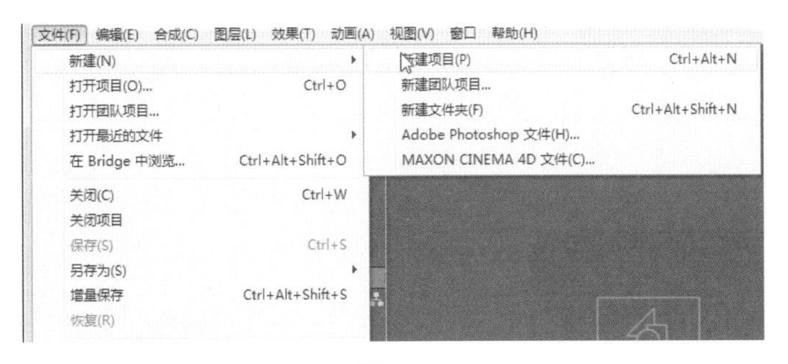

图 2-38

图 2-39

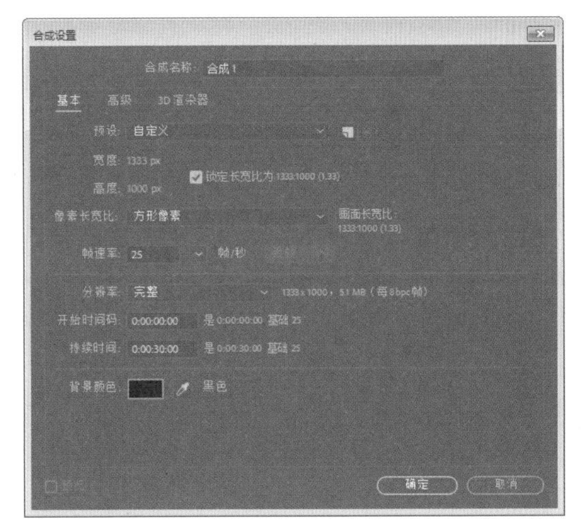

图 2-40

Step04 设置完毕后单击“确定”按钮即可完成本次操作，如图 2-41 所示。

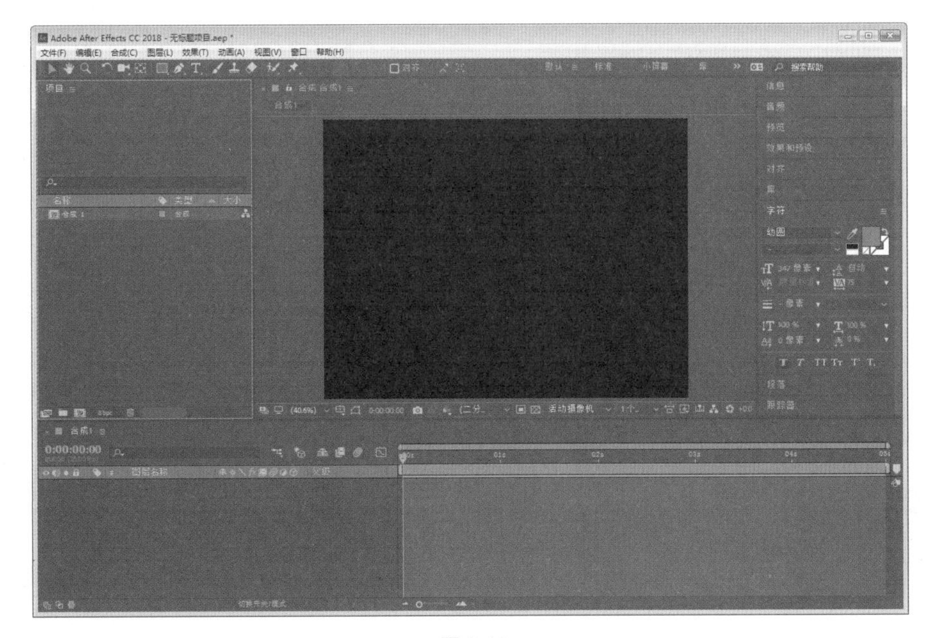

图 2-41

■ 实例：更改工作界面颜色

After Effects CC 2018 的默认工作界面是深黑色的，用户可以对界面颜色进行适当的调整。下面将介绍在 After Effects CC 2018 中更改外观首选项，并将工作界面颜色调整为灰色等操作。

启动 After Effects CC 2018 应用程序，可以看到当前的默认工作界面为深黑色，如图 2-42 所示。

图 2-42

Step02 从菜单栏执行“编辑”|“首选项”|“外观”命令，如图 2-43 所示。

Step03 切换到“首选项”对话框的“外观”选项板，如图 2-44 所示。

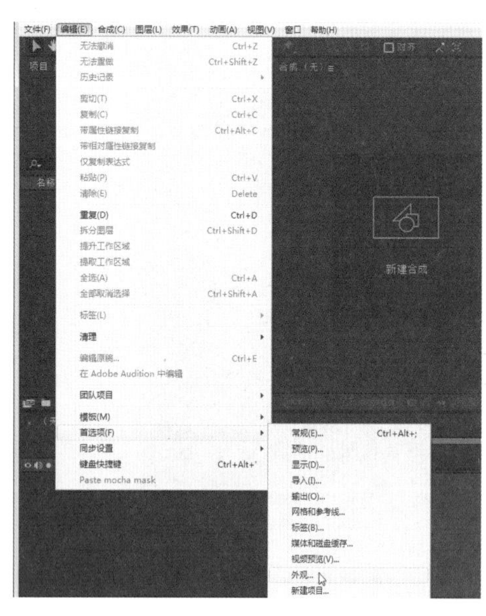

图 2-43

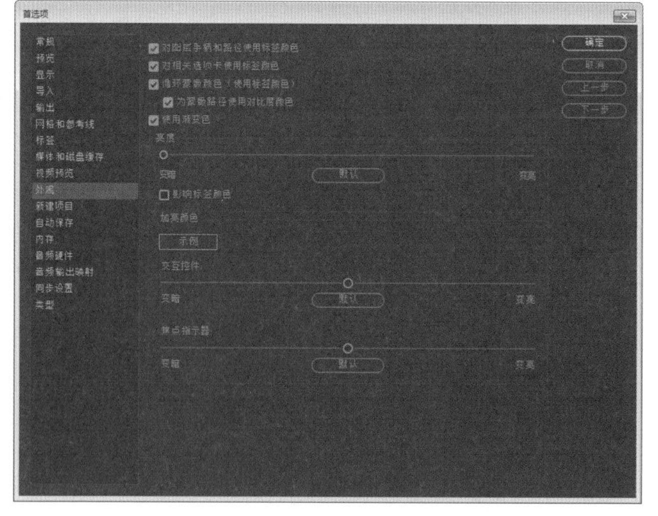

图 2-44

Step04 在“亮度”选项组中拖动滑块向右移动到“变亮”一侧，对话框的界面颜色会随着滑块移动而变化，如图 2-45 所示。

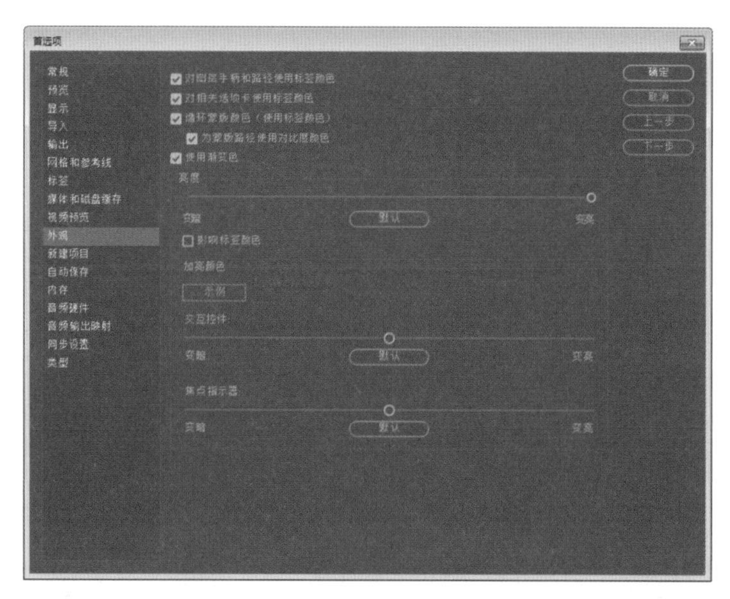

图 2-45

Step05 单击“确定”按钮关闭对话框，可以看到工作界面的颜色变亮了，如图 2-46 所示。

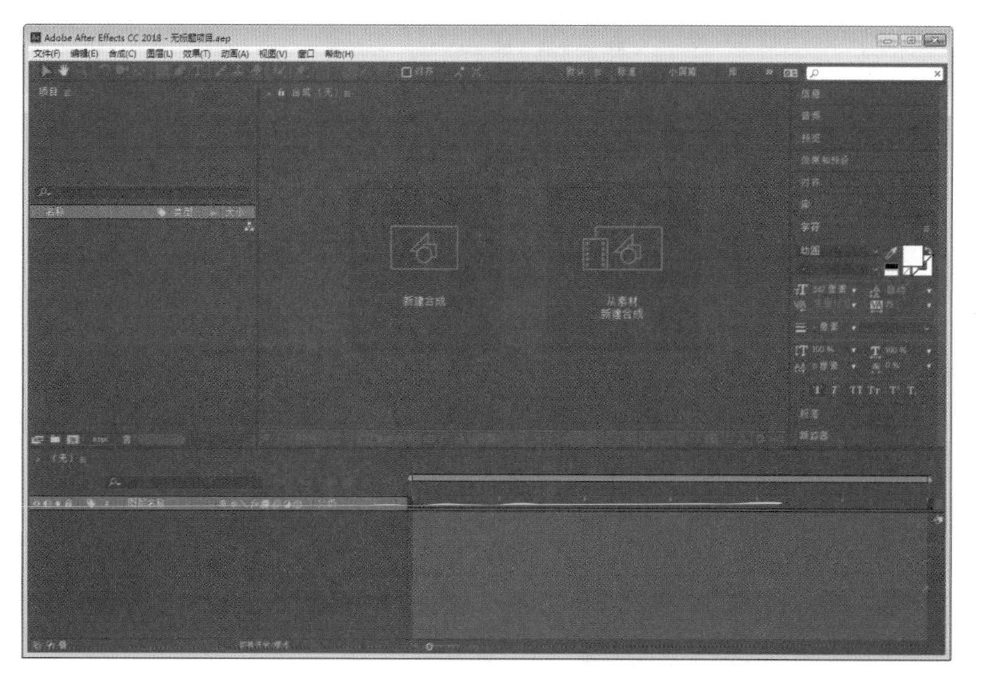

图 2-46

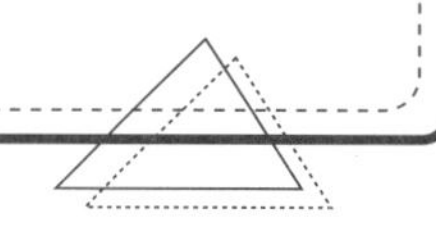

ACAA课堂笔记

课后实战：收集项目中的素材文件

对于已创建好的项目，其素材文件可能分布在电脑的各个硬盘文件夹中，查看起来非常不便。After Effects CC 的“整理工程”功能可以快速地帮助用户将项目中的素材文件整理到一个文件夹中。具体操作步骤如下。

Step01 打开制作好的项目文件，如图 2-47 所示。

图 2-47

Step02 执行“文件”|“整理工程（文件）”|“收集文件”命令，打开“收集文件”对话框，选中“完成时在资源管理器中显示收集的项目”复选框，如图 2-48 所示。

Step03 单击“收集”按钮，打开“将文件收集到文件夹中”对话框，指定文件夹目标路径和文件名，如图 2-49 所示。

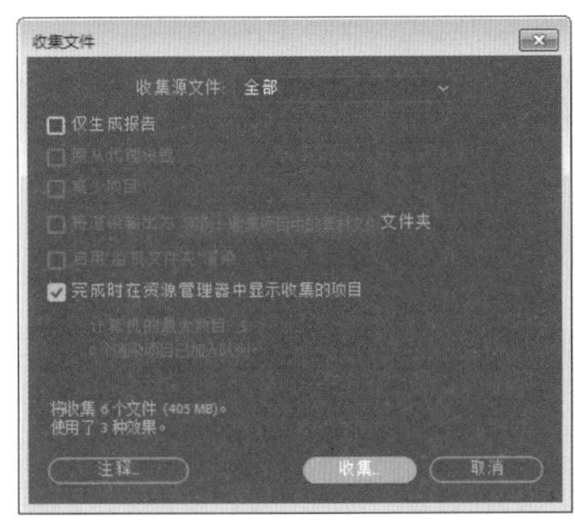

图 2-48

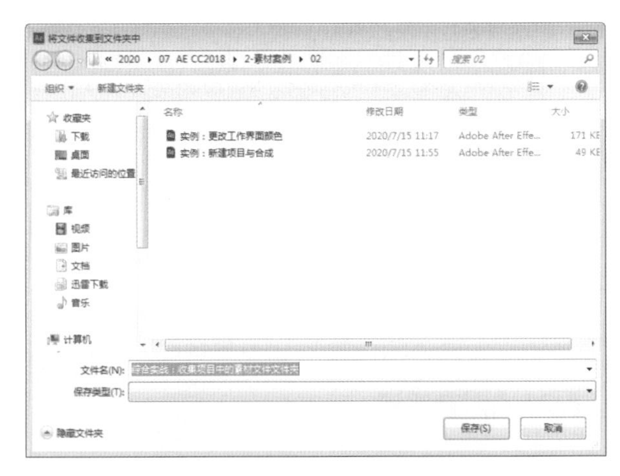

图 2-49

Step04 单击“保存”按钮，即可开始复制文件，系统会弹出“复制文件”对话框框来显示进度，如图 2-50 所示。

Step05 操作完成后打开目标文件夹，可以看到系统自动创建名为“（素材）”的文件夹，且自动备份项目文件，如图 2-51 所示。

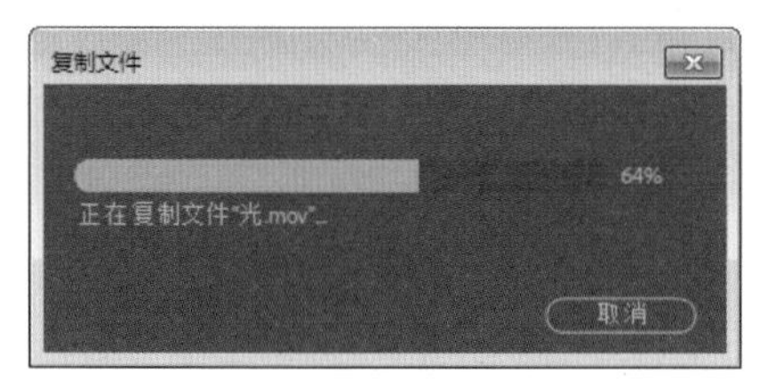

图 2-50

图 2-51

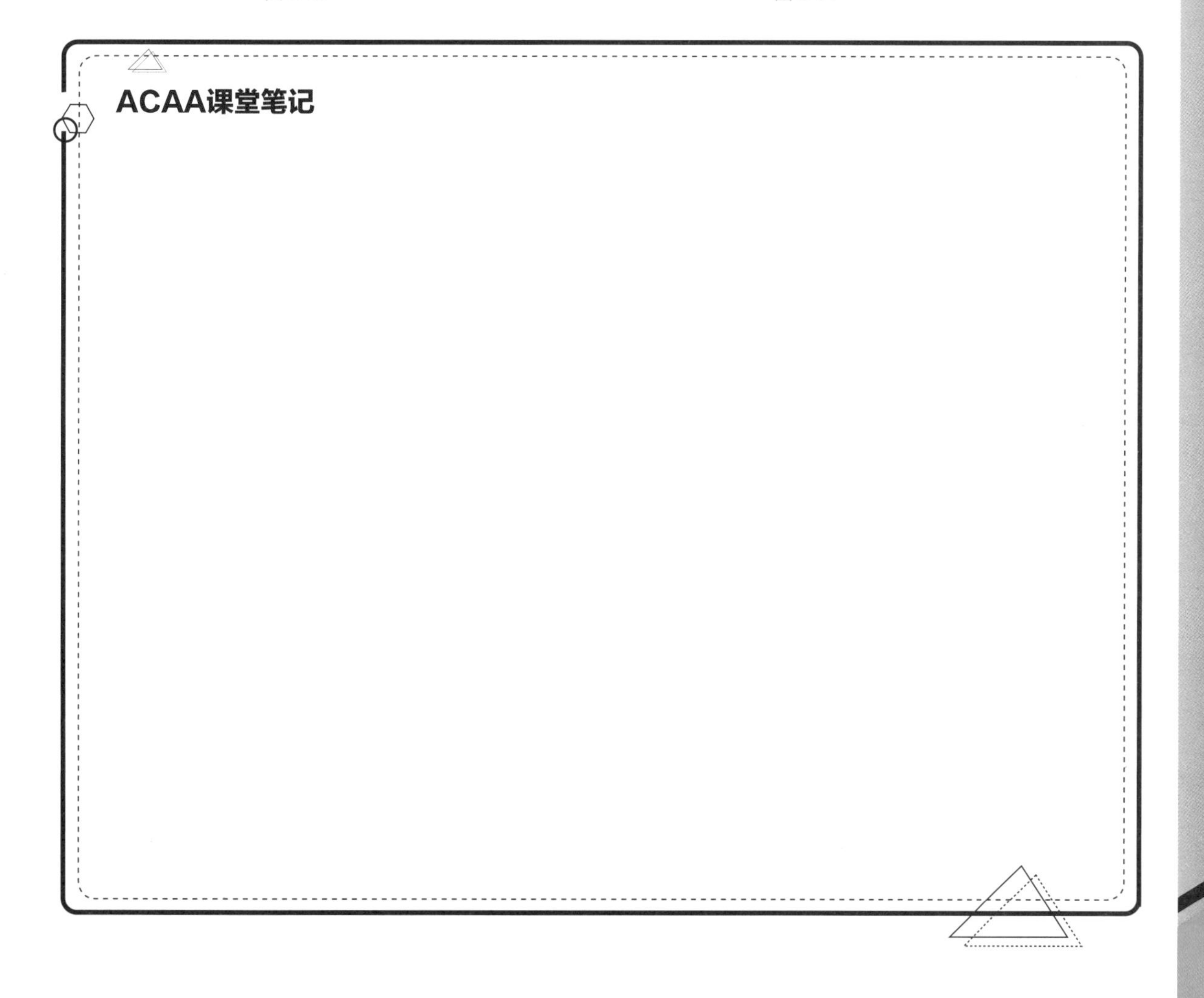

课后作业

一、选择题

1. After Effects 属于下列哪种工作方式的合成软件？（　　）

A. 使用流程图节点进行工作　　B. 面向层进行工作

C. 使用轨道进行工作　　D. 综合上面所有的工作方式

2. After Effects 不能输出的视频格式有（　　）。

A. AVI　　B. MOV

C. RM　　D. FLC

3. After Effects 把图像或电影片段的尺寸限制在（　　）。

A. 30000 像素 ×30000 像素　　B. 40000 像素 ×40000 像素

C. 50000 像素 ×50000 像素　　D. 60000 像素 ×60000 像素

4. After Effects 可以有（　　）项目处于开启状态。

A. 2 个　　B. 只能 1 个

C. 可以自己设定　　D. 只要有足够的空间，不限定项目开启的数目

5. 可以在下列（　　）中通过调整参数精确控制合成中的对象。

A. “项目”面板　　B. “合成”面板

C. “时间轴”面板　　D. “信息”面板

二、填空题

1. 要在一个新项目中编辑、合成影片，首先需要 ________，通过对各种素材进行编辑，从而达到最终合成效果。

2. After Effects 中有一个相对较为独立的模块 ________，类似于 Photoshop 的工具箱。

3. After Effects 的特效滤镜被放置在 ________ 面板中，位于软件界面的右侧。

三、操作题

作为刚刚接触 After Effects 应用程序的新手，在遇到各式各样的问题时，除了阅读本书之外，还可以有其他辅助学习方法。

操作提示：

Step01 建议在 Adobe 官网购买并安装软件。

Step02 遇到其他问题时可以在搜索引擎上查询，既方便又快捷。

Step03 询问身边的 After Effects 高手，相互探讨，共同进步。

Step04 在书店或者图书馆翻阅其他 After Effects 相关资料，可使用笔记本将重点记下。

第3章 素材的管理与应用

内容导读

After Effects 的项目是存储在硬盘上的单独文件，其中存储了合成、素材以及所有的动画信息。一个项目可以包含多个素材和多个合成，合成中的许多层是通过导入的素材创建的。本章将详细介绍创建和管理项目的基础知识及操作技巧，帮助用户打好坚实的基础。

学习目标

- 掌握素材的导入操作
- 掌握素材的管理操作
- 认识“合成”面板和“时间轴”面板
- 掌握合成操作

3.1 导入素材

素材是 After Effects 的基本构成元素，在 After Effects 中可导入的素材包括动态视频、静帧图像、静帧图像序列、音频文件、Photoshop 分层文件、Illustrator 文件、After Effects 工程中的其他合成、Premiere 工程文件以及 Flash 输出的 swf 文件等。在工作中，将素材导入“项目”面板中有多种方式。

1. 一次性导入一个或多个素材

依次执行“文件”|“导入”|“文件”命令或按 Ctrl+I 组合键，如图 3-1 所示。在弹出的“导入文件”对话框中选择需要导入的文件即可，如图 3-2 所示。如果要导入多个单一的素材文件，可以配合使用 Ctrl 键进行加选素材。

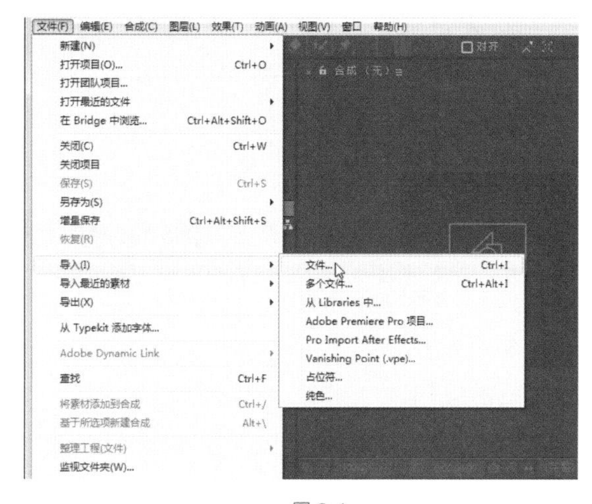

图 3-1

图 3-2

2. 连续导入单个或多个素材

依次执行“文件”|“导入”|“多个文件”命令或按 Ctrl+Alt+I 组合键，可以打开“导入多个文件”对话框，如图 3-3 和图 3-4 所示。从中选择需要的单个或多个素材，然后单击“导入”按钮即可导入素材。

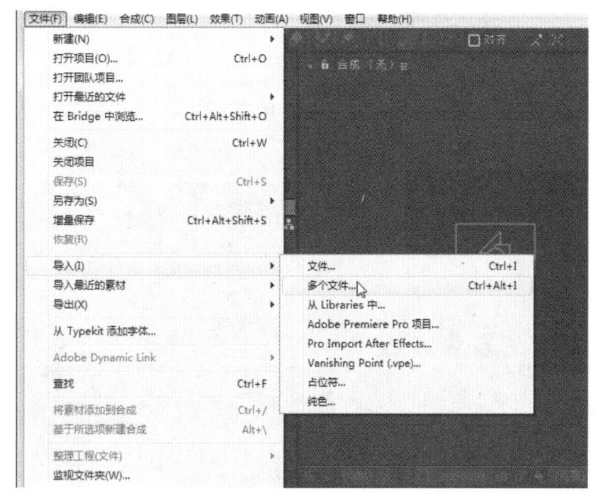

图 3-3

图 3-4

3. 右键快捷菜单导入素材

通过“项目”面板导入素材时，首先在“项目”面板的空白处单击鼠标右键，在弹出的快捷菜单中执行“导入”|“文件”命令，如图3-5所示。或在“项目”面板中双击鼠标左键，也可打开“导入文件”对话框。

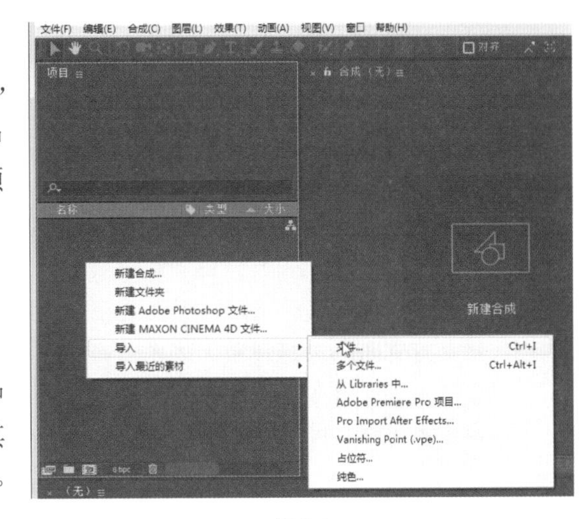

图 3-5

4. 拖曳方式导入素材

在Windows系统资源管理器或Bridge窗口中选择需要导入的素材文件或文件夹，然后直接将其拖曳到“项目”面板中，即可完成导入素材的操作。

知识点拨

在工作中如果通过执行“文件”|“在Bridge中浏览”命令的方式来浏览素材，则用户可以直接用双击素材的方式把素材导入“项目”面板中。

5. 导入序列文件

在“导入文件”对话框中选中“Photoshop序列”复选框，这样就可以以序列的方式导入素材，然后单击“导入”按钮完成导入操作，如图3-6所示。如果只需要导入序列文件的一部分，可以在选中“Photoshop序列”复选框后，框选需要导入的部分素材，再单击“导入”按钮即可。

6. 导入含有图层的素材

在导入含有图层的素材文件时，After Effects CC可以保留文件中的图层信息，如Photoshop的PSD文件和Illustrator的ai文件，用户可以选择以“素材”或“合成”的方式进行导入，如图3-7所示。

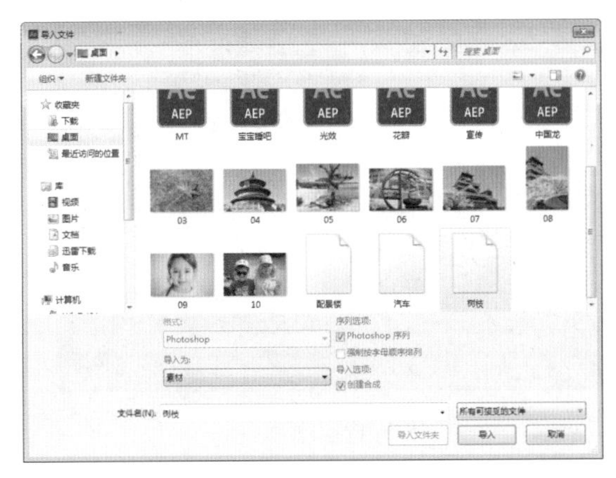

图 3-6

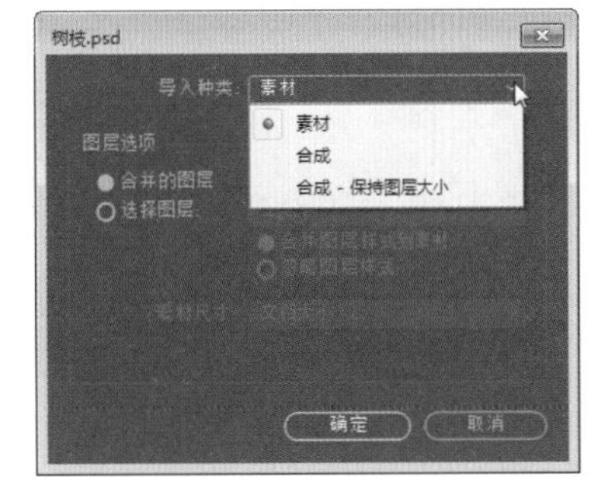

图 3-7

ACAA课堂笔记

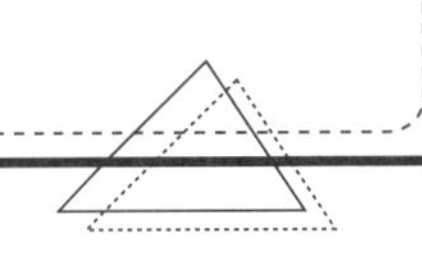

注意事项

当以“合成”方式导入素材时，After Effects CC会将整个素材作为一个合成。在合成里面，原始素材的图层信息可以得到最大限度的保留，用户可以在这些原有图层的基础上再次制作一些特效和动画。如果以“素材”方式导入素材，用户可以选择以“合并的图层”方式将原始文件的所有图层合并后再一起进行导入，也可以以“选择图层”方式选择某些图层作为素材进行导入。选择单个图层作为素材进行导入时，可以设置导入的素材尺寸，如图 3-8 所示。

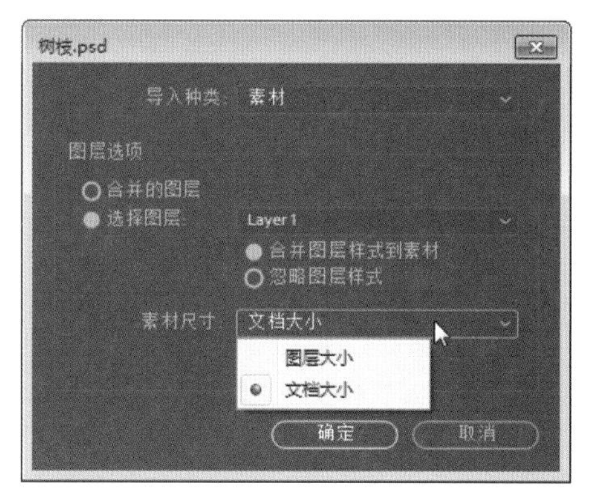

图 3-8

实例：导入 PSD 文件

在 After Effects CC 中，除了导入常见素材文件之外，用户还需要了解一些特殊素材的导入方式。下面将对导入 PSD 素材的方式进行介绍。

Step01 使用 Photoshop 打开 PSD 文件，在“图层”面板中可以看到该文件由多个图层组成，如图 3-9 所示。

Step02 启动 After Effects CC 应用程序，在“项目”面板的空白处单击鼠标右键，在弹出的快捷菜单中选择“导入”|“文件”命令或直接按 Ctrl+I 组合键，如图 3-10 所示。

图 3-9

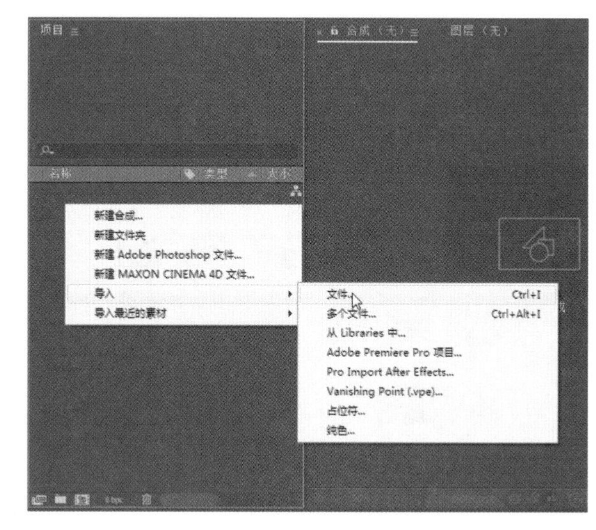

图 3-10

Step03 打开“导入文件”对话框，从中选择需要导入的 PSD 文件，如图 3-11 所示。

Step04 单击“导入”按钮，会弹出对话框，从中选择导入种类为“素材”，再选择“图层 1”，如图 3-12 所示。

Step05 单击“确定”按钮，即可将“图层 1”的内容导入项目中，如图 3-13 所示。

Step06 照此方式依次导入其他图层，“项目”面板如图 3-14 所示。

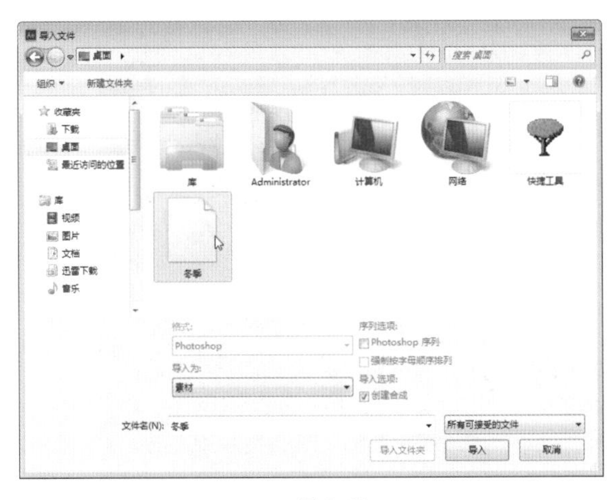

图 3-11

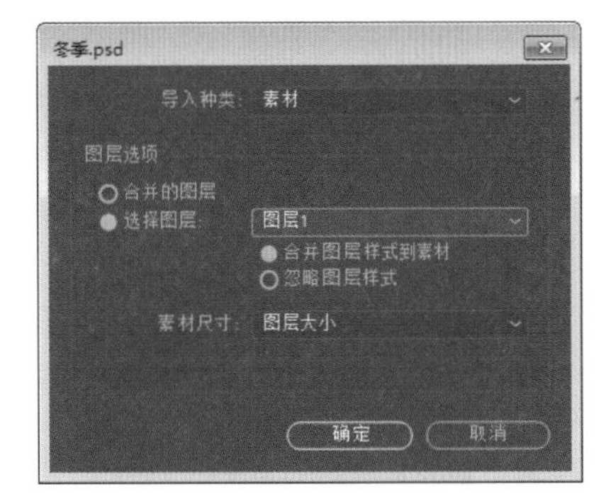

图 3-12

图 3-13

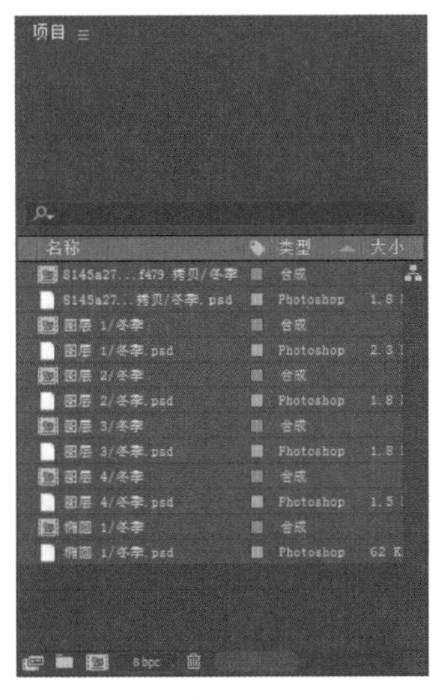

图 3-14

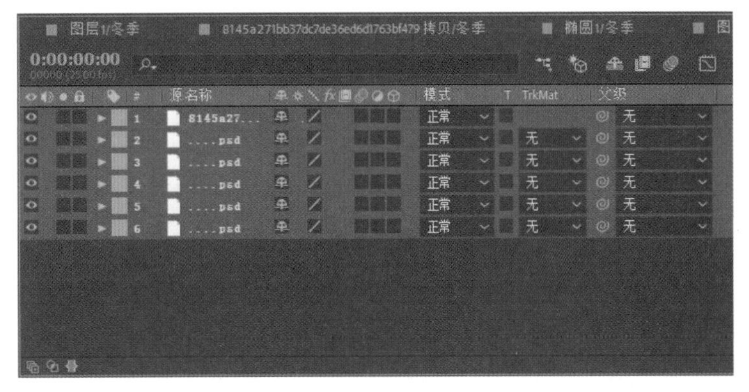

图 3-15

Step07 从“项目”面板选择素材拖到“时间轴”面板，再调整图层顺序，如图 3-15 所示。

Step08 “合成”面板的预览效果如图 3-16 所示。

Step09 调整素材位置及比例，效果如图 3-17 所示。

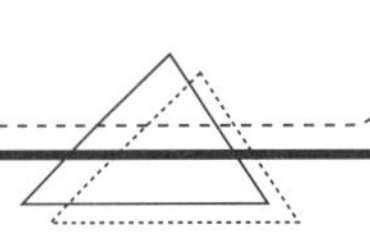

图 3-16

图 3-17

3.2 管理素材

使用 After Effects CC 导入大量素材之后，为保证后期制作工作有序开展，还需要对素材进行一系列的管理和解释。

3.2.1 管理素材

在实际工作中，“项目”中通常会有大量的素材，为了便于管理，可以根据其类型和使用顺序对导入的素材进行一系列的管理操作，例如：排序素材、归纳素材和搜索素材。这样不仅可以快速查找素材，还能使其他制作人员明白素材的用途，在团队制作中起到了至关重要的作用。

（1）排序素材。

在“项目”面板中，素材的排列方式是以“名称”“类型”“大小”“文件路径”等属性进行显示。

如果用户需要改变素材的排列方式，则需要在素材的属性标签上单击，即可按照该属性进行升序排列，如图 3-18 和图 3-19 所示。

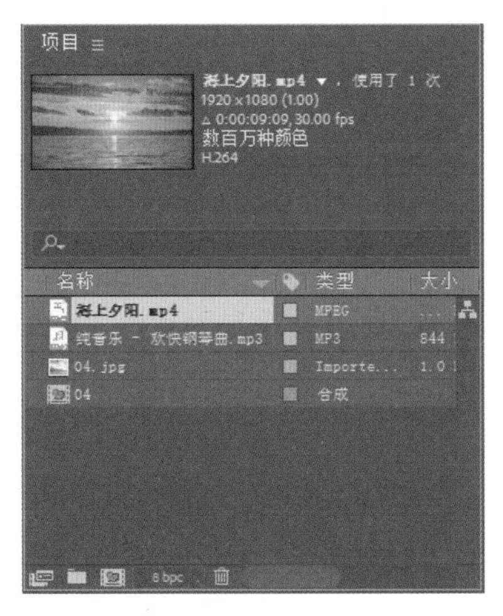

图 3-18

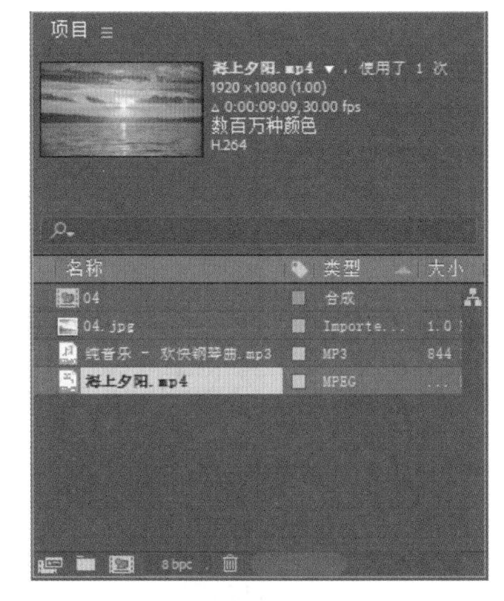

图 3-19

（2）归纳素材。

归纳素材是通过创建文件夹，并将不同类型的素材分别放置到相应的文件夹中的方法，按照划分类型归类素材。

执行“文件”|“新建”|“新建文件夹”命令，或单击“项目”面板底部的“新建文件夹”按钮即可创建文件夹，此时，系统默认为文件夹重命名状态，直接输入文件夹名称，并将素材拖入文件夹中即可，如图 3-20 和图 3-21 所示。

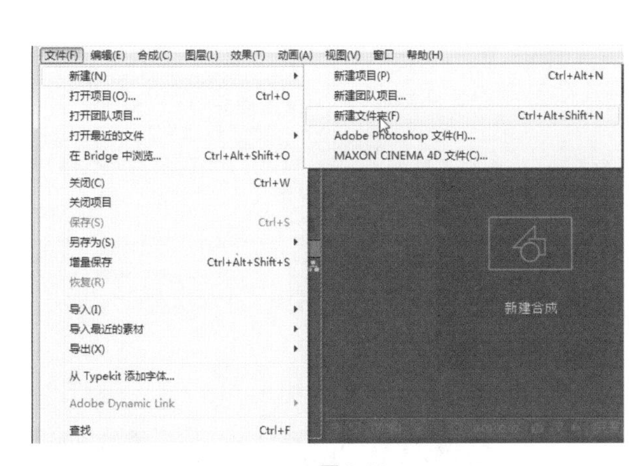

图 3-20

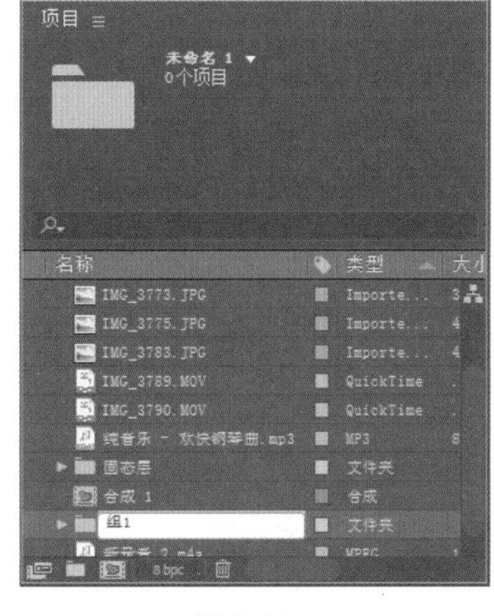

图 3-21

（3）搜索素材。

当素材非常多时，如果想要快速找到需要的素材，只要在搜索框中输入相应的关键字，符合该关键字的素材或文件夹就会显示出来，其他素材将会自动隐藏。

3.2.2 解释素材

导入素材时，系统会默认根据源文件的帧速率、设置场来解释每个素材项目。当内部规则无法

解释所导入的素材时，或用户需要以不同的方式来使用素材，则需要通过设置解释规则来解释这些特殊需求的素材。

在“项目”面板中选择某个素材，依次执行“文件”|“解释素材”|“主要”命令，如图 3-22 所示；或直接单击“项目”面板底部的“解释素材”按钮，弹出“解释素材”对话框，如图 3-23 所示。

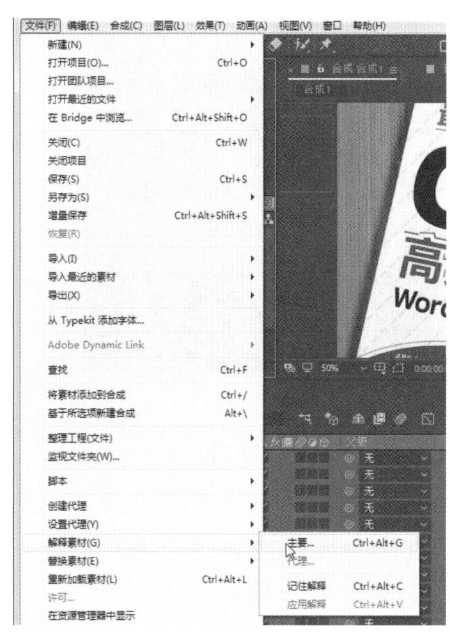

图 3-22

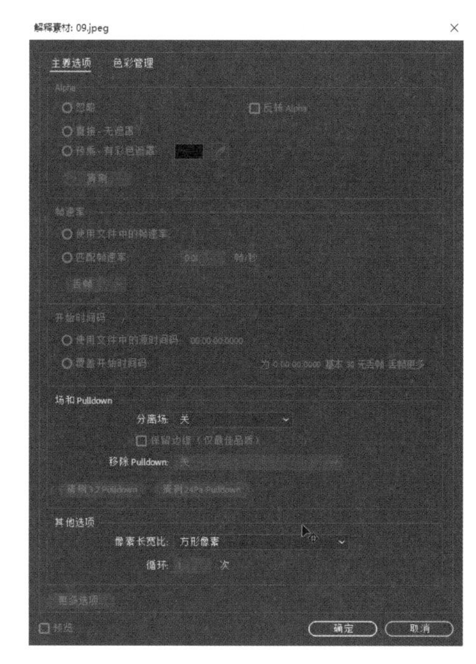

图 3-23

利用该对话框可以对素材的 Alpha 通道、帧速率、开始时间码、场与 Pulldown 等重新进行解释。

（1）设置 Alpha 通道。

如果素材带有 Alpha 通道，系统将会打开该对话框并自动识别 Alpha 通道。在 Alpha 选项组中主要包括以下几种选项。

◎ 忽略：忽略 Alpha 通道的透明信息，透明部分以黑色填充代替。

◎ 直接 - 无蒙版：将通道解释为直通型。

◎ 预乘 - 有彩色遮罩：将通道解释为预乘型，并可设置蒙版颜色。

◎ 反转 Alpha：可以反转透明区域和不透明区域。

◎ 预测：让软件自动预测素材所带的通道类型。

（2）帧速率。

帧速率是指定每秒从源素材项目对图像进行多少次采样，以及设置关键帧时所依据的时间划分方法等内容。在“帧速率”选项组中，主要包括两个选项：“使用文件中的帧速率”和“匹配帧速率”，如图 3-24 所示。

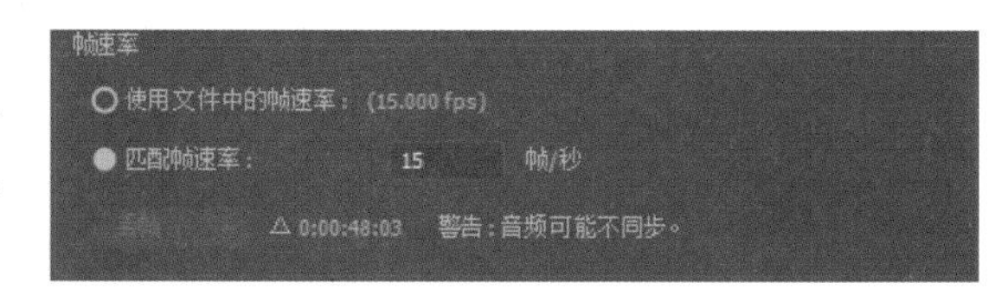

图 3-24

◎ 使用文件中的帧速率：可以使用素材默认的帧速率进行播放。

◎ 匹配帧速率：可以手动调整素材的速率。

（3）开始时间码。

设置素材的开始时间码。在“开始时间码”选项组中主要包括“使用文件中的源时间码”和“覆

盖开始时间码”两个选项。

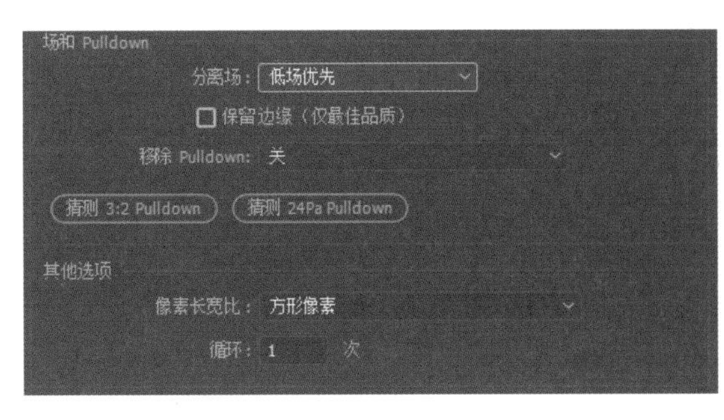

图 3-25

（4）设置场和 Pulldown。

After Effects CC 可为 D1 和 DV 视频素材自动分离场，而对于其他素材则可以选择“高场优先”“低场优先”或“关”选项来设置分离场，如图 3-25 所示。

（5）其他选项。

◎ 像素长宽比：主要用于设置像素长宽比。

◎ 循环：设置视频循环次数，默认情况下只播放一次。

◎ 更多选项：仅在素材为 Camera Raw 格式时被激活。

3.2.3 代理素材

代理是视频编辑中的重要概念与组成元素。在编辑影片的过程中，为了加快渲染显示，提高编辑速度，可以使用一个低质量的素材代替编辑。

占位符是一个静帧图片，以彩条方式显示，其原本的用途是标注丢失的素材文件。占位符会在以下两种情况下出现。

（1）不小心删除了硬盘中的素材文件，“项目”面板中的素材会自动替换为占位符，如图 3-26 所示。

（2）选择一个素材，单击鼠标右键，在弹出的快捷菜单中选择“替换素材”|“占位符”命令，也可以将素材替换为占位符，如图 3-27 所示。

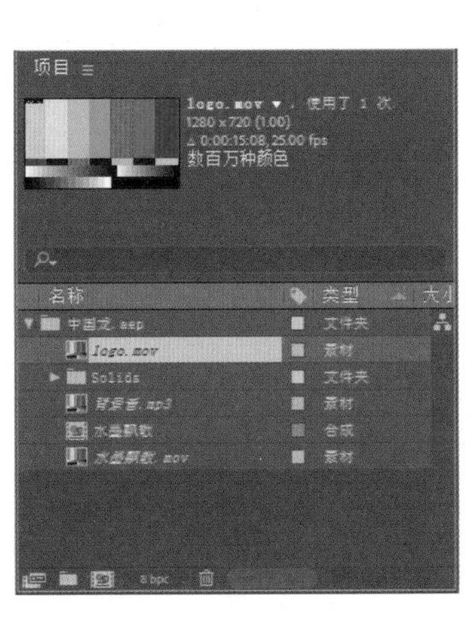

图 3-26

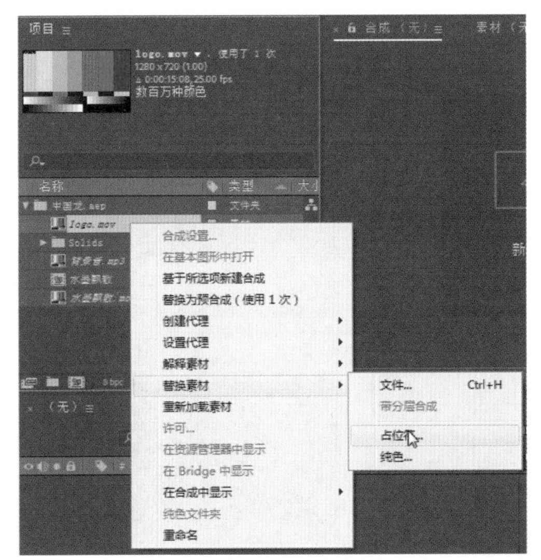

图 3-27

3.3 认识合成

合成是影片的框架，包括视频、音频、动画文本、矢量图形等多个图层。此外，合成的作品不仅能够独立工作，还可以作为素材使用。

3.3.1 新建合成

合成一般用来组织素材，在 After Effects CC 中，用户既可以新建一个空白的合成，也可以根据素材新建包含素材的合成。

1. 新建空白合成

执行“合成”|“新建合成”命令，或者单击“项目”面板底部的“新建合成”按钮，即可打开“合成设置”对话框，用户可在该对话框中设置长宽尺寸、帧速率、持续时间等参数，如图 3-28 所示。

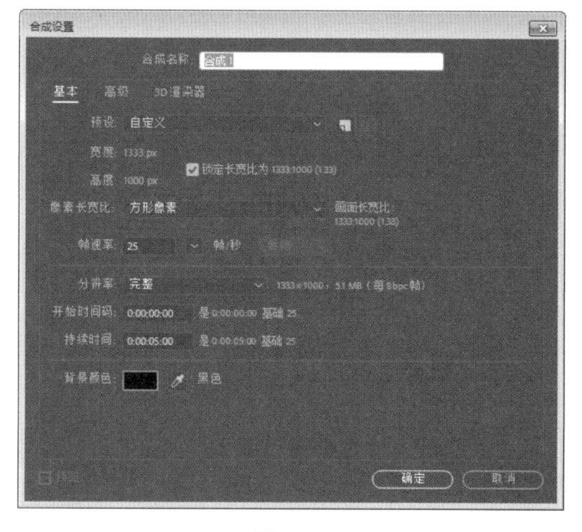

图 3-28

2. 基于单个素材新建合成

当“项目”面板中导入外部素材文件后，还可以通过素材建立合成。在“项目”面板中选中某个素材，执行“文件”|“基于所选项新建合成”命令，或者在“项目”面板中的文件上单击鼠标右键，在弹出的快捷菜单中选择“基于所选项新建合成”命令，也可以直接单击“项目”面板底部的“新建合成”按钮即可创建合成，如图 3-29 和图 3-30 所示。

3. 基于多个素材新建合成

在“项目”面板中同时选择多个文件，再执行“文件”|“基于所选项新建合成”命令，系统将弹出“基于所选项新建合成”对话框，用户可以设置新建合成的尺寸来源、静止持续时间等，如图 3-31 所示。

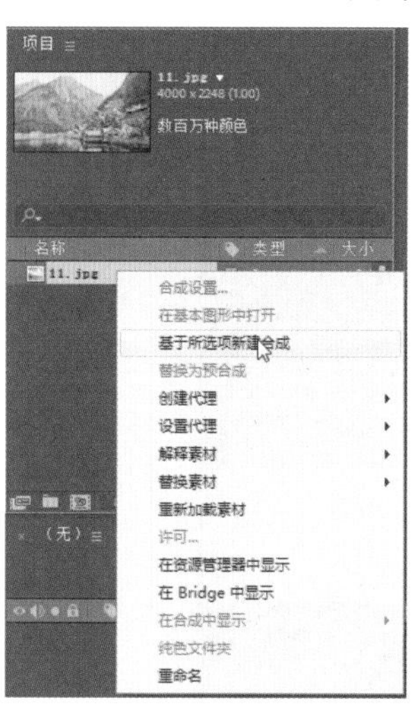

图 3-29

图 3-30

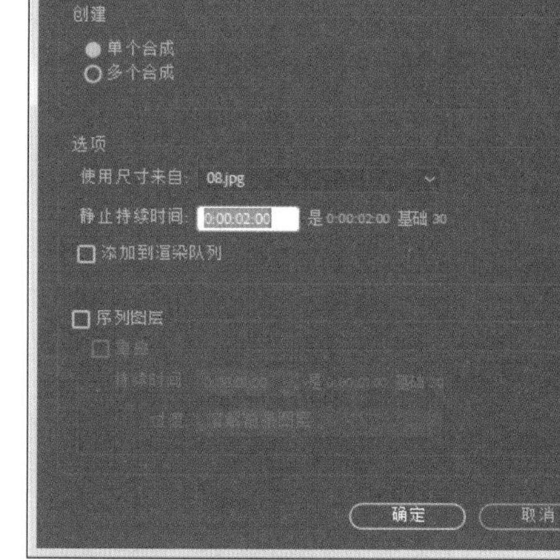

图 3-31

3.3.2 “合成”面板

在 After Effects 中，要在一个新项目中编辑、合成影片，首先要产生一个合成图像。在合成图像时，通过使用各种素材进行编辑、合成。合成的图像就是将来要输出的成片。

“合成”面板主要是用来显示各个层的效果，不仅可以对层进行移动、旋转、缩放等直观的调整，还可以显示对层使用滤镜等特效。“合成”面板分为预览窗口和操作区域两大部分，预览窗口主要用于显示图像，而在预览窗口的下方则为包含工具栏的操作区域，如图 3-32 所示。

默认情况下，预览窗口显示的图像是合成的第一个帧，透明的部分显示为黑色，用户也可以将其设置显示为合成帧。

图 3-32

3.3.3 “时间轴”面板

“时间轴”面板是编辑视频特效的主要面板，主要用来管理素材的位置，并且在制作动画效果时，定义关键帧的参数和相应素材的出入点和延时。该面板是软件界面中默认显示的面板，一般存在于界面底部，如图 3-33 所示。

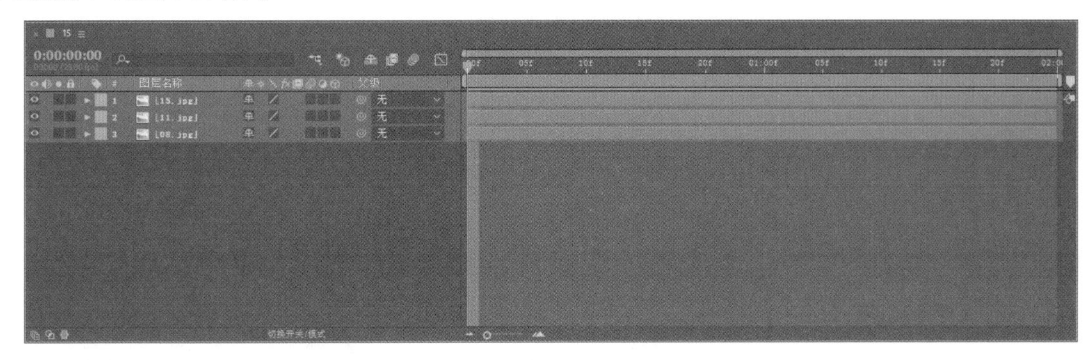

图 3-33

3.3.4 嵌套合成

合成的创建是为了视频动画的制作，而对于效果复杂的视频动画，还可以将其合成作为素材，放置到其他合成中，形成视频动画的嵌套合成。

1. 嵌套合成概述

嵌套合成是一个合成包含在另一个合成中，显示为其中的一个图层。嵌套合成又称为预合成，由各种素材以及合成组成。

2. 生成嵌套合成

用户可通过将现有合成添加到其他合成中的方法来创建嵌套合成。在“时间轴”面板中选中单个或多个图层，单击鼠标右键，在弹出的快捷菜单中选择“预合成”命令，打开“预合成”对话框，即可设置新创建的嵌套合成，如图 3-34 和图 3-35 所示。

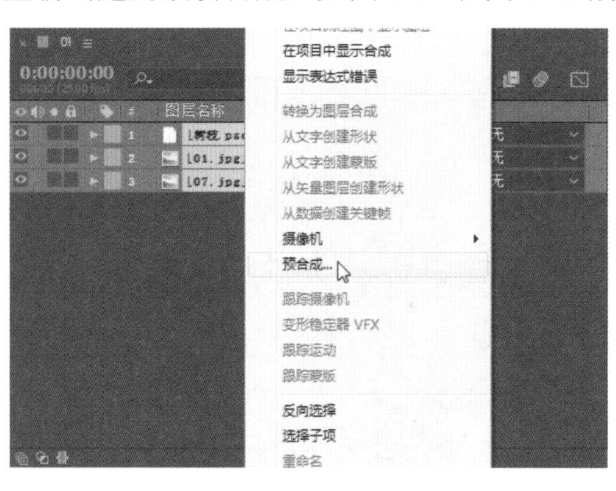

图 3-34

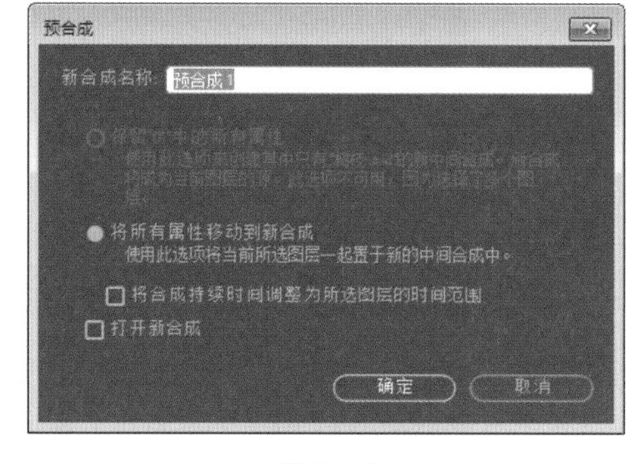

图 3-35

实例：创建项目

在 After Effects CC 的使用过程中，创建项目必不可少，复杂的视频特效都是基于项目进行制作的。本例将详细介绍项目的创建步骤。

Step01 启动 After Effects CC 2018，执行“文件”|“新建”|“新建项目”命令，创建一个默认设置的空白项目，如图 3-36 所示。

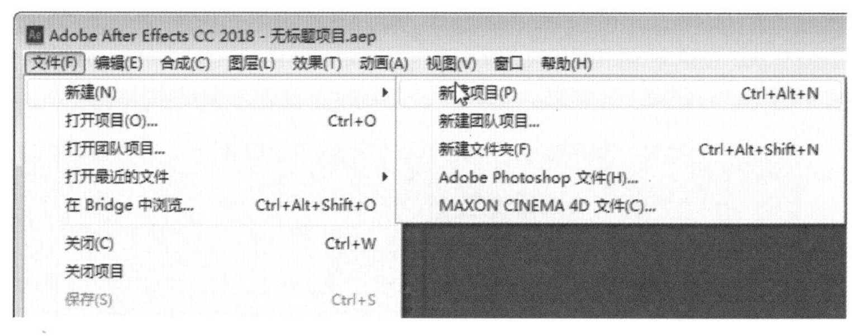

图 3-36

Step02 执行“文件”|“导入”|“多个文件”命令，或者按 Ctrl+Alt+I 组合键，如图 3-37 所示。

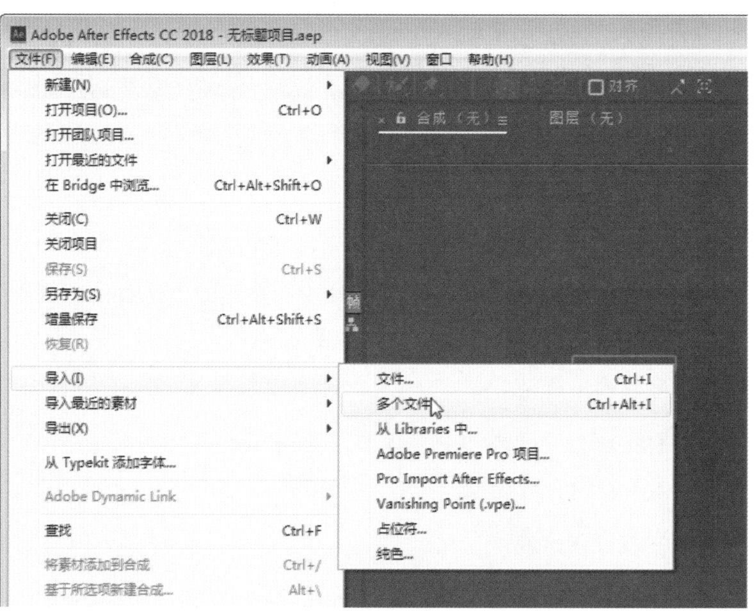

图 3-37

ACAA课堂笔记

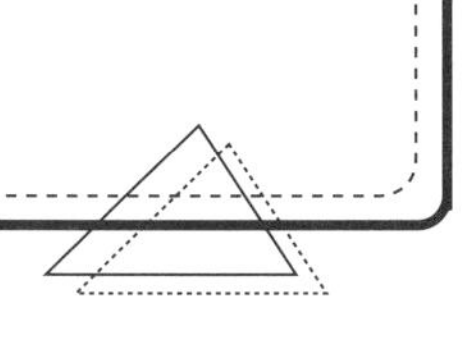

Step03 打开“导入多个文件”对话框，选择需要导入的文件，再单击“导入”按钮，如图 3-38 所示。

图 3-38

Step04 此时会弹出“基于所选项新建合成”对话框，选中“单个合成”单选按钮，设置“使用尺寸来自”为 09.jpeg，持续时间为 0:00:04:00，如图 3-39 所示。

Step05 单击“确定”按钮即可创建合成，如图 3-40 所示。

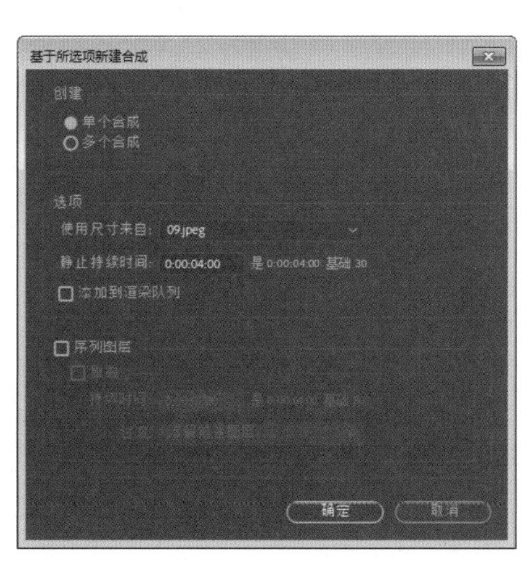

图 3-39

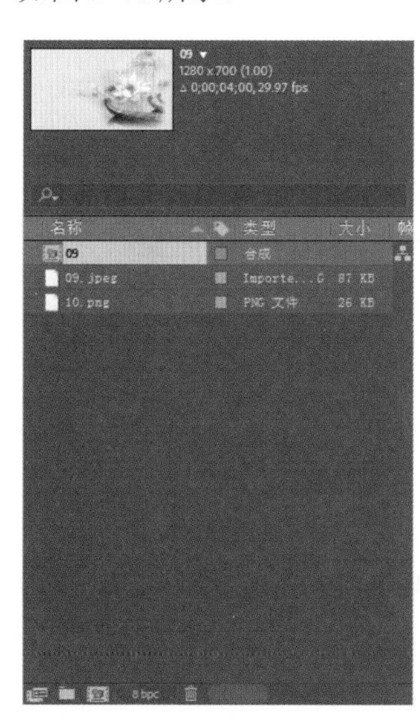

图 3-40

Step06 在“时间轴”面板中调整图层顺序，如图 3-41 所示。

Step07 在“合成”面板中调整素材位置及大小，如图 3-42 所示。

Step08 执行“文件”|“保存”命令，打开“另存为”对话框，设置文件存储位置及文件名，单击“保存”按钮即可，如图 3-43 所示。

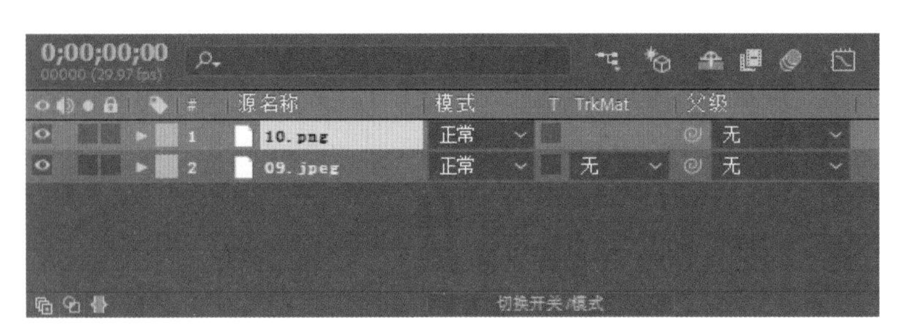

图 3-41

图 3-42

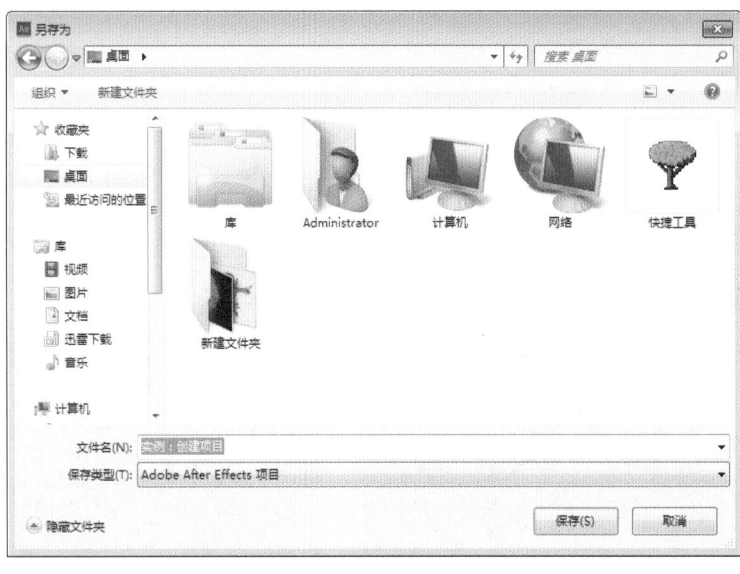

图 3-43

课堂实战：制作宽屏荧幕效果

本案例将利用 After Effects CC 制作一个宽屏的电影荧幕效果，具体操作步骤如下。

Step01 准备一个视频素材，播放效果如图 3-44 所示。

Step02 启动 After Effects CC 应用程序，按 Ctrl+Alt+N 组合键新建项目，在“项目”面板单击鼠标右

键，在弹出的快捷菜单中选择“新建合成”命令，如图 3-45 所示。

图 3-44

图 3-45

Step03 打开“合成设置”对话框，输入新的合成名称，设置合成尺寸为 788px*576px，“像素长宽比”为“方形像素”，“帧速率”为 24 帧 / 秒，再设置“持续时间”为 10s，如图 3-46 所示。

Step04 单击“确定”按钮，关闭对话框，创建一个合成，如图 3-47 所示。

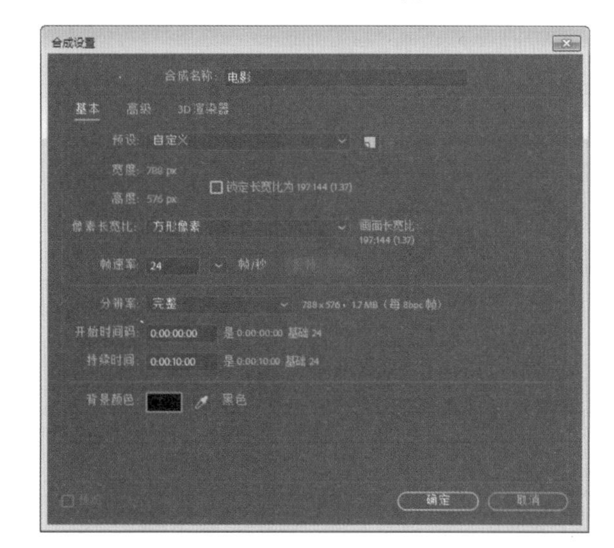

图 3-46

图 3-47

Step05 将视频文件拖曳至“项目”面板中，再将视频素材拖至“时间轴”面板，如图3-48和图3-49所示。

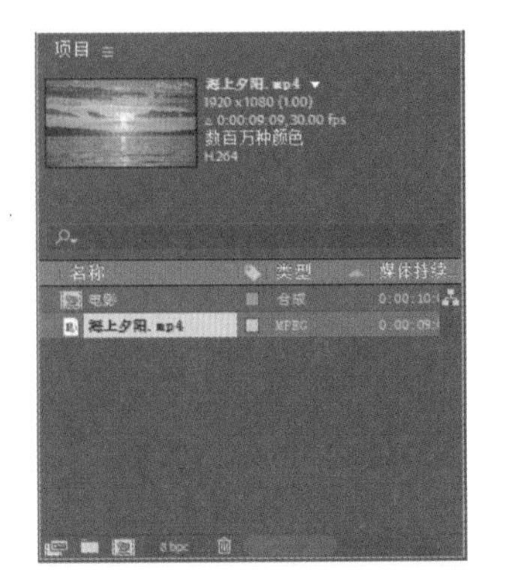

图 3-48

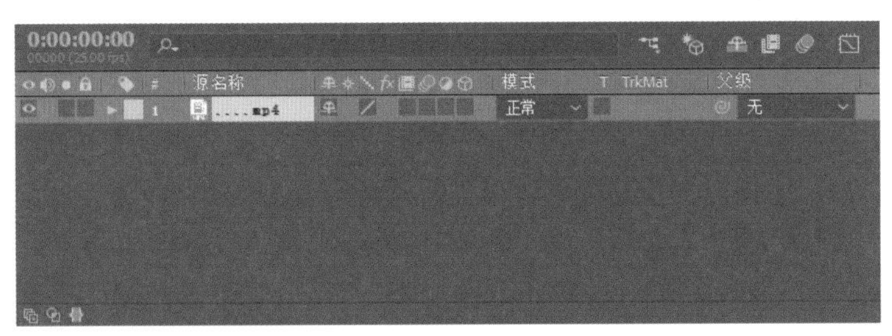

图 3-49

Step06 在“合成”面板中可以看到视频素材添加的效果，如图 3-50 所示。

图 3-50

Step07 按住 Shift 键等比例调整视频大小，完成本次案例的制作，效果如图 3-51 所示。

图 3-51

课后作业

一、选择题

1. 按下大写锁定键后（　　）。

A. 素材更新，其他不变　　B. 层更新，其他不变

C. 层和合成图像面板更新，其他不变　　D. 所有素材、层、合成面板都停止更新

2. 将素材添加到合成的正确方式是（　　）。

A. 直接拖动素材到“时间轴”面板　　B. 直接双击素材

C. 按 Ctrl+/ 组合键　　D. 按 Ctrl+\ 组合键

3. 在 After Effects 中，引入序列静态图片时，应（　　）。

A. 直接双击序列图像的第一个文件即可引入

B. 选择序列文件第一个文件后，需要选中“Photoshop 序列”复选框，然后单击“导入”按钮

C. 需要选择全部序列图像的名称

D. 执行“导入”|“合成”命令

4. 如果使用其他软件修改了项目中使用的素材文件，则下次打开项目文件时（　　）。

A. 仍然出现原素材

B. 出现修改后的素材

C. 原素材被修改，项目文件无法打开

D. 提示原素材被修改是否替换素材

5. 如果要向 After Effects 中导入多个素材，应使用（　　）命令。

A.“导入”|“文件”　　B. 在“合成”面板双击

C.“导入”|“多个文件”　　D.“导入”|“文件夹”

二、填空题

1. _________ 的功能是非常强大的，通过该操作可以对素材进行有效修复。

2. 要在一个新的项目中编辑、合成影片，首先需要建立一个 _________，通过对各种素材进行编辑达到最终合成效果。

3. 按 _________ 组合键可以建立合成。

三、操作题

在使用其他途径获取项目文件时，经常会遇到素材丢失的情况，这里为丢失文件的项目替换素材。

操作提示：

Step01 打开素材文件，系统会提示文件已丢失，选择丢失的素材，在“项目”面板中会显示为彩色条纹，如图 3-52 所示。

Step02 在丢失的素材上单击鼠标右键，在弹出的快捷菜单中选择“替换素材”|“文件”命令，打开“替换素材文件”对话框，选择要替换的素材对象，单击“导入”按钮，如图 3-53 所示。

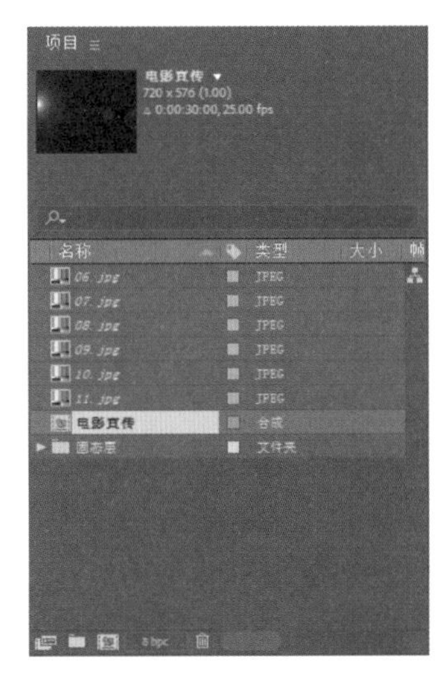
项目
电影宣传
720 x 576 (1.00)
0:00:30:00, 25.00 fps
名称
类型
大小
06.jpg
07.jpg
08.jpg
09.jpg
10.jpg
11.jpg
电影宣传
图态素
JPEG
合成
文件夹
8 bpc

图 3-52

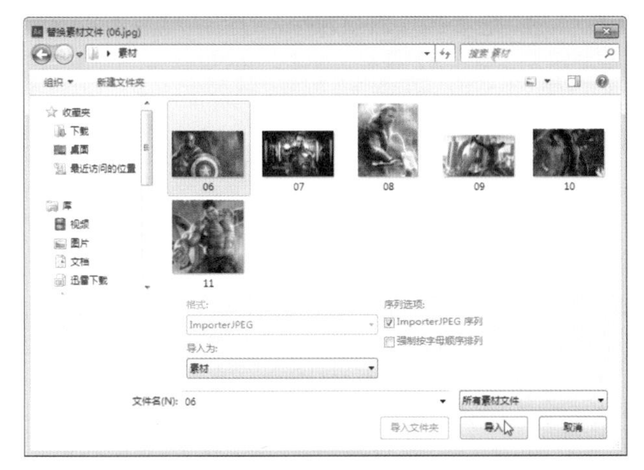
替换素材文件 (06.jpg)
素材
组织
新建文件夹
收藏夹
下载
桌面
最近访问的位置
库
视频
图片
文档
迅雷下载
06
07
08
09
10
11
格式:
ImporterJPEG
序列选项:
ImporterJPEG 序列
强制按字母顺序排列
导入为:
素材
文件名(N): 06
所有素材文件
导入文件夹
导入
取消

图 3-53

第4章 图层的应用

内容导读

After Effects CC 是一个层级式的影视后期处理软件，所以“层”的概念贯穿整个项目操作过程。图层是构成合成的基本元素，既可以存储类似 Photoshop 图层中的静止图片，又可以存储动态的视频。本章将会详细介绍 After Effects CC 图层的类型、属性、创建方法、混合模式以及图层的基本操作等内容。

学习目标

- 了解图层的概念
- 掌握图层的基本操作
- 熟悉图层混合模式的应用
- 熟悉关键帧动画的制作

4.1 图层概述

After Effects CC 引入了 Photoshop 中层的概念，不仅能够导入 Photoshop 产生的层文件，还可在合成中创建层文件。将素材导入合成中，素材会以合成中一个层的形式存在，将多个层进行叠加制作，以便得到最终的合成效果。

4.1.1 什么是图层

在 After Effects 中，无论是创作合成、动画还是特效处理等操作都离不开图层，可以说图层是学习 After Effects 的基础，因此制作动态影像的第一步就是真正了解和掌握图层。在“时间轴”面板中，所有的素材都是以图层的方式按照上下位置关系依次排列组合的，如导入素材、添加效果、设置参数、创建关键帧等对图层的操作，都可以在“时间轴”面板中完成，如图 4-1 所示。

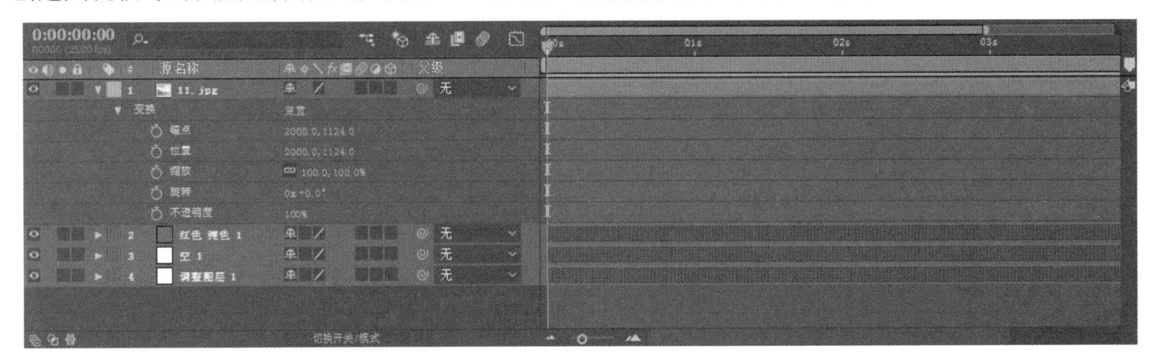

图 4-1

4.1.2 图层类型

使用 After Effects CC 制作画面特效合成时，它的直接操作对象就是图层，无论是创建合成、动画还是特效都离不开图层。After Effects CC 除了可以导入视频、音频、图像、序列等素材外，还可以创建不同类型的图层，包括文本、纯色、灯光、摄像机等。

1. 素材图层

素材图层是 After Effects CC 中最常见的图层，将图像、视频、音频等素材从外部导入 After Effects CC 软件中，然后添加到“时间轴”面板，会自然形成图层，用户可以对其进行移动、缩放、旋转等操作，如图 4-2 所示。

2. 文本图层

使用文本图层可以快速地创建文字，并对文本图层制作文字动画，还可以进行移动、缩放、旋转及透明度的调节，如图 4-3 所示。

3. 纯色图层

在 After Effects CC 中，可以创建任何颜色和尺寸的纯色图层，纯色图层和其他素材图层一样，可以创建遮罩，也可以修改图层的变换属性，还可以添加特效。纯色图层主要用来制作影片中的蒙版效果，同时也可以作为承载编辑的图层，如图 4-4 所示。

4. 形状图层

形状图层可以制作多种矢量图形效果。在不选择任何图层的情况下，使用“遮罩”工具或“钢笔”工具直接在“合成”窗口中绘制形状，如图 4-5 所示。

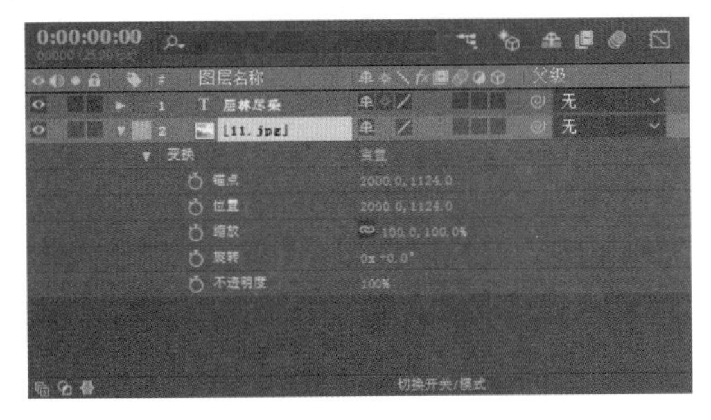

图 4-2

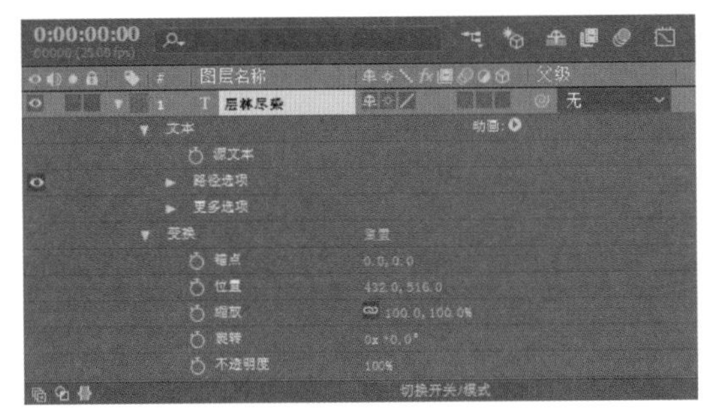

图 4-3

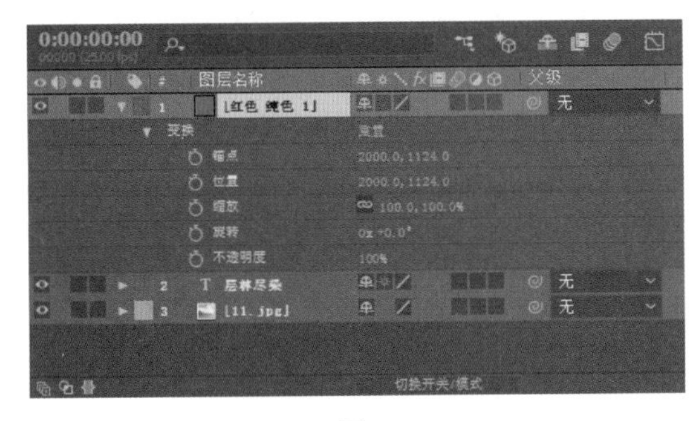

图 4-4

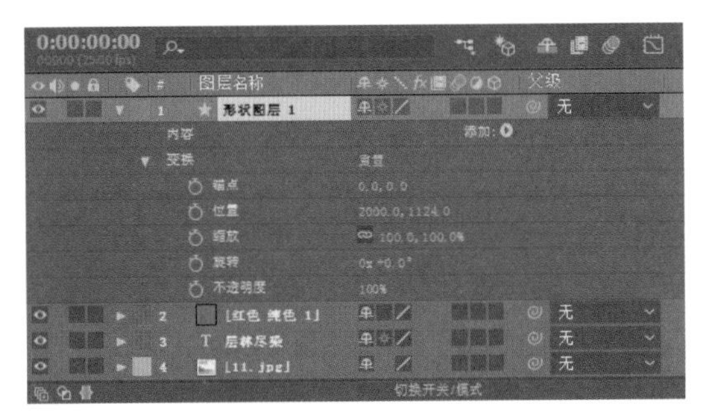

图 4-5

5. Photoshop 图层

执行“图层”|“新建”|“Adobe Photoshop 文件”命令，也可以创建 Photoshop 文件，不过这个文件只是作为素材显示在“项目”面板，其文件的尺寸大小和最近打开的合成大小一致。

6. 灯光图层

灯光图层主要用来模拟不同种类的真实光源，而且可以模拟出真实的阴影效果，如图 4-6 所示。

图 4-6

7. 摄像机图层

摄像机图层常用来起到固定视角的作用，并且可以制作摄像机动画，模拟真实的摄像机游离效果。在创建摄像机图层之前，系统会弹出“摄像机设置”对话框，用户可以设置摄像机的名称、焦距等参数，如图 4-7 所示。在图层面板中也可以对摄像机参数进行设置，如图 4-8 所示。

8. 空对象图层

空对象图层可以在素材上进行效果和动画设置，以起到制作辅助动画的作用。

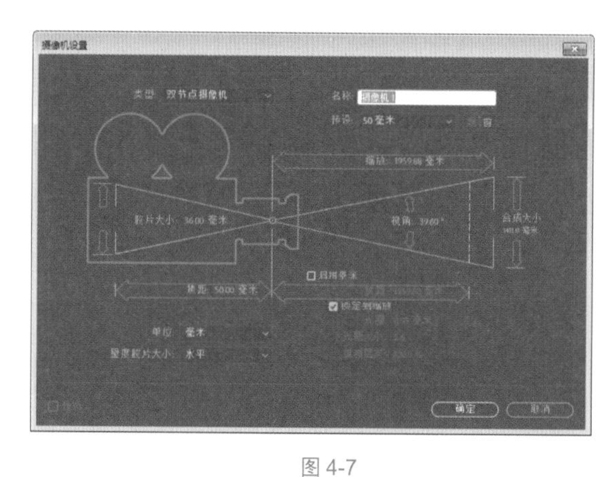

图 4-7

图 4-8

9. 调整图层

调整图层可以用来辅助影片素材进行色彩和效果调节，并且不影响素材本身。调整图层可以对该层下的所有图层起到作用，如图 4-9 所示。

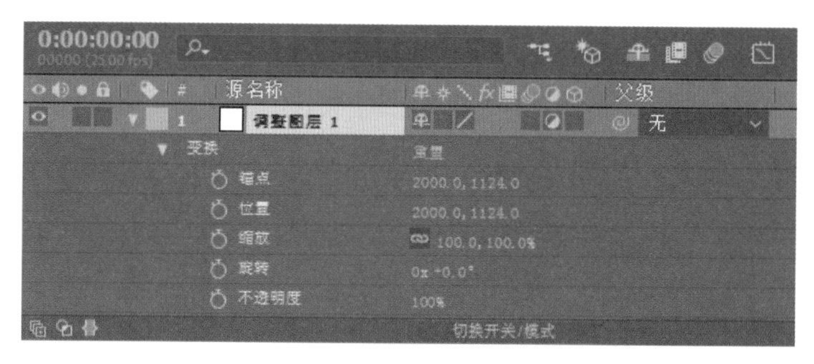

图 4-9

4.1.3 创建图层

在 After Effects CC 中用户可以通过以下两种方法创建图层。

1. 菜单栏命令

执行“图层”|“新建”命令，在展开的子菜单中选择需要创建的图层类型，如图 4-10 所示。

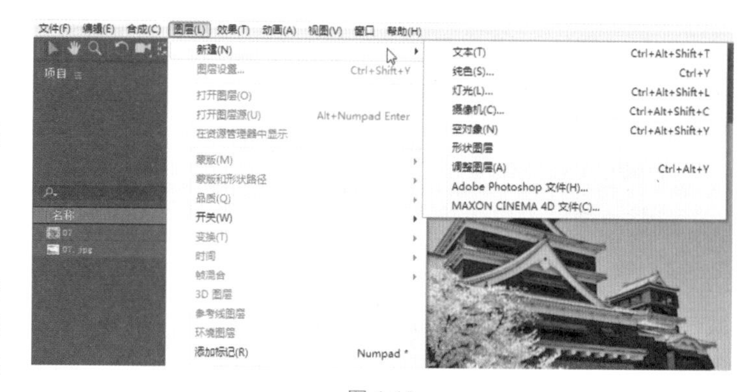

图 4-10

2. 右键菜单

在“时间轴”面板的空白处单击鼠标右键，在弹出的快捷菜单中选择“新建”命令，并在其子菜单中选择所需图层类型，如图 4-11 所示。

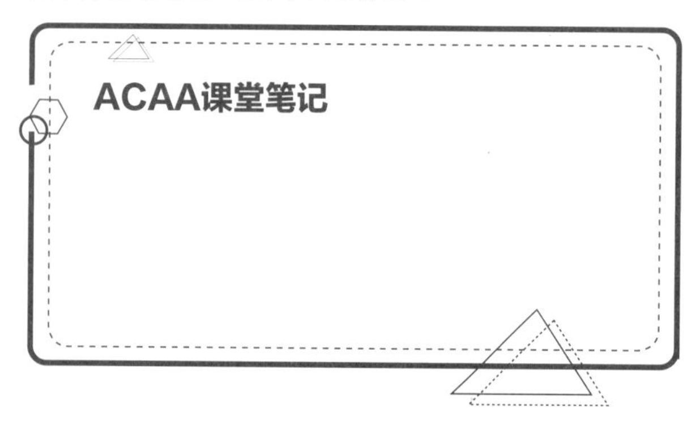

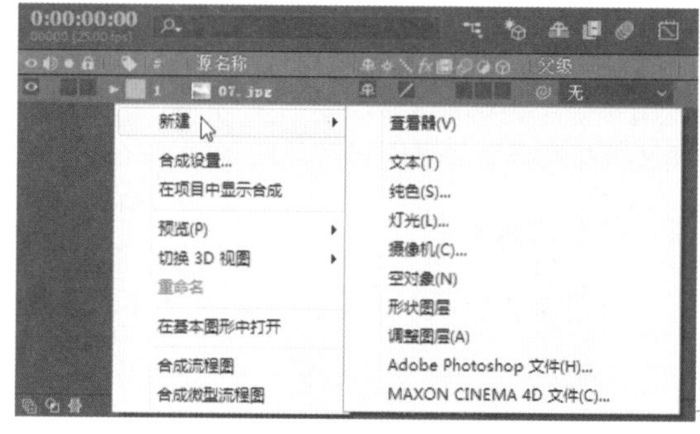

图 4-11

4.1.4 图层属性

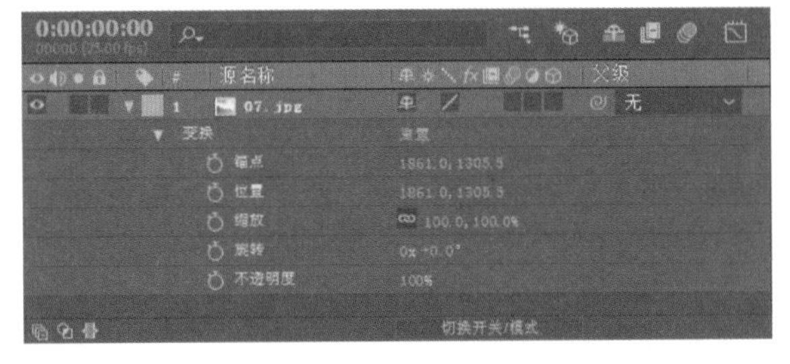

图 4-12

在 After Effects CC 中，图层属性在制作动画特效时占据着非常重要的地位。除了单独的音频图层以外，其余所有图层都具有 5 个基本变换属性，分别是锚点、位置、缩放、旋转和不透明度。在“时间轴”面板单击“展开”按钮，即可编辑图层属性，如图 4-12 所示。

1. 锚点

锚点是图层的轴心点，控制图层的旋转或移动中心。图层的其他四个属性都是基于锚点来进行操作的，当进行位置、旋转或缩放操作时，选择不同位置的轴心点将得到完全不同的视觉效果。

用户除了可以在“时间轴”面板中进行精确调整，还可以使用相应的工具在“合成”窗口中手动调整，如图 4-13 和图 4-14 所示。

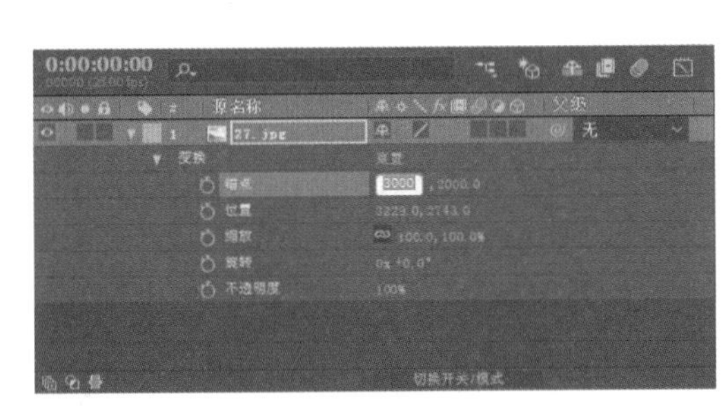

图 4-13

图 4-14

2. 位置

图层位置是指图层对象的位置坐标，主要用来制作图层的位移动画，普通的二维图层包括 X 轴和 Y 轴两个参数，三维图层则包括 X 轴、Y 轴和 Z 轴三个参数。用户可以使用横向的 X 轴和纵向的 Y 轴精确地调整图层的位置。

3. 缩放

缩放属性用于控制图层的缩放百分比，用户可以以轴心点为基准来改变图层的大小。在缩放图层时，用户可以开启图层缩放属性前的“锁定缩放”按钮，这样可以进行等比例缩放操作。设置素材缩放参数的效果如图 4-15 所示。

4. 旋转

图层的旋转属性不仅提供了用于定义图层对象角度的旋转角度参数，还提供了用于制作旋转动画效果的旋转圈数参数。普通二维图层的旋转属性由“圈数”和“度数”两个参数组成，如 1x+45° 就表示旋转了 1 圈又 45° （也就是 105° ），设置素材旋转参数的效果如图 4-16 所示。

图 4-15

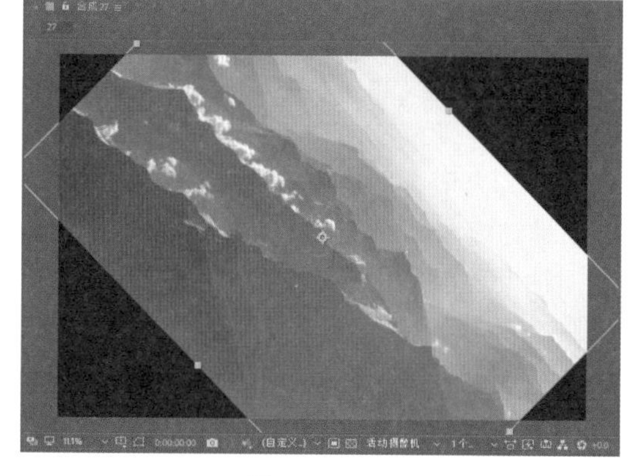

图 4-16

5. 不透明度

该属性是以百分比的方式来调整图层的不透明度，从而设置图层的透明效果，用户可以透过上面的图层查看到下面图层对象的状态。设置素材不同透明度参数的效果如图 4-17 所示。

注意事项

一般情况下，每一次图层属性的快捷键只能显示一种属性。如果想要一次显示两种或两种以上的图层属性，可以在显示一个图层属性的前提下按住 Shift 键，然后按其他图层属性的快捷键，这样就可以显示出多个图层的属性。

图 4-17

实例：制作双色背景

下面利用纯色图层制作一个双色背景的卡通效果，具体操作步骤如下。

Step01 新建项目，执行“合成”|“新建合成”命令，打开“合成设置”对话框，设置项目尺寸为 1280×720，“帧速率”为 30 帧 / 秒，“持续时间”为 0:00:05:00，其余参数保持默认，如图 4-18 所示。

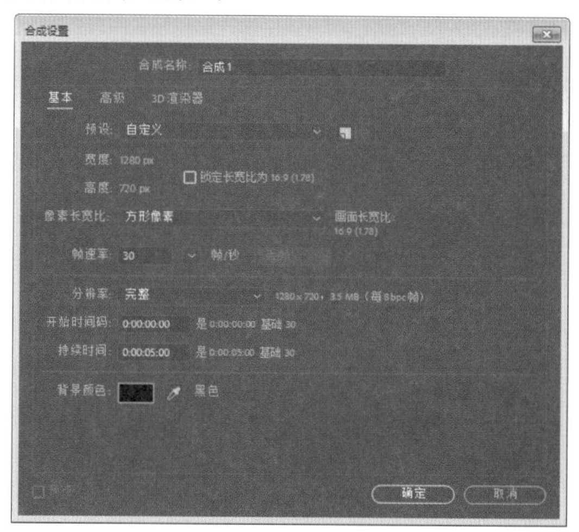

图 4-18

Step02 单击“确定”按钮，创建“合成 1”，如图 4-19 所示。

图 4-19

Step03 在“时间轴”面板单击鼠标右键，在弹出的快捷菜单中选择“新建”|“纯色”命令，打开“纯色设置”对话框，如图 4-20 所示。

Step04 单击色块，打开“纯色”对话框，选择新的颜色，如图 4-21 所示。

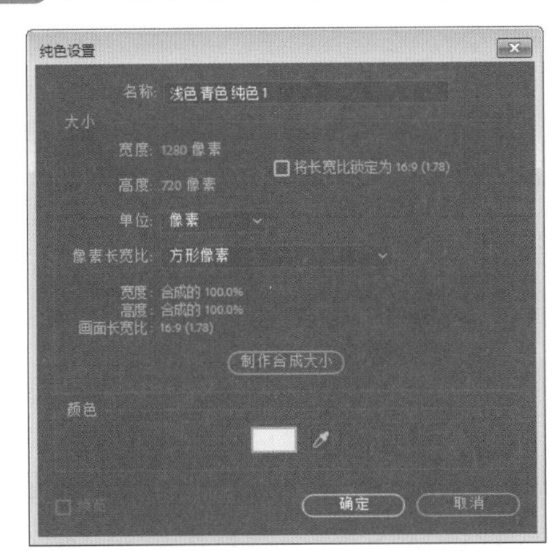

图 4-20

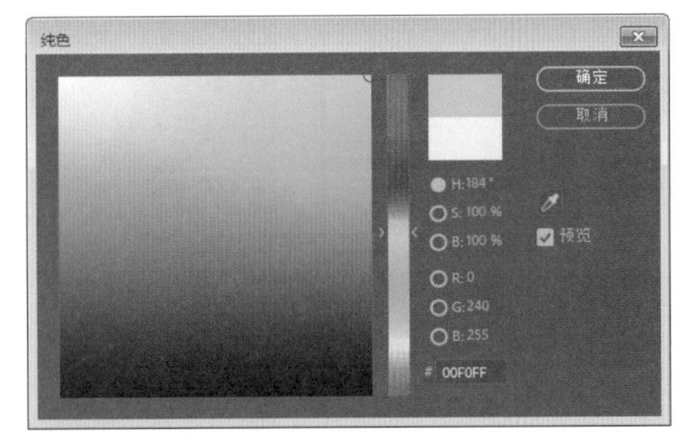

图 4-21

ACAA课堂笔记

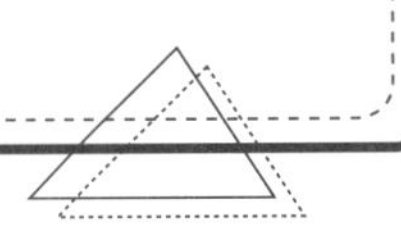

Step05 单击“确定”按钮依次关闭对话框，即可创建一个纯色图层，如图 4-22 所示。

Step06 按照上述操作方法再创建一个橙色的纯色图层，如图 4-23 所示。

Step07 展开橙色图层的属性列表，设置“旋转”参数为 0 x 45°，如图 4-24 所示。

Step08 设置后的效果如图 4-25 所示。

图 4-22

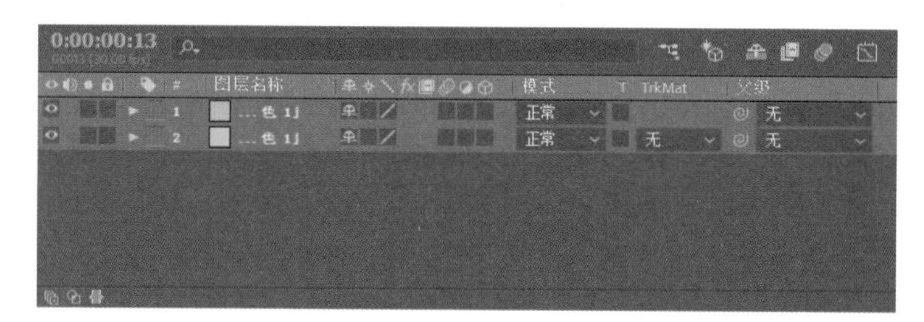

图 4-23

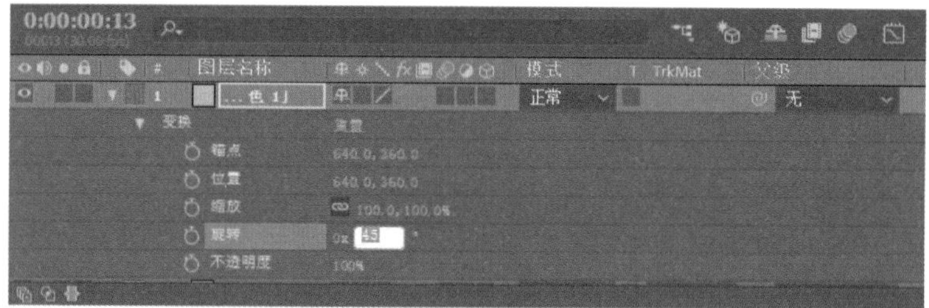

图 4-24

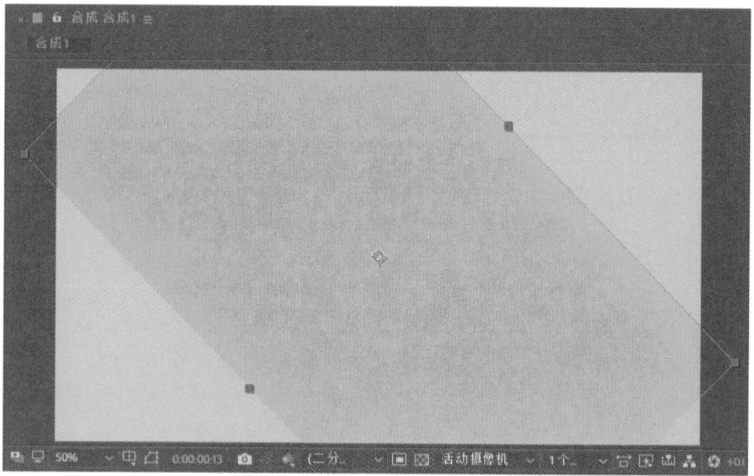

图 4-25

ACAA课堂笔记

ACAA课堂笔记

Step09 按键盘上的方向键调整橙色图层位置，如图 4-26 所示。

图 4-26

Step10 将准备好的猫咪素材图像拖曳至“项目”面板，再将其拖至“时间轴”面板，调整图层顺序，将猫咪图层调整至顶层，如图 4-27 所示。

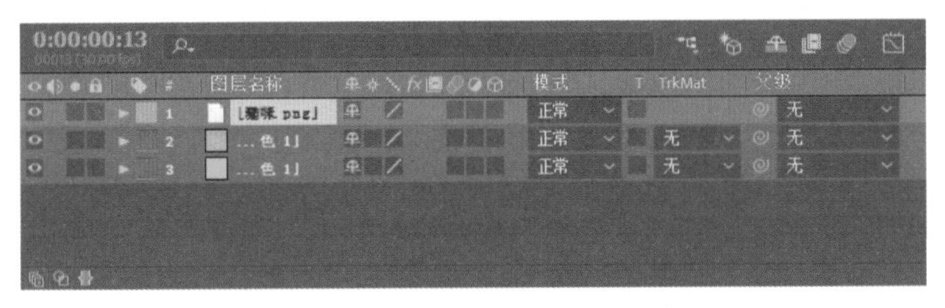

图 4-27

Step11 当前“合成”面板效果如图 4-28 所示。

图 4-28

Step12 展开猫咪图层的属性列表，设置“缩放”参数为 68%，如图 4-29 所示。

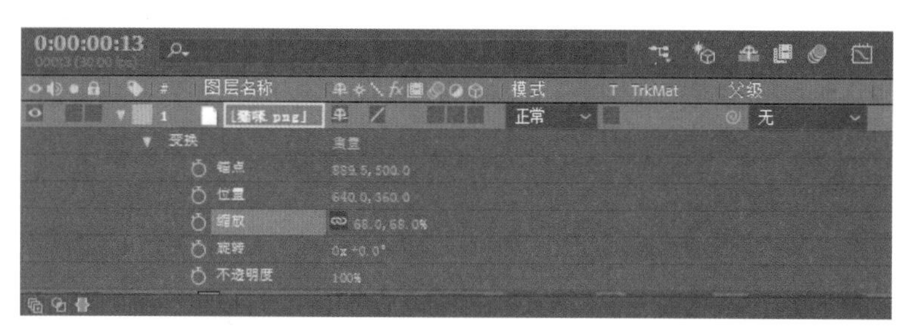

图 4-29

Step13 调整后的“项目”面板如图 4-30 所示。

图 4-30

Step14 调整猫咪图像的位置，完成本例的制作，效果如图 4-31 所示。

图 4-31

ACAA课堂笔记

4.2 图层的基本操作

利用图层功能，不仅可以放置各种类型的素材对象，还可以对图层进行一系列的操作，以查看

和确定素材的播放时间、顺序和编辑情况，这些操作都需要在时间轴面板中进行操作。

4.2.1 选择图层

在对素材进行编辑之前，需要先将其选中，在 After Effects 中，用户可以通过多种方法选择图层。

◎ 在“时间轴”面板中单击选择图层。

◎ 在“合成”面板中单击想要选中的素材，在“时间轴”面板中可以看到其对应的图层已被选中。

◎ 在键盘右侧的数字键盘中按图层对应的数字键，即可选中相对应的图层。

另外，用户可以通过以下方法选择多个图层。

◎ 在“时间轴”面板的空白处按住并拖动鼠标，框选图层。

◎ 按住 Ctrl 键的同时，依次单击图层即可加选这些图层。

◎ 单击选择起始图层，按住 Shift 键的同时再单击选择结束图层，即可选中起始图层和结束图层及其之间的图层。

4.2.2 重命名图层

图层创建完毕后，用户可对图层名称进行重命名操作，以便于查看。

◎ 选择并右键单击图层，在弹出的快捷菜单中选择“重命名”命令。

◎ 选择图层后按 Enter 键，即可重新命名图层，如图 4-32 所示。

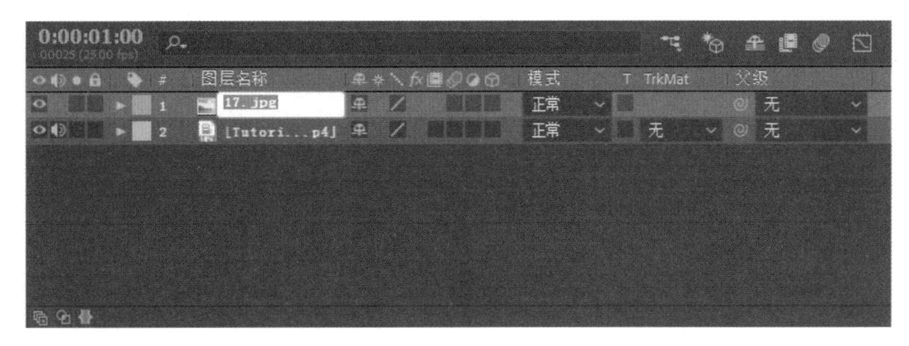

图 4-32

4.2.3 序列图层

在 After Effects CC 中，可以使用序列图层功能快速地衔接相应的视频片段。将素材直接拖曳到“时间轴”面板中，选中所有图层，依次执行“动画”|“关键帧辅助”|“序列图层”命令，在弹出的“序列图层”对话框中单击“确定”按钮，如图 4-33 所示。使用“序列图层”命令后，图层会依次排列。

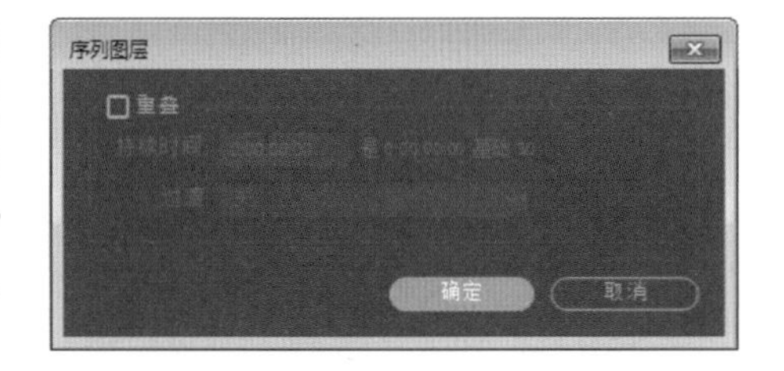

图 4-33

提示

选择的第一个图层是最先出现的图层，后面图层的排列顺序将按照该图层的顺序进行排列。另外，“持续时间”参数主要用于设置图层之间相互交叠的时间，“变换”参数主要用于设置交叠部分的过渡方式。

4.2.4　对齐图层

在 After Effects CC 中使用“对齐”面板可排列或均匀分隔所选图层，可以竖直或水平地对齐或分布图层，如图 4-34 所示。

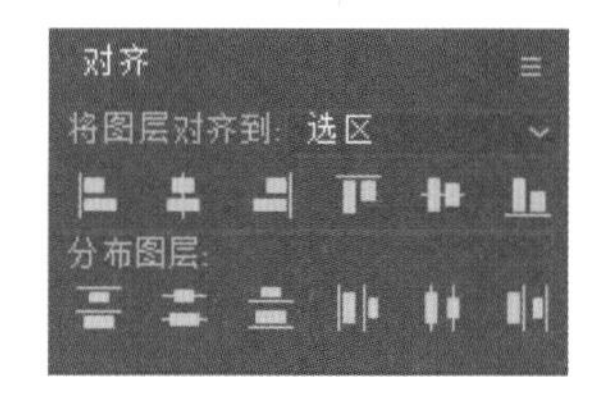

图 4-34

4.2.5　编辑图层

用户可以对图层进行编辑操作，如剪辑、扩展等，以便于更好地表现素材效果。

1. 剪辑或扩展图层

图层的入点、出点和时间位置的设置是紧密联系的，调整出入点的位置就会改变时间位置。通过直接拖动或按 Alt+【组合键和 Alt+】组合键，都可以定义图层的出入点，如图 4-35 和图 4-36 所示为使用 Alt+】组合键前后的图层剪辑效果。

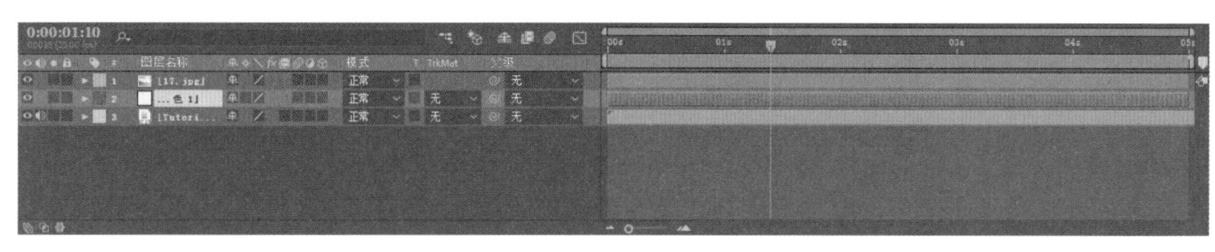

图 4-35

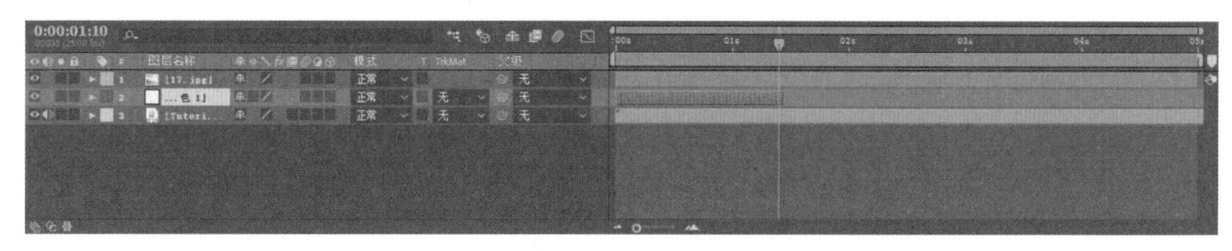

图 4-36

知识点拨

直接拖曳图层的出入点可以对图层进行剪辑，经过剪辑的图层长度会发生变化。也可以将时间指示标拖曳到需要定义层出入点的时间位置上。

图片或纯色图层可以随意剪辑或扩展，视频图层和音频图层可以剪辑，但不能直接扩展。

2. 提升 / 提取图层

在一段视频素材中，有时候需要移除其中的某几个片段，这就需要使用到“提升工作区域”和“提取工作区域”命令。这两个命令都具备移除部分镜头的功能，但也有一定的区别。

使用“提升工作区域”命令可以移除工作区域内被选择图层的帧画面，但是被选择图层所构成的总时间长度不变，中间会保留删除后的空隙，前后对比如图 4-37 和图 4-38 所示。

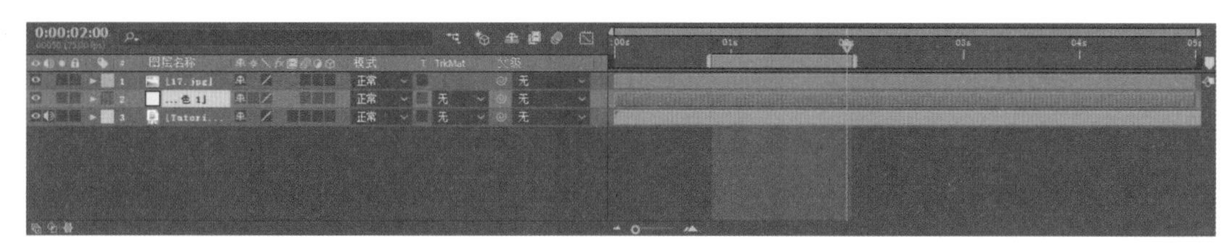

图 4-37

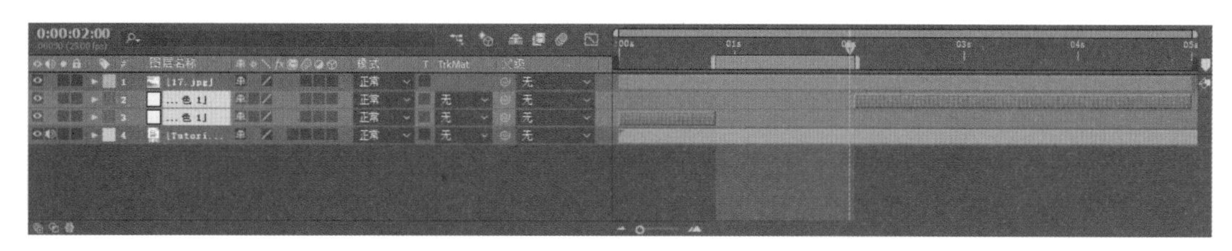

图 4-38

使用“提取工作区域”命令可以移除工作区域内被选择图层的帧画面，但是被选择图层所构成的总时间长度会缩短，同时图层会被剪切成两段，后段的入点将连接前段的出点，不会留下任何空隙，如图 4-39 所示。

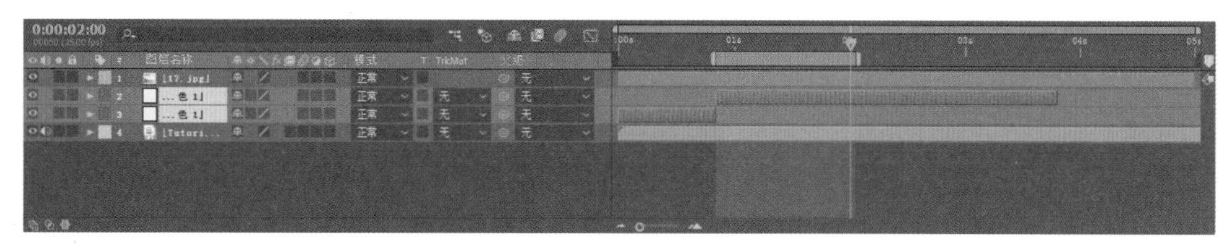

图 4-39

3. 拆分图层

在 After Effects CC 中，可以通过时间轴面板，将一个图层在指定的时间处拆分为多段独立的图层，以方便用户在图层中进行不同的处理。

在“时间轴”面板中，选择需要拆分的图层，将时间指示器移到需要拆分图层的位置，执行“编辑”|“拆分图层”命令，即可对所选图层进行拆分，拆分前后对比效果如图 4-40 和图 4-41 所示。

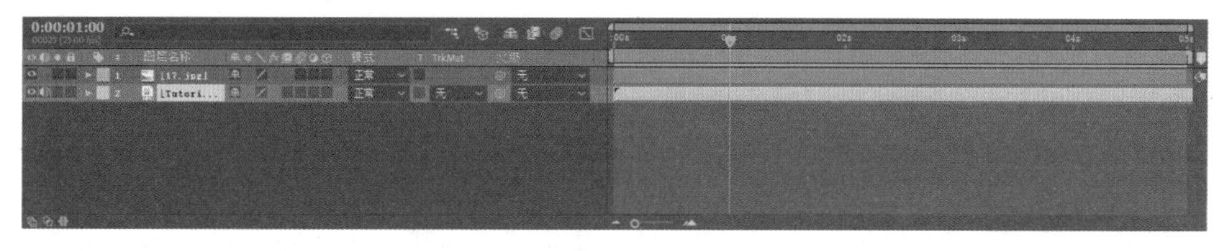

图 4-40

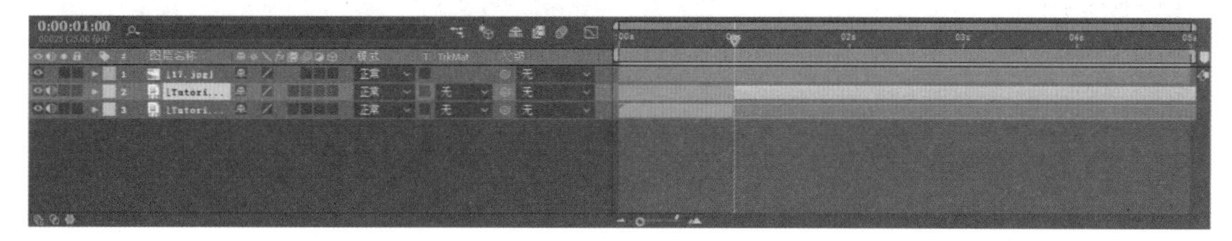

图 4-41

4.3 图层混合模式

与 Photoshop 类似，After Effects CC 对于图层模式的应用十分重要，图层之间可以通过图层模式来控制上层与下层的融合效果。After Effects CC 中的混合模式都是定义在相关图层上的，而不能定义到置入的素材上，也就是说必须将一个素材置入合成图像的“时间轴”面板中，才能定义它的混合模式。

执行“图层”|“混合模式”命令即可看到混合模式列表，After Effects CC 提供了 38 种混合模式，如图 4-42 所示。

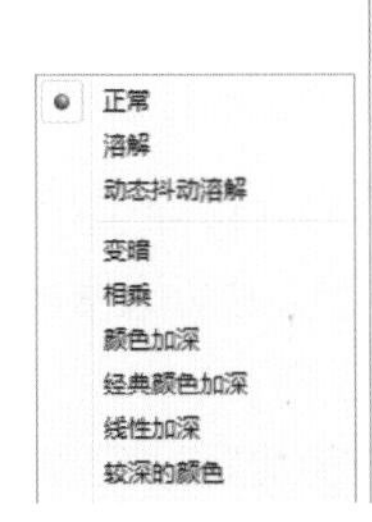

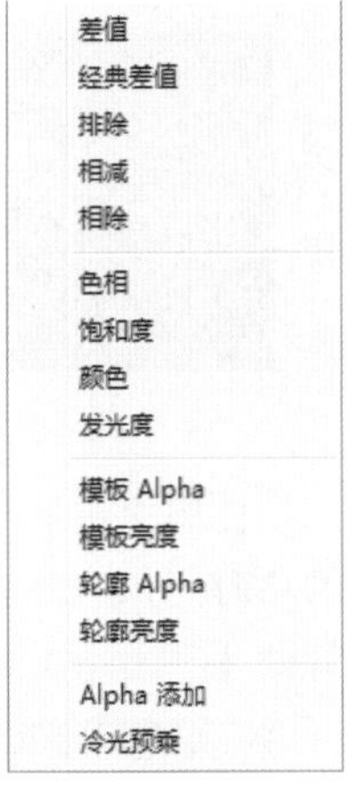

图 4-42

■ 4.3.1 普通模式组

在普通模式组中，主要包括“正常”“溶解”“动态抖动溶解”3 种混合模式。在没有透明度影响的前提下，这种类型的混合模式产生最终效果的颜色不会受底层像素颜色的影响，除非底层像素的不透明度小于当前图层。

（1）“正常”模式。

“正常”模式是日常工作中最常用的图层混合模式。当不透明度为 100% 时，此混合模式将根据 Alpha 通道正常显示当前层，并且此层的显示不受到其他层的影响；当不透明度小于 100% 时，当前层的每一个像素点的颜色都将受到其他层的影响，会根据当前的不透明度值和其他层的色彩来确定显示的颜色。

（2）“溶解”模式。

该混合模式用于控制层与层之间的融合显示，对于有羽化边界的层会起到较大影响。如果当前层没有遮罩羽化边界，或者该层设定为完全不透明，则该模式几乎是不起作用的。所以该混合模式的最终效果将受到当前层 Alpha 通道的羽化程度和不透明的影响。如图 4-43 和图 4-44 所示为在带有 Alpha 通道的图层上选择“溶解”模式的效果对比。

图 4-43

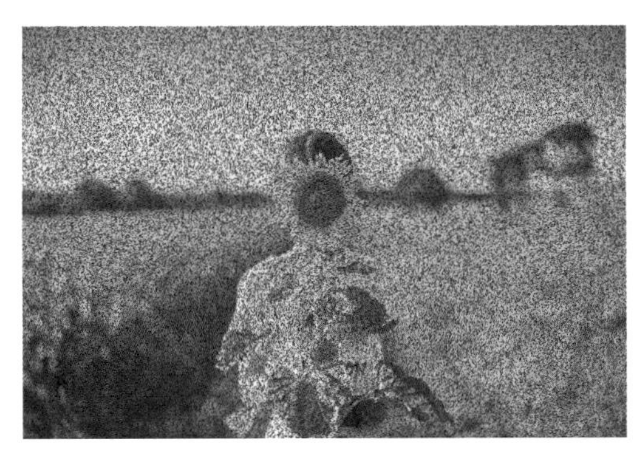

图 4-44

（3）“动态抖动溶解”模式

该混合模式与“溶解”混合模式的原理类似，只不过“动态抖动溶解”模式可以随时更新值，而“溶解”模式的颗粒都是不变的。

■ 4.3.2 变暗模式组

变暗模式组中的混合模式可以使图像的整体颜色变暗，主要包括“变暗”“相乘”“颜色加深”“经典颜色加深”“线性加深”“较深颜色”6 种模式，其中“变暗”和“相乘”是使用频率较高的混合模式。

（1）“变暗”模式。

当选中该混合模式后，软件将会查看每个通道中的颜色信息，并选择基色或混合色中较暗的颜

色作为结果色，即替换比混合色亮的像素，而比混合色暗的像素保持不变。如图 4-45 和图 4-46 所示为选择“变暗”模式的效果对比。

图 4-45

图 4-46

（2）“相乘”模式。

对于每个颜色通道，将源颜色通道值与基础颜色通道值相乘，再除以 8-bpc、16-bpc 或 32-bpc 像素的最大值，具体取决于项目的颜色深度。结果颜色绝不会比原始颜色明亮。如果输入颜色是黑色，则结果颜色是黑色。如果输入颜色是白色，则结果颜色是其他输入颜色。此混合模式模拟在纸上用多个记号笔绘图或将多个彩色透明滤光板置于光照前面。在与除黑色或白色之外的颜色混合时，具有此混合模式的每个图层或画笔将生成深色，如图 4-47 所示。

（3）“颜色加深”模式。

当选择该混合模式时，软件将会查看每个通道中的颜色信息，并通过增加对比度使基色变暗以反映混合色，与白色混合不会发生变化，如图 4-48 所示。

图 4-47

图 4-48

（4）“经典颜色加深”模式。

该混合模式其实就是 After Effects CC 5.0 以前版本中的“颜色加深”模式，为了让旧版的文件在新版软件中打开时保持原始的状态，因此保留了这个旧版的“颜色加深”模式，并被命名为“经典颜色加深”模式。

（5）“线性加深”模式。

当选择该混合模式时，软件将会查看每个通道中的颜色信息，并通过减小亮度使基色变暗以反映混合色，与白色混合不会发生变化，如图 4-49 所示。

（6）“较深的颜色”模式。

每个结果像素都是源颜色值和相应的基础颜色值中的较深颜色。“较深的颜色”模式类似于“变暗”模式，但是该模式不对各个颜色通道执行操作，如图 4-50 所示。

图 4-49

图 4-50

4.3.3 添加模式组

添加模式组中的混合模式可以使当前图像中的黑色消失，从而使颜色变亮，包括“相加”“变亮”“屏幕”“颜色减淡”“经典颜色减淡”“线性减淡”“较浅的颜色”7 种模式，其中“相加”和“屏幕”是使用频率较高的混合模式。

（1）“相加”模式。

当选择该混合模式时，将会比较混合色和基色的所有通道值的总和，并显示通道值较小的颜色。“相加”混合模式不会产生第 3 种颜色，因为它是从基色和混合色中选择通道最小的颜色来创建结果色，如图 4-51 和图 4-52 所示为使用“相加”模式的效果对比。

图 4-51

图 4-52

（2）“变亮”模式。

当选中该混合模式后，软件将会查看每个通道中的颜色信息，并选择基色或混合色中较亮的颜色作为结果色，即替换比混合色暗的像素，而比混合色亮的像素保持不变，如图 4-53 所示。

（3）“屏幕”模式。

该混合模式是一种加色混合模式，具有将颜色相加的效果。由于黑色意味着 RGB 通道值为 0，所以该模式与黑色混合没有任何效果，而与白色混合则得到 RGB 颜色的最大值白色，如图 4-54 所示。

图 4-53

图 4-54

（4）“颜色减淡”模式。

当选择该混合模式时，软件将会查看每个通道中的颜色信息，并通过减小对比度使基色变亮以反映混合色，与黑色混合则不会发生变化，如图 4-55 所示。

（5）“经典颜色减淡”模式。

该混合模式其实就是 After Effects CC 5.0 以前版本中的“颜色减淡”模式，为了让旧版的文件在新版软件中打开时保持原始的状态，因此保留了这个旧版的“颜色减淡”模式，并被命名为“经典颜色减淡”模式。

（6）“线性减淡”模式。

当选择该混合模式时，软件将会查看每个通道中的颜色信息，并通过增加亮度使基色变亮以反映混合色，与黑色混合则不会发生变化，如图 4-56 所示。

图 4-55

图 4-56

（7）“较浅的颜色”模式。

每个结果像素都是源颜色值和相应的基础颜色值中的较亮颜色。“较浅的颜色”模式类似于“变亮”模式，但是该模式不对各个颜色通道执行操作，如图 4-57 所示。

图 4-57

4.3.4 相交模式组

相交模式组中的混合模式在进行混合时 50% 的灰色会完全消失，任何高于 50% 的区域都可能加亮下方的图像，而低于 50% 灰色区域都可能使下方图像变暗，其中包括“叠加”“柔光”“强光”“线性光”“亮光”“点光”“纯色混合”7 种混合模式，其中“叠加”和“柔光”两种模式的使用频率较高。

（1）“叠加”模式。

该混合模式可以根据底层的颜色，将当前层的像素相乘或覆盖。该模式可以导致当前层变亮或变暗。该模式对于中间色调影响较明显，对于高亮度区域和暗调区域影响不大，如图 4-58 和图 4-59 所示为应用“叠加”模式的效果对比。

图 4-58

图 4-59

（2）“柔光”模式。

该混合模式可以创造一种光线照射的效果，使亮度区域变得更亮，暗调区域将变得更暗。如果混合色比 50% 灰色亮，则图像会变亮；如果混合色比 50% 灰色暗，则图像会变暗。柔光的效果取决于层的颜色，用纯黑色或纯白色作为层颜色时，会产生明显较暗或较亮的区域，但不会产生纯黑色或纯白色，如图 4-60 所示。

（3）“强光”模式。

该混合模式可以对颜色进行正片叠底或屏幕处理，具体效果取决于混合色。如果混合色比 50% 灰度亮，就是屏幕后的效果，此时图像会变亮；如果混合色比 50% 灰度暗，就是正片叠底效果，此时图像会变暗。使用纯黑色和纯白色绘画时会出现纯黑色和纯白色，如图 4-61 所示。

图 4-60

图 4-61

（4）“线性光”模式。

该混合模式可以通过减小或增加亮度来加深或减淡颜色，具体效果取决于混合色。如果混合色比 50% 灰度亮，则会通过增加亮度使图像变亮；如果混合色比 50% 灰度暗，则会通过减小亮度使图像变暗，如图 4-62 所示。

（5）“亮光”模式。

该混合模式可以通过减小或增加对比度来加深或减淡颜色，具体效果取决于混合色。如果混合色比 50% 灰度亮，则会通过增加对比度使图像变亮；如果混合色比 50% 灰度暗，则会通过减小对比度使图像变暗，如图 4-63 所示。

图 4-62

图 4-63

（6）“点光”模式。

该混合模式可以根据混合色替换颜色。如果混合色比 50% 灰色亮，则会替换比混合色暗的像素，而不改变比混合色亮的像素；如果混合色比 50% 灰色暗，则会替换比混合色亮的像素，而比混合色暗的像素保持不变，如图 4-64 所示。

（7）“纯色混合”模式。

当选中该混合模式后，将把混合颜色的红色、绿色和蓝色的通道值添加到基色的 RGB 值中。如果通道值的总和大于或等于 255，则值为 255；如果小于 255，则值为 0。因此，所有混合像素的红色、绿色和蓝色通道值不是 0，就是 255，这会使所有像素都更改为原色，即红色、绿色、蓝色、青色、黄色、洋红色、白色或黑色，如图 4-65 所示。

图 4-64

图 4-65

4.3.5 反差模式组

反差模式组中的混合模式可以基于源颜色和基础颜色值之间的差异创建颜色，包括“差值”“经典差值”“排除”“相减”“相除”5种混合模式。

（1）“差值”模式。

当选中该混合模式后，软件将会查看每个通道中的颜色信息，并从基色中减去混合色，或从混合色中减去基色，具体操作取决于哪个颜色的亮度值更大。与白色混合将反转基色值，与黑色混合则不产生变化。如图4-66和图4-67所示为选择“差值”模式前后的效果对比。

图 4-66

图 4-67

提示

如果要对齐两个图层中的相同视觉元素，请将一个图层放置在另一个图层上面，并将顶端图层的混合模式设置为“差值”，然后移动其中的任意一个图层，直到要排列的视觉元素的像素都是黑色，这意味着像素之间的差值是零，一个元素完全堆积在另一个元素上面。

（2）“经典差值”模式。

After Effects CC 5.0和更低版本中的“差值”模式已重命名为“经典差值”。使用它可保持与早期项目的兼容性。

ACAA课堂笔记

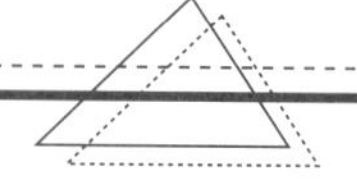

（3）“排除”模式。

当选中该混合模式后，将创建一种与“差值”模式相似但对比度更低的效果，与白色混合将反转基色值，与黑色混合则不会发生变化，如图 4-68 所示。

（4）“相减”模式。

该模式从基础颜色中减去源颜色。如果源颜色是黑色，则结果颜色是基础颜色。在 32-bpc 项目中，结果颜色值可以小于 0，如图 4-69 所示。

图 4-68

图 4-69

（5）“相除”模式。

基础颜色除以源颜色。如果源颜色是白色，则结果颜色是基础颜色。在 32-bpc 项目中，结果颜色值可以大于 1.0，如图 4-70 所示。

图 4-70

4.3.6 颜色模式组

颜色模式组中的混合模式是将色相、饱和度和发光度三要素中的一种或两种应用在图像上，包括“色相”“饱和度”“颜色”“发光度”4 种模式。

（1）“色相”模式。

“色相”模式可以将当前图层的色相应用到底层图像的亮度和饱和度中，可以改变底层图像的色相，但不会影响其亮度和饱和度。对于黑色、白色和灰色区域，该模式将不起作用。如图 4-71 和图 4-72 所示为选择“色相”模式的效果对比。

图 4-71

图 4-72

（2）“饱和度”模式。

当选中该模式后，将用基色的明亮度和色相以及混合色的饱和度创建结果色，灰色的区域将不会发生变化，如图 4-73 所示。

（3）“颜色”模式。

当选中该混合模式后，将用基色的明亮度以及混合色的色相和饱和度创建结果色，这样可以保留图像中的灰阶，并且对于给单色图像上色或给彩色图像着色都会非常有用，如图 4-74 所示。

图 4-73

图 4-74

（4）“发光度”模式。

当选中该混合模式后，将用基色的色相和饱和度以及混合色的明亮度创建结果色，此混合色可以创建与“颜色”模式相反的效果，如图 4-75 所示。

图 4-75

■ 4.3.7 Alpha 模式组

Alpha 模式组中的混合模式是 After Effects CC 特有的混合模式，它将两个重叠且不相交的部分保留，使相交的部分透明化，包括“模板 Alpha”“模板亮度”“轮廓 Alpha”“轮廓亮度”4 种模式。

（1）“模板 Alpha”模式。

当选中该混合模式时，将依据上层的 Alpha 通道显示以下所有层的图像，相当于依据上面层的 Alpha 通道进行剪影处理。

（2）“模板亮度”模式。

选中该混合模式时，将依据上层图像的明度信息来决定以下所有层的图像的不透明度信息，亮的区域会完全显示下面的所有图层；黑暗的区域和没有像素的区域则完全不显示以下所有图层；灰色区域将依据其灰度值决定以下图层的不透明程度，如图 4-76 所示。

（3）“轮廓 Alpha”模式。

该模式可以通过当前图层的 Alpha 通道来影响底层图像，使受影响的区域被剪切掉，得到的效果与“模板 Alpha”混合模式的效果正好相反。

（4）“轮廓亮度”模式。

选中该混合模式时，得到的效果与“模板亮度”混合模式的效果正好相反，如图 4-77 所示。

图 4-76

图 4-77

■ 4.3.8 共享模式组

在共享模式组中，主要包括“Alpha 添加”和“冷光预乘”两种混合模式。这种类型的混合模式都可以使底层与当前图层的 Alpha 通道或透明区域像素产生相互作用。

（1）“Alpha 添加”模式。

“Alpha 添加”混合模式用于从两个相互反转的 Alpha 通道或从两个接触的动画图层的 Alpha 通道边缘删除可见边缘，从而创建无缝的透明区域。

提示

在图层边对边对齐时，图层之间有时会出现接缝，尤其是在边缘处相互连接以生成 3D 对象的 3D 图层的问题。在图层边缘消除锯齿时，边缘具有部分透明度。在两个 50% 透明区域重叠时，结果不是 100% 不透明，而是 75% 不透明，因为默认操作是乘法。

但是，在某些情况下不需要此默认混合。如果需要两个 50% 不透明区域组合以进行无缝不透明连接，需要添加 Alpha 值，在这类情况下，可使用“Alpha 添加”混合模式。

（2）“冷光预乘”模式。

在合成之后，通过将超 Alpha 通道值的颜色值添加到合成中来防止修剪这些颜色值。用于使用预乘 Alpha 通道从素材合成、渲染镜头或光照效果（例如镜头光晕）。在应用此模式时，可以将预乘 Alpha 源素材的解释更改为直接 Alpha 来获得最佳结果。

■ 实例：制作颗粒生成图像效果

下面利用“不透明度”和“溶解”模式制作颗粒生成图像的效果，具体操作步骤如下。

Step01 新建项目，将素材图片拖曳至“项目”面板，选择素材并单击鼠标右键，在弹出的快捷菜单中选择“基于所选项新建合成”命令，根据素材图片创建合成，如图 4-78 和图 4-79 所示。

图 4-78

图 4-79

Step02 执行“合成”|“新建合成”命令，打开“合成设置”对话框，设置“持续时间”为 0:00:05:00，如图 4-80 所示。单击“确定”按钮关闭对话框。

Step03 在“时间轴”面板中设置图层混合模式为“溶解”，如图 4-81 所示。

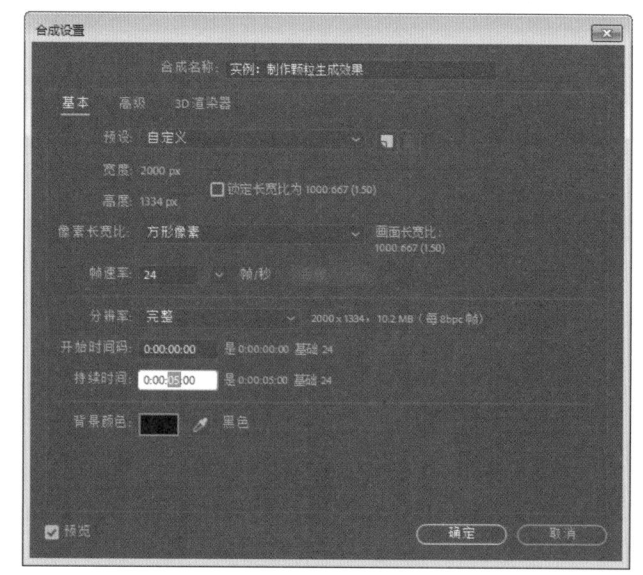

图 4-80

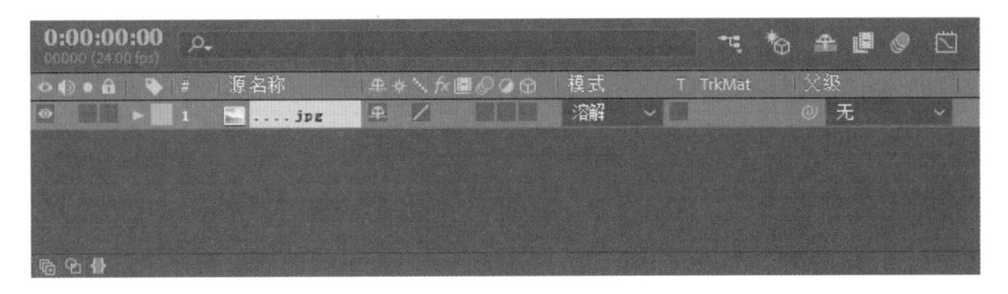

图 4-81

Step04 打开图像图层的属性列表，将时间线调整到 0:00:00:00 位置，设置“不透明度”为 0%，添加关键帧，如图 4-82 所示。

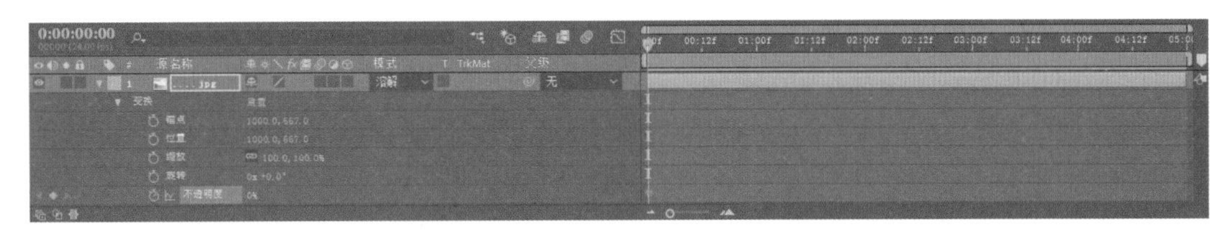

图 4-82

Step05 将时间线调整到 0:00:05:00 位置，设置“不透明度”为 100%，再次添加关键帧，如图 4-83 所示。

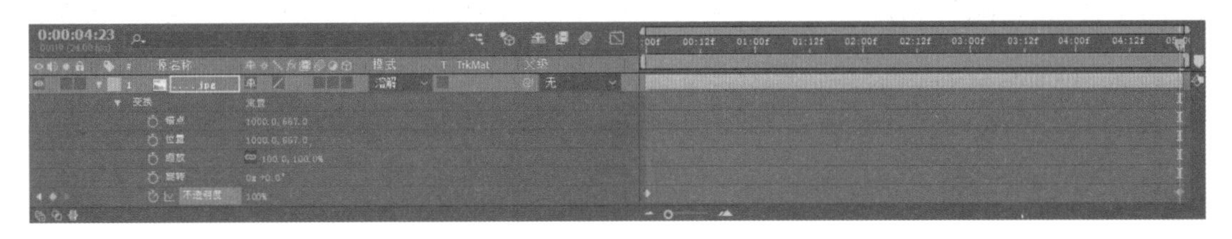

图 4-83

Step06 按空格键播放动画，即可看到颗粒生成图像的过程，如图 4-84 所示。

图 4-84

4.4 关键帧动画

在 After Effects CC 中，用户可以为图层添加关键帧，从而产生位移、缩放、旋转、透明度变化等动画效果。

4.4.1 了解关键帧

“帧”是指动画中的单幅影像画面，是最小的计量单位，相当于电影胶片中的每一格镜头。关键帧是指动画中关键的时刻，至少有两个关键时刻，才能构成动画。用户可以通过设置动作、效果、音频及多种其他属性参数使画面形成连贯的动画效果。

4.4.2 创建关键帧

关键帧的创建是在“时间轴”面板中进行的，创建关键帧就是对图层的属性值设置动画。在“时间轴”面板中，每个图层都有自己的属性，展开属性列表后会发现，每个属性左侧都会有个“时间变化秒表”图标，它是关键帧的控制器，控制着记录关键帧的变化，也是设定动画关键帧的关键。

单击“时间变化秒表”图标，即可激活关键帧，从这时开始，无论是修改属性参数，还是在合成窗口中修改图像对象，都会被记录成关键帧。再次单击“时间变化秒表”图标，会移除所有关键帧。

单击属性左侧的“在当前时间添加或移除关键帧”按钮，可以添加多个关键帧，且会在时间线区域显示成图标，如图 4-85 所示。

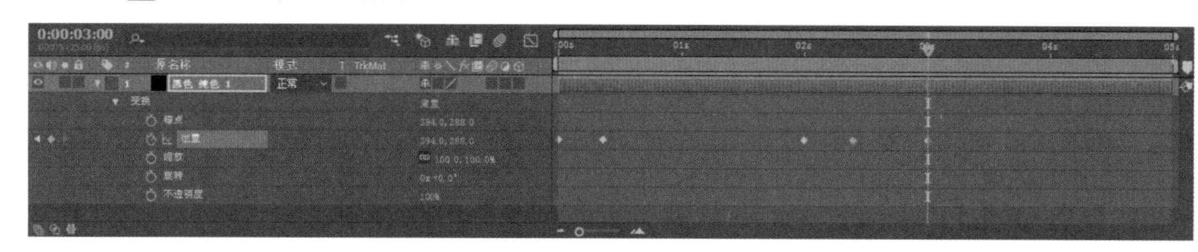

图 4-85

4.4.3 编辑关键帧

创建关键帧后，用户可以根据需要对其进行选择、移动、复制、删除等编辑操作。

1. 选择关键帧

如果要选择关键帧，直接在“时间轴”面板单击图标即可。如果要选择多个关键帧，按住 Shift 键的同时框选或者单击多个关键帧即可。

2. 复制关键帧

如果要复制关键帧，可以选择要复制的关键帧，执行“编辑”|“复制”命令，将时间线移动至需要被复制的位置，再执行“编辑”|“粘贴”命令即可，也可按 Ctrl+C 和 Ctrl+V 组合键来进行复制粘贴操作。

3. 移动关键帧

单击并按住关键帧，拖动鼠标即可移动关键帧。

4. 删除关键帧

选择关键帧，执行“编辑”|“清除”命令即可将其删除，也可直接按 Delete 键删除。

课堂实战：制作镜头移动效果

下面利用图像素材制作镜头移动效果，具体操作步骤如下。

Step01 新建项目，执行“合成”|“新建合成”命令，打开“合成设置”对话框，设置预设类型为 HDV/HDTV 720 25，持续时间为 0:00:05:00，如图 4-86 所示。

Step02 单击“确定”按钮创建合成，再将准备好的素材拖曳至“项目”面板，如图 4-87 所示。

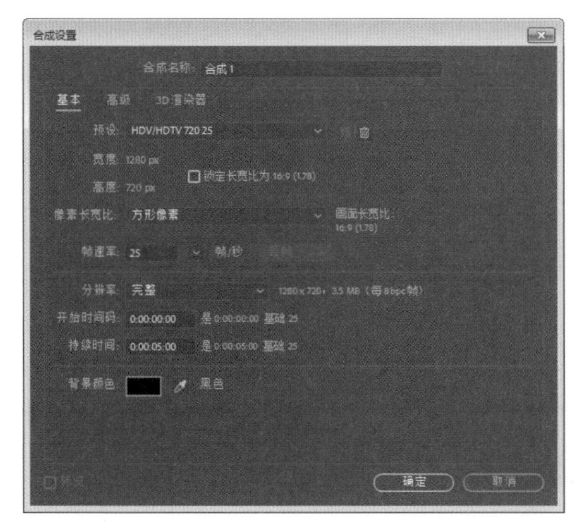

图 4-86

图 4-87

Step03 再将其拖至“时间轴”面板，在“合成”面板可以看到图像素材，如图 4-88 所示。

Step04 在“时间轴”面板打开图层属性列表，当前属性参数如图 4-89 所示。

Step05 调整时间线在 0:00:00:00，设置“位置”参数为 640.0,-200.0，“缩放”参数为 150%，并在该时间点分别添加关键帧，如图 4-90 所示。

图 4-88

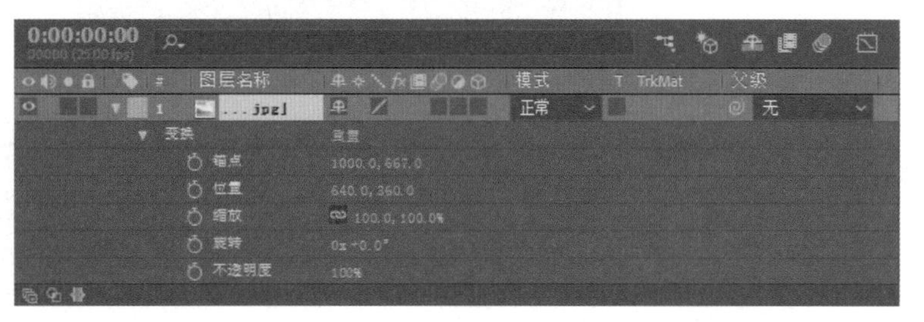

图 4-89

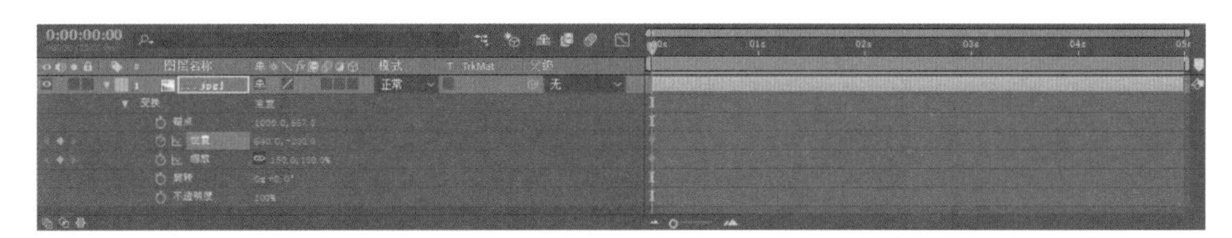

图 4-90

Step06 当前效果如图 4-91 所示。

图 4-91

Step07 将时间线移至结尾处，设置“缩放”参数为 64%，“位置”参数为 640.0,330.0，并在该时间点分别添加关键帧，如图 4-92 所示。

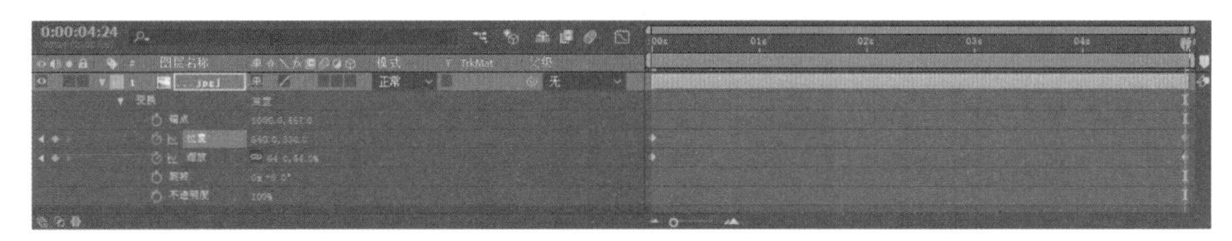

图 4-92

Step08 “合成”面板当前效果如图 4-93 所示。

图 4-93

Step09 按空格键播放动画，即可观察镜头移动效果。

课后作业

一、选择题

1. 新建固态层的快捷键是（　　）。

　A. Ctrl+K　　B. Ctrl+Y

　C. Shift+K　　D. Shift+Y

2. 在 After Effects 中，哪些类型的关键帧具备空间插值和时间插值两种属性？（　　）

　A. 空间层属性关键帧

　B. 时间层属性关键帧

　C. 任何类型的关键帧都具备空间插值和时间插值两种属性

　D. 空间层属性关键帧只具备空间插值属性，时间层属性关键帧只具备时间插值属性

3. 删除关键帧的方法有（　　）。

　A. 选中要删除的关键帧，执行“编辑”|“清除”命令

　B. 选中要删除的关键帧，取消关键帧导航器中的勾选

　C. 选中要删除的关键帧，鼠标左键拖出时间线窗口

　D. 选中要删除的关键帧，按 Delete 键删除

4. 下列对图层说法错误的是（　　）。

　A. 图层可以分裂　　B. 图层可以重组

　C. 图层可以自动排序　　D. 只有文字图层可以重组

5. After Effects 的“时间轴”面板不可以（　　）。

　A. 排列素材的顺序以及图层的顺序　　B. 设定动画效果

　C. 设定位置动画　　D. 设定图层的背景颜色

二、填空题

1. 创建好的层可以随意设置其属性参数，其中包含了 5 种基本参数，包括 ________、________、________、________、________。

2. 在影片合成时，通过对图层应用不同的 ________，使其对其他图层产生相应的叠加，形成千变万化的影像特效。

3. 执行“图层”|“变换”|“适配到合成”命令，或者使用 ________ 组合键，可以将图片大小适合于合成面板。

三、操作题

利用图层排序以及图层属性制作圣诞节简单动画效果，如图 4-94 和图 4-95 所示。

图 4-94

图 4-95

操作提示：

Step01 创建纯色背景图层。

Step02 添加雪地、房屋、月亮、雪、鹿车等素材，调整图层顺序及大小。

Step03 通过在不同时间点为“鹿车”素材的位置、旋转、缩放属性添加关键帧，制作出动画效果。

第 5 章 文字的应用

内容导读

After Effects 中的文字以其强大的视觉特效成为电影、电视包装中重要的元素之一，在影视后期制作中应用广泛，不仅能够传达影视作品的信息，同时带给观众良好的视觉体验。如何使平淡的文字以不平淡的方式出场，这是后期处理中经常遇到的问题，由此可见，文字在后期视频特效制作中的重要位置。After Effects 中的文字并不能具有很强的立体感，但是，文字的运动可以产生更加绚丽的效果。本章将详细介绍文字特效在不同类型的视频中的创建和使用。

学习目标

- 掌握文字的创建与编辑
- 掌握文字属性的设置
- 熟悉文本动画控制器的应用
- 了解表达式

5.1 文字的创建与编辑

After Effects CC 提供了较完整的文字功能，与 Photoshop 中的文本相似，可以对文字进行较为专业的处理。除了可以通过“横排文字工具”和“直排文字工具”输入文字外，还能够对文字属性进行修改。

5.1.1 创建文字

用户创建文字通常有三种方式，分别是利用文本图层、文本工具或文本框进行创建。

1. 从时间轴面板创建

在“时间轴”面板的空白处单击鼠标右键，在弹出的快捷菜单中选择“新建”|“文本”命令，如图 5-1 所示。

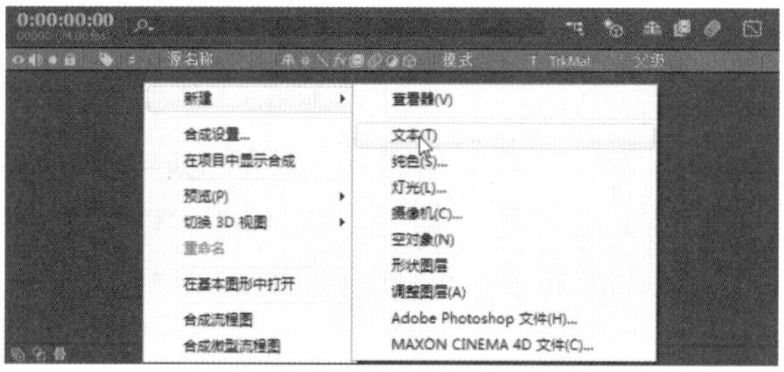

图 5-1

2. 利用文本工具创建

在工具栏中选择“横排文字工具”或“直排文字工具”图标，在“合成”面板单击指定输入点，输入文字内容即可，如图 5-2 和图 5-3 所示。

图 5-2

图 5-3

3. 利用文本框创建

在工具栏单击“横排文字工具”或“直排文字工具”按钮，然后在“合成”面板单击并按住鼠标左键，拖动鼠标绘制一个矩形文本框，输入文字后按 Enter 键即可创建文字，如图 5-4 和图 5-5 所示。

图 5-4

图 5-5

5.1.2 编辑文字

在创建文本之后，可以根据视频的整体布局和设计风格对文字进行适当的调整，包括字体大小、填充颜色及对齐方式等。

1. 设置字符格式

在选择文字后，可以在“字符”面板中对文字的字体系列、字体大小、填充颜色和是否描边等进行设置。执行“窗口”|“字符”命令或按 Ctrl+6 组合键，即可调出或关闭“字符”面板，用户可以对字体、字高、颜色、字符间距等属性值做出更改，如图 5-6 所示。

该面板中各选项含义介绍如下。

◎ 字体系列：在下拉列表中可以选择所需应用的字体类型。

◎ 字体样式：在设置字体后，有些字体还可以对其样式进行选择，如图 5-7 所示。

◎ 吸管：可在整个 After Effects CC 工作面板中吸取颜色。

◎ 设置为黑色 / 白色：设置字体为黑色或白色。

◎ 填充颜色：单击“填充颜色”色块，打开“文本颜色”对话框，可以在该对话框中设置合适的文字颜色，如图 5-8 所示。

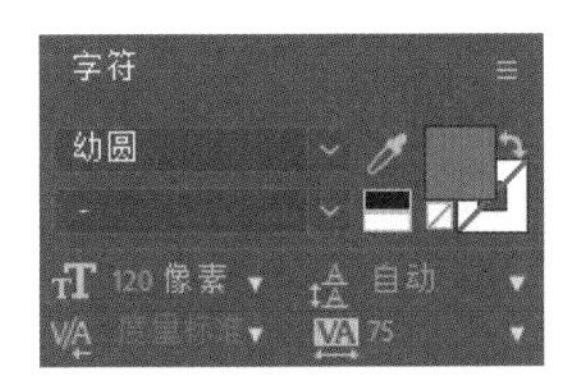

图 5-6

图 5-7

图 5-8

◎ 描边颜色：单击“描边颜色”色块，打开“文本颜色”对话框，可以设置合适的文字描边颜色。

◎ 字体大小：可以在下拉列表中选择预设的字体大小，也可以在数值处按住鼠标左右拖动改变数值大小，在数值处单击可以直接输入数值。

◎ 行距：用于段落文字，设置行距数值可以调节行与行之间的距离。

◎ 两个字符间的字偶间距：设置光标左右字符之间的间距。

◎ 所选字符的字符间距：设置所选字符之间的间距。

2. 设置段落格式

在选择文字后，可以在“段落”面板中对文字的段落方式进行设置。执行“窗口”|“段落”命令，即可调出或关闭“段落”面板，用户可以对文字的对齐方式、段落格式和文本对齐方式等参数进行设置，如图 5-9 所示。

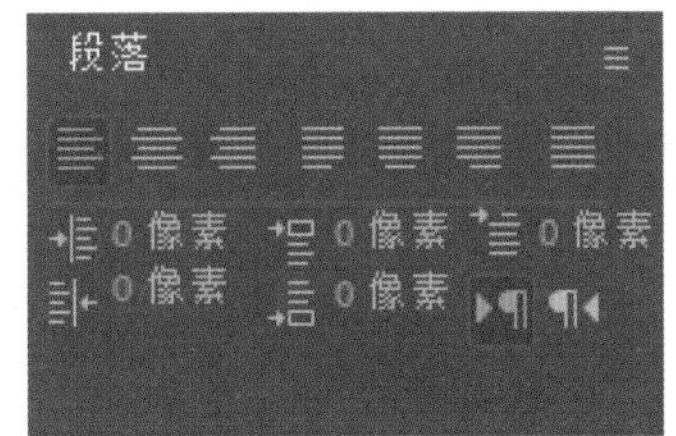

图 5-9

“段落”面板中包含 7 种对齐方式，分别是左对齐文本、居中对齐文本、右对齐文本、最后一行左对齐、最后一行居中对齐、最后一行右对齐、两端对齐。另外还包括缩进左边距、缩进右边距和首行缩进 3 种段落缩进方式，以及段前添加空格和段后添加空格 2 种设置边距方式。

ACAA课堂笔记

5.2 文字属性的设置

After Effects 中的文字是一个单独的图层，包括“变换”和“文本”属性。通过设置这些基本属性，不仅可以增加文本的实用性和美观性，还可以为文本创建最基础的动画效果。

5.2.1 设置基本属性

在“时间轴”面板中，展开文本图层中的“文本”选项组，可通过其“源文本”“路径选项”等子属性来更改文本的基本属性，如图 5-10 所示。

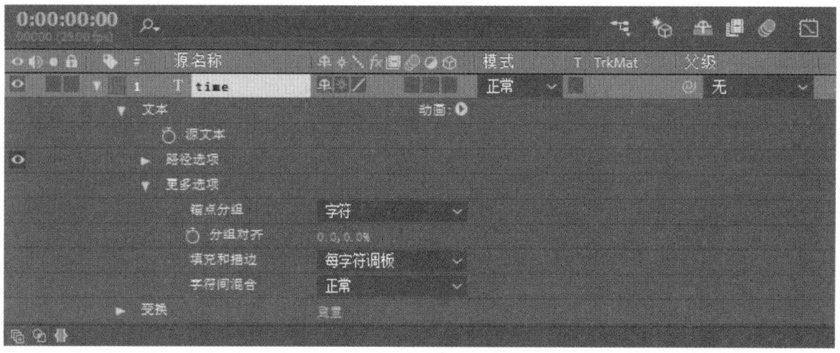

图 5-10

“源文本”属性主要用于设置文字在不同时间段的显示效果。单击“时间变化秒表”图标即可创建第一个关键帧，在下一个时间点创建第二个关键帧，然后更改合成面板中的文字，即可实现文字内容切换效果。

“更多选项”属性组中的子选项与“文字”面板中的选项具有相同的功能，并且有些选项还可以控制“文字”面板中的选项设置。

5.2.2 设置路径属性

文本图层中的“路径选项”属性组，是沿路径对文本进行动画制作的一种简单方式。不仅可以指定文本的路径，还可以改变各个字符在路径上的显示方式，如图 5-11 所示。

该属性组中各选项含义介绍如下。

◎ 路径：单击其后下拉按钮选择文本跟随的路径。

◎ 反转路径：设置是否反转路径。

◎ 垂直于路径：设置文字是否垂直路径。

◎ 强制对齐：设置文字与路径首尾是否对齐。

◎ 首字边距：设置首字的边距大小。

◎ 末字边距：设置末字的边距大小。

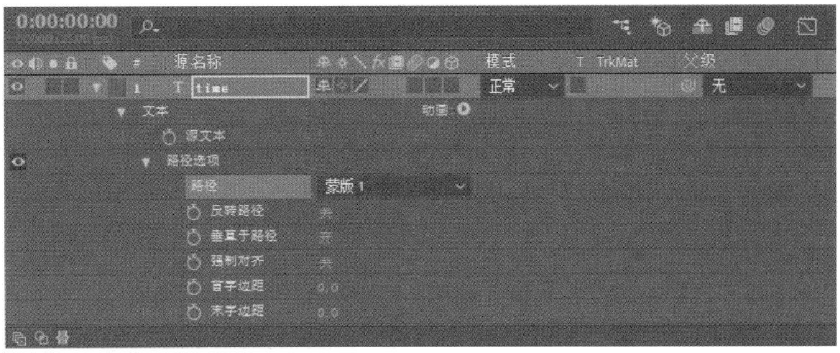

图 5-11

创建文字和路径后，在“时间轴”面板中以“蒙版”命名，在“路径”属性右侧的下拉列表选择“蒙版”，则文字会自动沿路径分布，如图 5-12 和图 5-13 所示。

图 5-12

图 5-13

实例：制作游动的文字动画

本例将利用所学的文字知识制作闪动的文字动画，具体操作步骤如下。

Step01 新建项目，在“项目”面板上单击鼠标右键，在弹出的快捷菜单中选择“新建合成”命令，如图 5-14 所示。

Step02 打开“合成设置”对话框，设置预设类型为“PAL D1/DV 方形像素”，设置“持续时间”为 0:00:05:00，如图 5-15 所示。

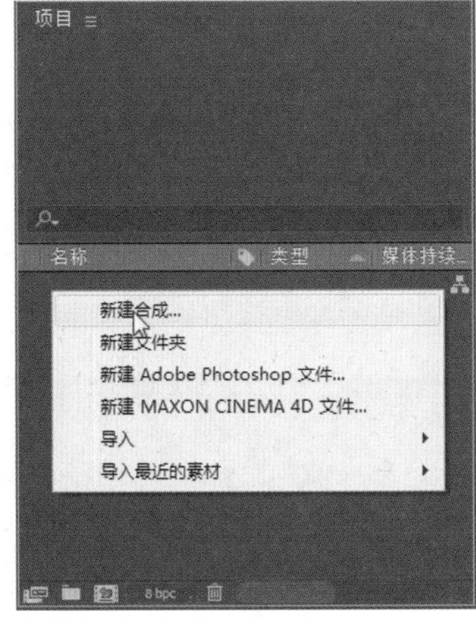

图 5-14

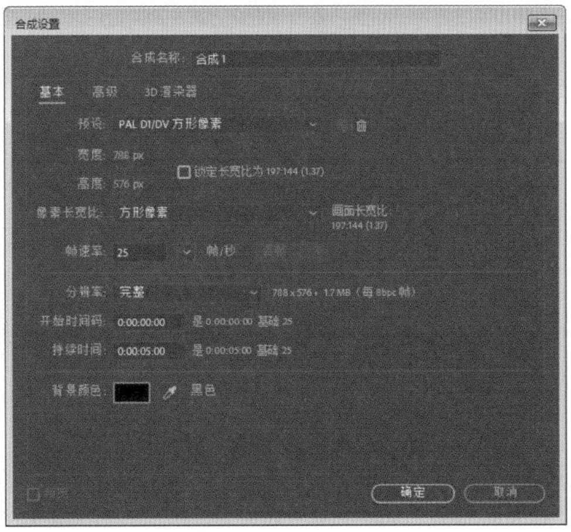

图 5-15

图 5-16

Step03 单击“确定”按钮，创建合成，如图 5-16 所示。

Step04 单击“横排文字工具”，在“字符”面板中设置字体、文字大小，如图 5-17 所示。

Step05 在“合成”面板中单击并输入文字内容，如图5-18所示。

Step06 在“时间轴”面板打开文本图层的属性列表，展开“路径选项”属性组，选择“路径”为“蒙版”，如图 5-19 所示。

Step07 在“合成”面板可以看到文字自动吸附到了路径上，如图 5-20 所示。

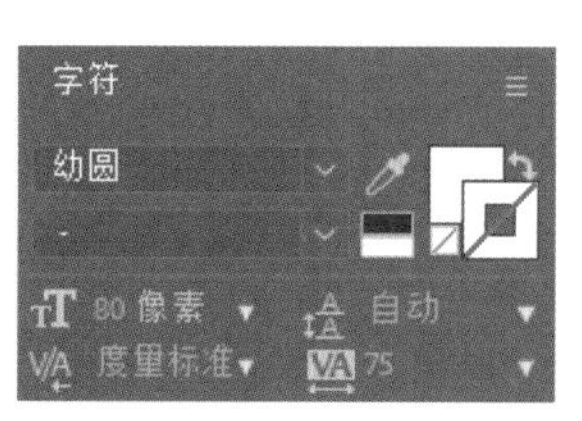

图 5-17

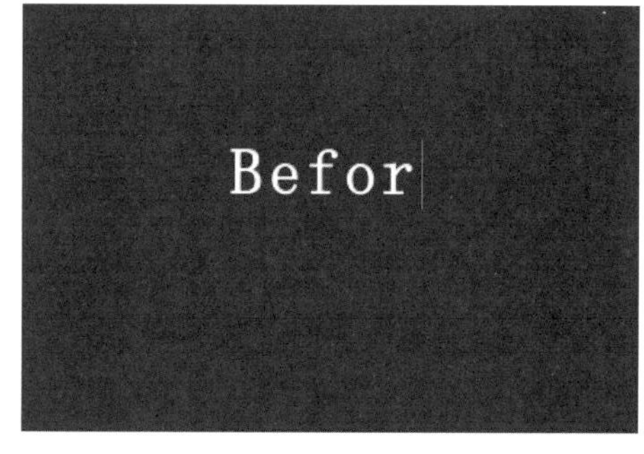

图 5-18

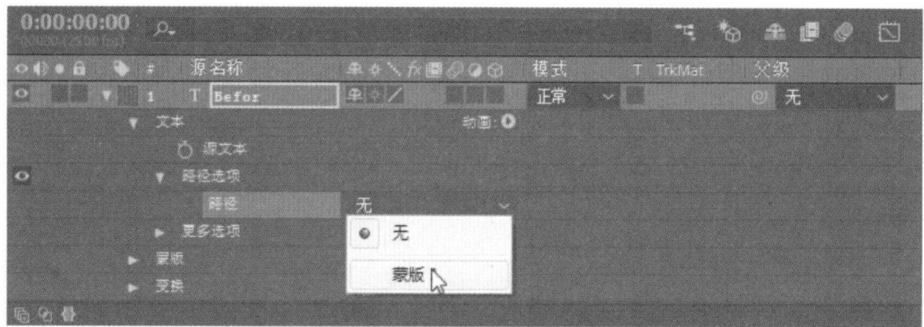

图 5-19

图 5-20

Step08 保持时间线在 0:00:00:00 位置，添加关键帧，并设置首字边距数值为 -285,0，如图 5-21 所示。

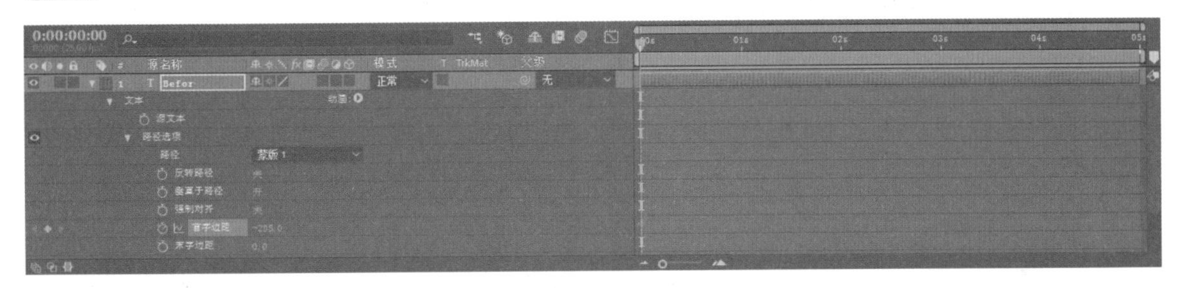

图 5-21

Step09 此时“合成”面板中文字的位置如图 5-22 所示。

Step10 将时间线移动至 0:00:05:00 位置，添加关键帧，再设置首字边距数值为 740,0，如图 5-23 所示。

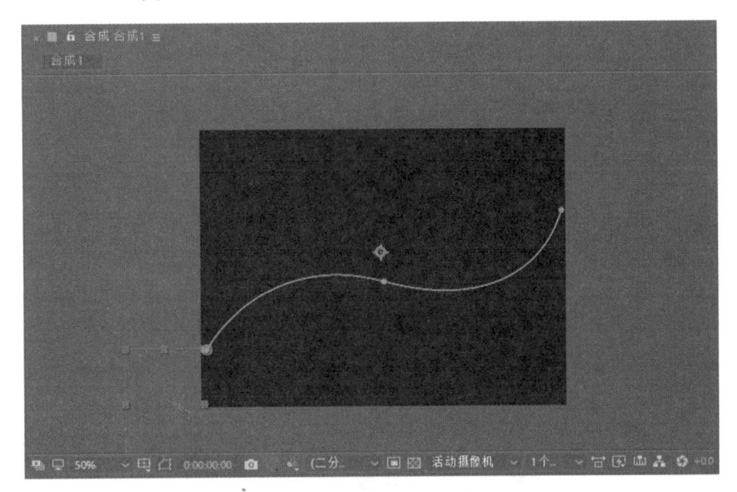

图 5-22

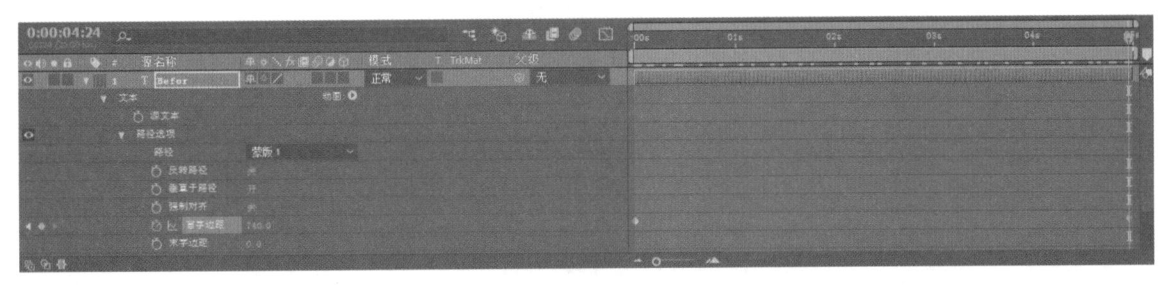

图 5-23

Step11 此时“合成”面板中文字的位置如图 5-24 所示。

Step12 按空格键播放动画，可以看到文字沿着路径游动，如图 5-25 和图 5-26 所示。

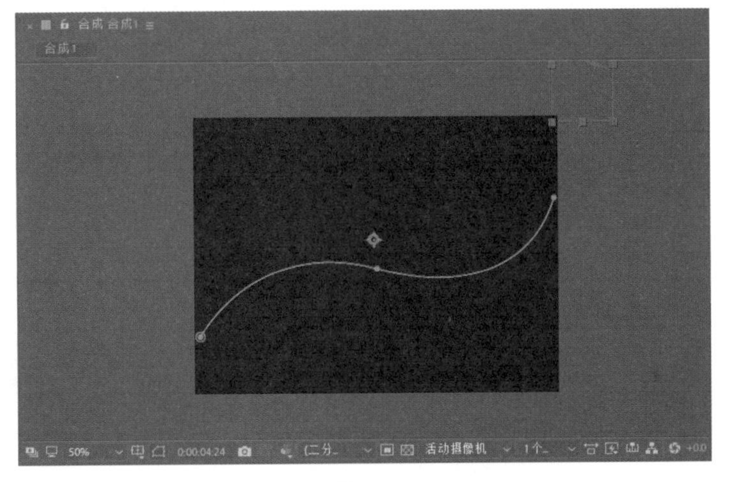

图 5-24

图 5-25

图 5-26

■ 实例：制作透明文字效果

本例将利用所学的文字知识制作文字在画面上的透明效果，具体操作步骤如下。

Step01 新建项目，将素材图像拖入项目面板，然后在素材上单击鼠标右键，在弹出的快捷菜单中选择“基于所选项新建合成”命令，如图 5-27 所示。

Step02 打开“合成设置”对话框，设置预设类型为“PAL D1/DV 方形像素”，设置持续时间为 0:00:05:00，单击“确定”按钮即可根据素材创建合成，“合成”面板如图 5-28 所示。

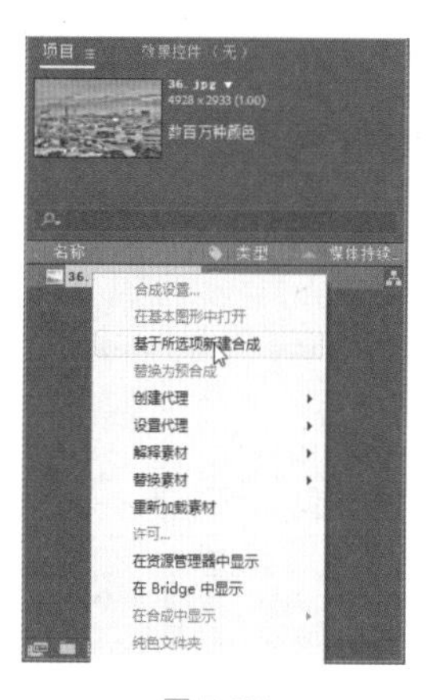

图 5-27

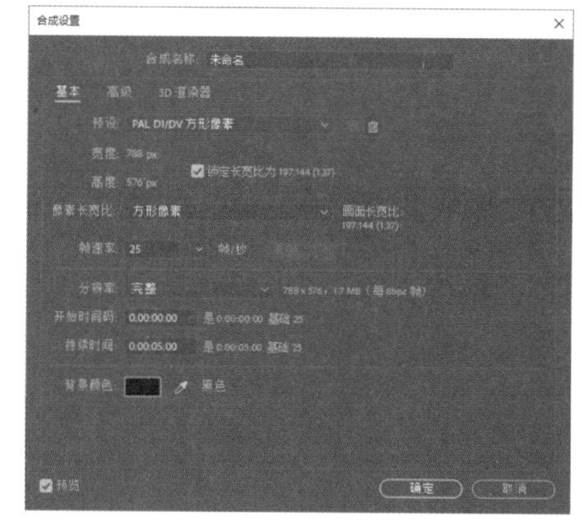

图 5-28

Step03 单击“横排文字工具”按钮，单击输入文字，并在“字符”面板设置字体和大小，如图 5-29 和图 5-30 所示。

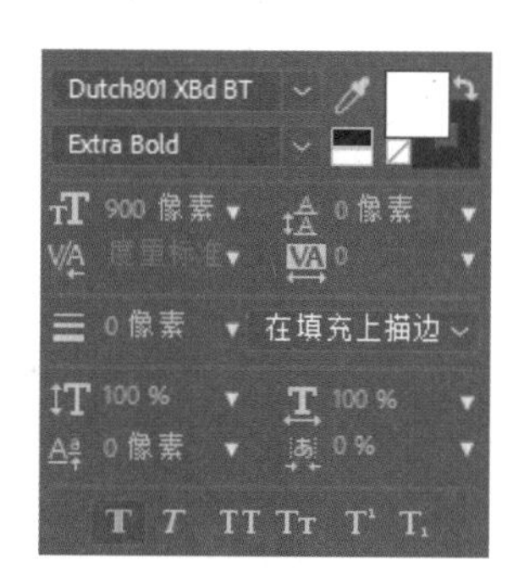

图 5-29

图 5-30

Step04 在“时间轴”面板设置“轨道遮罩”为“Alpha 遮罩‘DREAM’”，如图 5-31 所示。

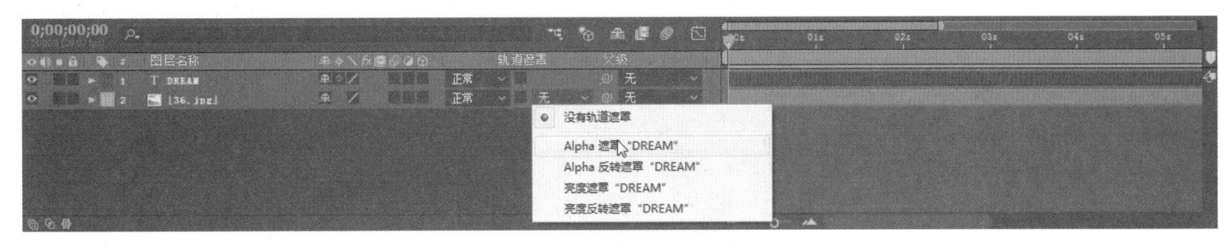

图 5-31

Step05 当前“合成”面板效果如图 5-32 所示。

图 5-32

Step06 选择两个图层，按 Ctrl+C 组合键和 Ctrl+V 组合键复制、粘贴，如图 5-33 所示。

Step07 选择复制的图像图层，单击鼠标右键，在弹出的快捷菜单中选择“重命名”命令，为图层重新命名，如图 5-34 所示。

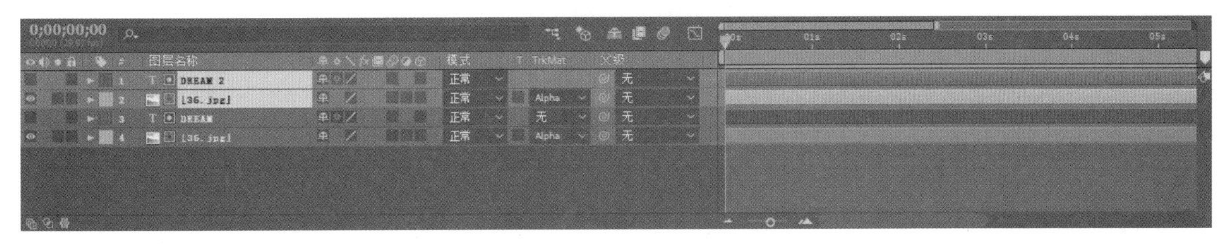

图 5-33

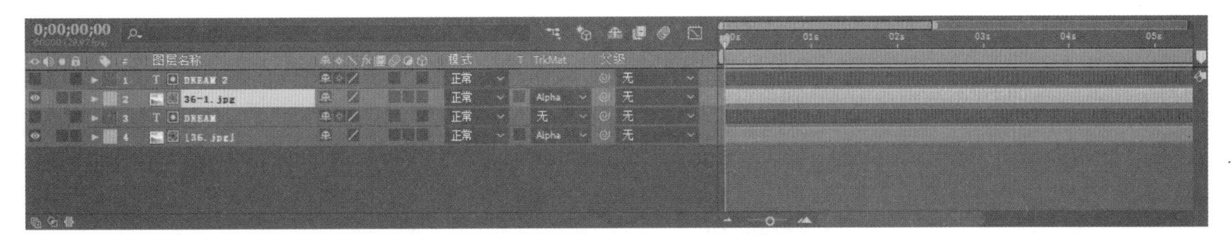

图 5-34

Step08 选择新复制的两个图层，从“效果和预设”面板中添加“亮度 / 对比度”效果，调整“亮度”为 100，如图 5-35 所示。

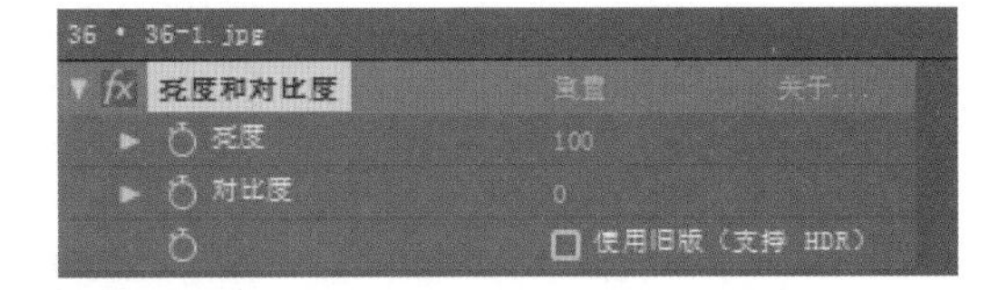

图 5-35

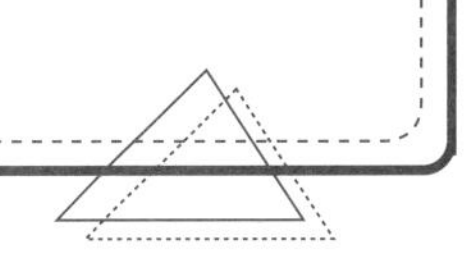

Step09 调整后的效果如图 5-36 所示。

Step10 复制最初的素材图像，并拖至图层最底部，完成本例的制作，效果如图 5-37 所示。

图 5-36

图 5-37

5.3 文本动画控制器

新建文字动画时，将会在文本层建立一个动画控制器，用户可以通过控制各种选项参数制作各种各样的运动效果，如制作滚动字幕、旋转文字效果、放大缩小文字效果等。

执行“动画”|“添加动画”命令，用户可以在级联菜单中选择动画效果。也可以单击“动画”按钮或“添加”按钮，在打开的列表中选择动画效果，如图 5-38 所示。

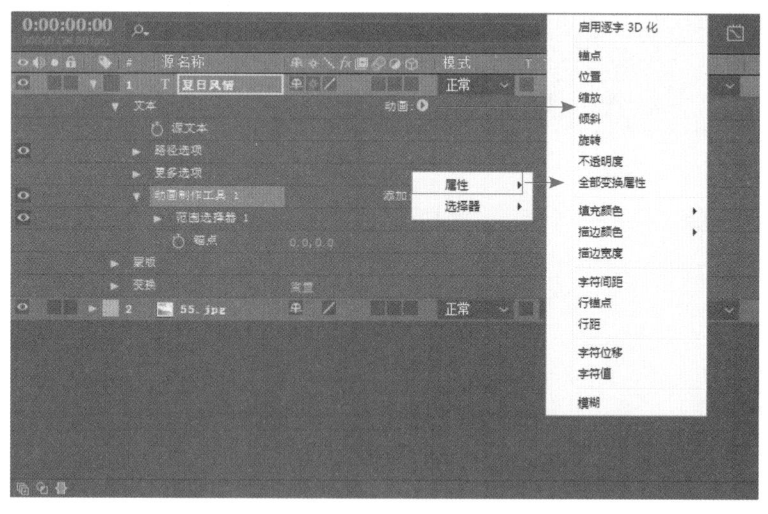

图 5-38

ACAA课堂笔记

各选项含义介绍如下。

◎ 启用逐字 3D 化：将文字逐字开启三维图层模式。
◎ 锚点：制作文字中心定位点变换的动画。
◎ 位置：调整文本的位置。
◎ 缩放：对文字进行放大或缩小等设置。
◎ 倾斜：设置文本倾斜程度。
◎ 旋转：设置文本旋转角度。
◎ 不透明度：设置文本透明度。
◎ 全部变换属性：将所有属性都添加到范围选择器中。
◎ 填充颜色：设置文字的填充颜色。
◎ 描边颜色：设置文字的描边颜色。
◎ 描边宽度：设置文字描边粗细。
◎ 字符间距：设置文字之间的距离。
◎ 行锚点：设置文本的对齐方式。
◎ 行距：设置段落文字行与行之间的距离。
◎ 字符位移：按照统一的字符编码标准对文字进行位移。
◎ 字符值：按照统一的字符编码标准，统一替换设置字符值所代表的字符。
◎ 模糊：对文字进行模糊效果的处理，其中包括垂直和水平两种模式。

5.3.1 变换类控制器

应用变换类控制器可以控制文本动画的变形，如倾斜、位移、缩放、不透明度等，与文字图层的基本属性有些类似，但是可操作性更为广泛。在“时间轴”面板中依次选择“动画”|“倾斜”命令，即可在添加的控制器中设置相关参数，如图 5-39 所示。

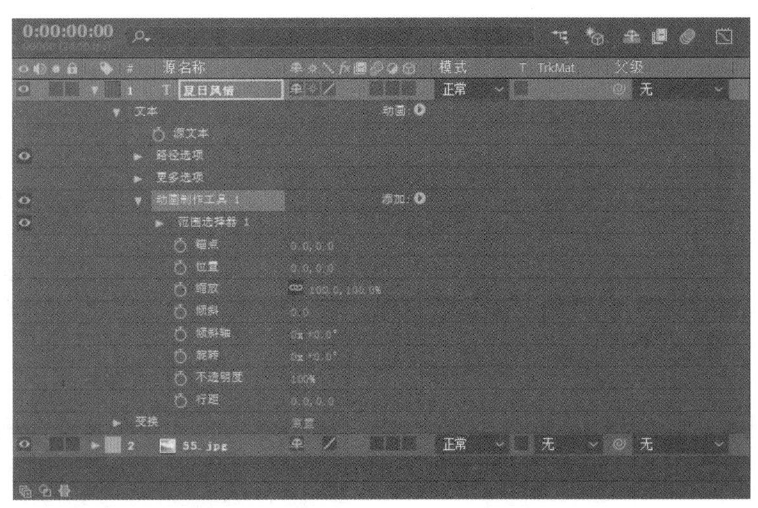

图 5-39

5.3.2 范围控制器

当添加一个特效类控制器时，均会在“动画”属性组添加一个“范围控制器”选项，在该选项的特效基础上，可以制作出各种各样的运动效果，是非常重要的文本动画制作工具。

在为文本图层添加动画效果后，单击其属性右侧的“添加”按钮，依次选择“选择器”|“范围”选项，即可显示“范围选择器 1”属性组，如图5-40所示。根据其属性的具体功能，可划分为基础选项和高级选项。

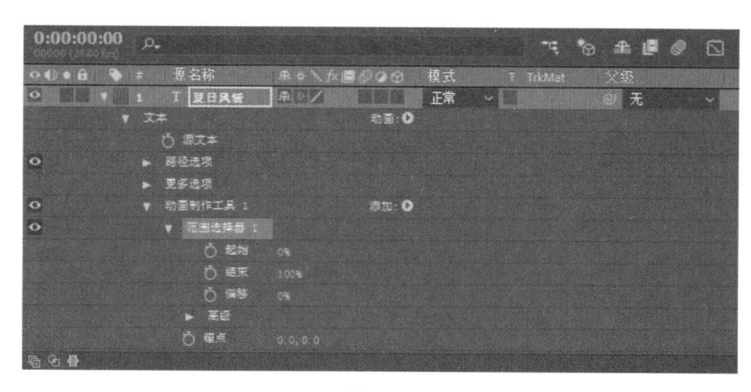

图 5-40

5.3.3 摆动控制器

摆动控制器可以控制文本的抖动，配合关键帧动画制作出更加复杂的动画效果。单击“添加”按钮，执行“选择器”|“摆动”命令，即可显示“摆动选择器 1”属性组，如图 5-41 所示。

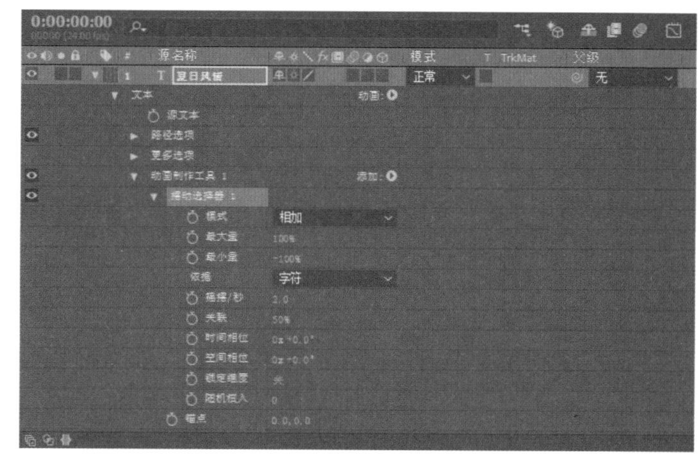

图 5-41

实例：制作倒计时动画

本例将利用所学的文字知识制作闪动的文字动画，具体操作步骤如下。

Step01 新建项目，在“项目”面板上单击鼠标右键，在弹出的快捷菜单中选择“新建合成”命令，如图 5-42 所示。

Step02 打开“合成设置”对话框，设置预设类型为“PAL D1/DV 方形像素”，设置“持续时间”为 0:00:11:00，如图 5-43 所示。

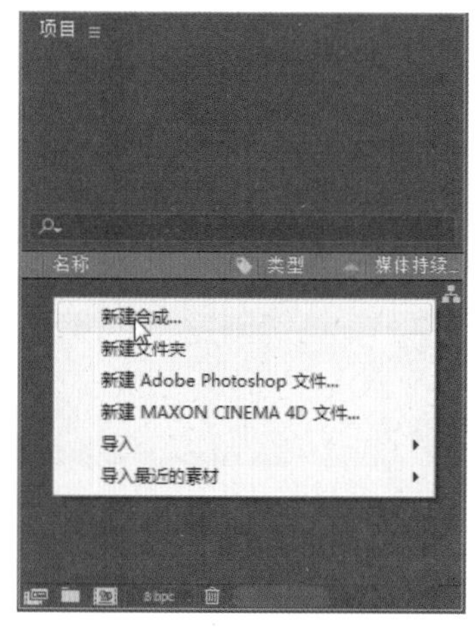

图 5-42

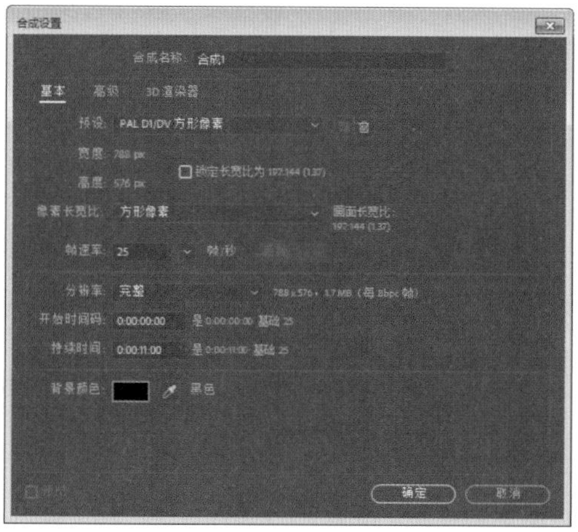

图 5-43

Step03 单击“确定”按钮，创建合成，如图 5-44 所示。

Step04 在“时间轴”面板单击鼠标右键，在弹出的快捷菜单中选择“新建”|“纯色”命令，打开“纯色设置”对话框，设置图层名称和颜色，如图 5-45 所示。

图 5-44

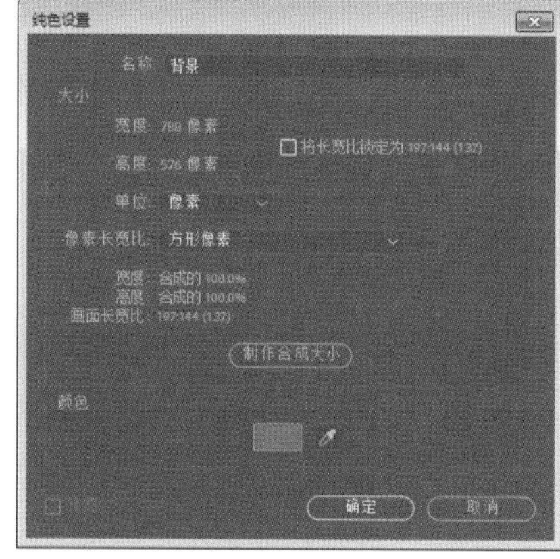

图 5-45

Step05 单击“确定”按钮创建一个纯色图层，如图 5-46 所示。

Step06 单击“横排文字工具”按钮，在“合成”面板单击并创建文字图层，输入数字 10，如图 5-47 所示。

图 5-46

图 5-47

Step07 在“对齐”面板单击“水平居中对齐”和“垂直居中对齐”按钮，使文字居中显示，如图 5-48 所示。

Step08 在“字符”面板设置字体和文字大小，如图 5-49 和图 5-50 所示。

图 5-48

第5章 文字的应用

图 5-49

图 5-50

Step09 为文本图层添加“模糊”和“不透明度”动画，如图 5-51 所示。

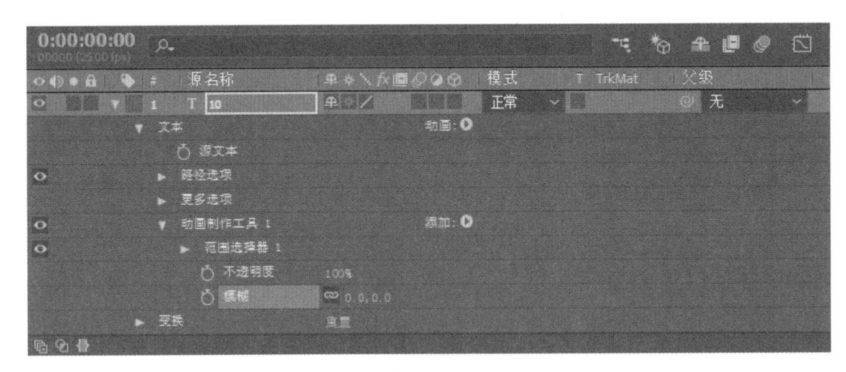

图 5-51

Step10 将时间线移动至 0:00:00:05，为“不透明度”属性和“模糊”属性添加关键帧，如图 5-52 所示。

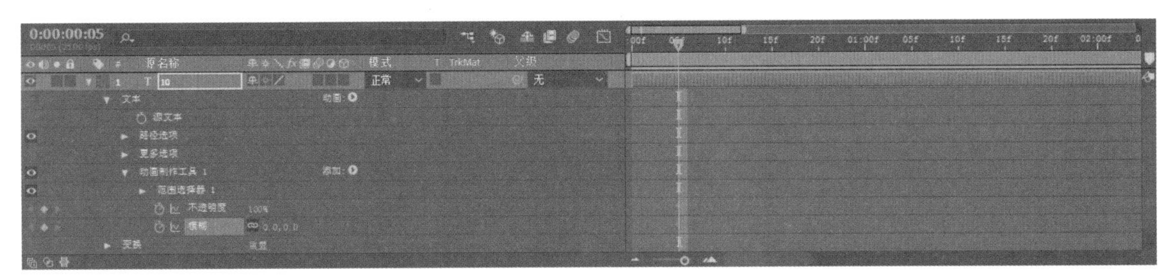
图 5-52

Step11 将时间线移动至 0:00:01:00，再为“不透明度”属性和“模糊”属性添加关键帧，设置“不透明度”为 0%，“模糊”值为 400,400，如图 5-53 所示。

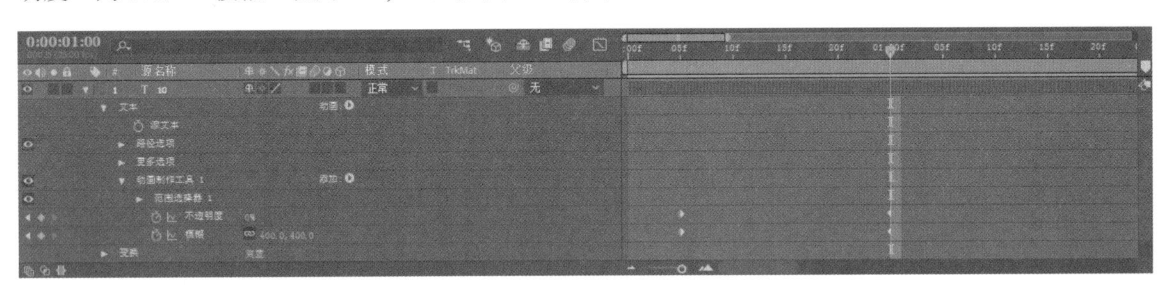
图 5-53

Step12 复制多个文字图层，并按顺序修改数值至 0，如图 5-54 所示。

Step13 调整图层在时间标尺上的位置，使其相互间隔 1s，如图 5-55 所示。

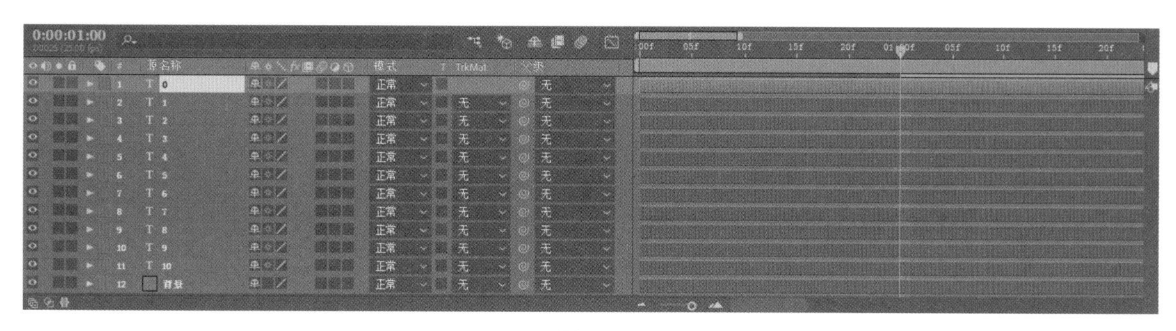

图 5-54

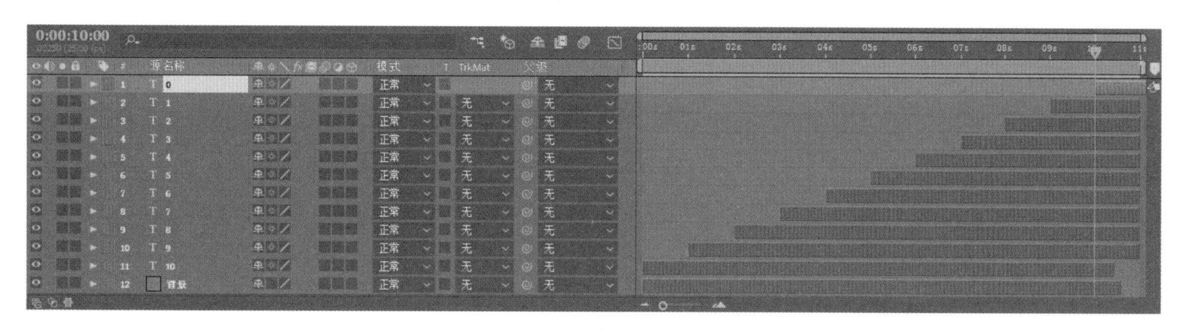

图 5-55

Step14 至此完成倒计时动画的制作，按空格键即可预览动画。

5.4 认识表达式

表达式是由传统的 JavaScript 语言编写而成的，能够通过程序语言来实现界面中一些不能执行的命令，或是通过语法将大量重复的操作简单化。遵循表达式的基本规律，可以创作出更加复杂绚丽的动画效果。

5.4.1 创建表达式

在 After Effects CC 中，最简单也是最直接的表达式创建方法就是直接在图层的属性选项中创建。

执行“效果”|“表达式控制”命令，从级联菜单可以直接创建表达式，也可以使用链接创建表达式，直接选择需要控制的属性，单击并拖动“表达式拾取”按钮，使其链接需要设定的属性即可。

5.4.2 表达式语法

在 After Effects CC 中，表达式具有类似于其他程序设计的语法，只有遵循这些语法，才可以创建正确的表达式。用户并不需要熟练掌握 JavaScript 语言，只需理解简单的写法，就可以创建表达式。

一般的表达式形式为：thisComp.layer("Story medal").transform.scale=transform.scale+time*10

◎ 全局属性 "thisComp"：用来说明表达式所应用的最高层级，可理解为合成。

◎ 层级标识符号 "."：为属性连接符号，该符号前面为上位层级，后面为下位层级。

◎ layer(" ")：定义层的名称，必须在括号内加引号。

解读上述表达式的含义：这个合成的 Story medal 层中的变换选项下的缩放数值，随着时间的增长呈 10 倍的缩放。

此外，还可以为表达式添加注释。在注释句前加“//”符号，表示在同一行中任何处于“//”后的语句都被认为是表达式注释语句。

知识点拨

如果表达式输入有错误，After Effects CC 将会显示黄色的警告图标提示错误，并取消该表达式操作。单击警告图标，可以查看错误信息。

课堂实战：制作开场文字动画

利用 After Effects CC 2018 可以制作多种多样的文字动画效果，在此将通过制作虚线文字动画效果，为读者详细讲解文字动画效果的设置方法。

Step01 新建项目，在“项目”面板上单击鼠标右键，在弹出的快捷菜单中选择“新建合成”命令，如图 5-56 所示。

Step02 打开“合成设置”对话框，设置预设类型为 HDV/HDTV 720 25，设置“持续时间”为 0:00:10:00，如图 5-57 所示。

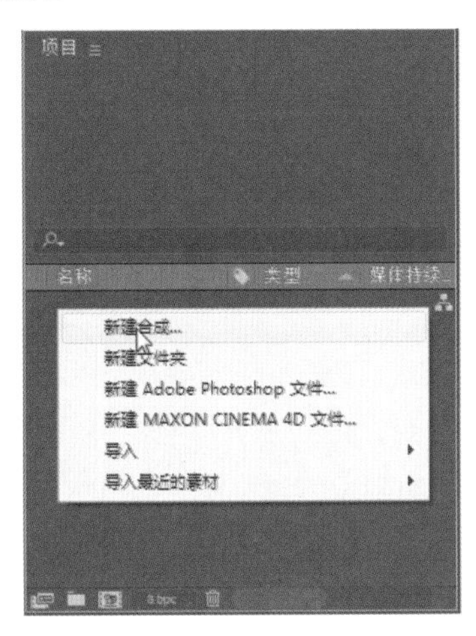

图 5-56

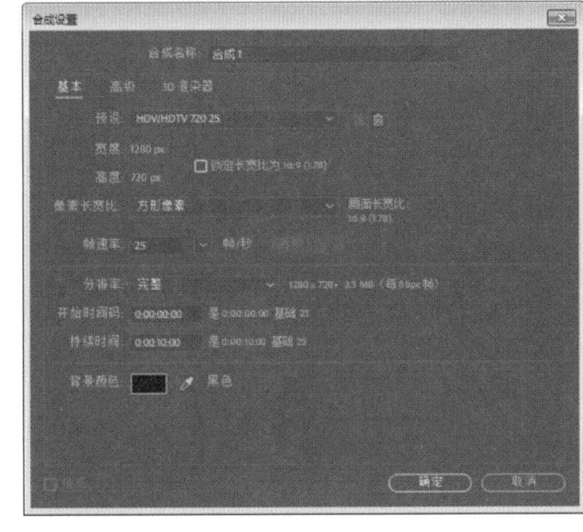

图 5-57

Step03 单击“确定”按钮创建合成，如图 5-58 所示。

图 5-58

Step04 在“时间轴”面板单击鼠标右键，在弹出的快捷菜单中选择“新建”|“纯色”命令，打开“纯色设置”对话框，设置“颜色”为白色，如图 5-59 所示。

Step05 单击“确定”按钮即可创建纯色图层，如图 5-60 所示。

图 5-59

图 5-60

Step06 继续创建形状图层，使用钢笔工具绘制一个填充路径，并设置其填充颜色，如图 5-61 所示。

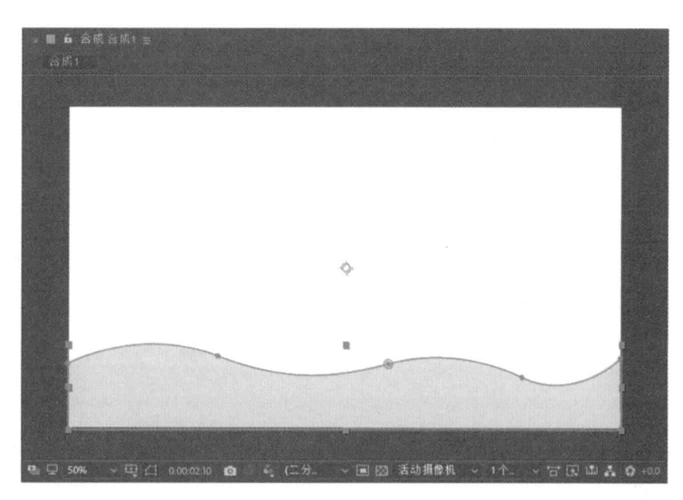

图 5-61

Step07 在“时间轴”面板打开属性列表，调整时间线在 0:00:00:00 位置，添加关键帧，设置“不透明度”为 0%；调整时间线到 0:00:01:00 位置，设置“不透明度”为 40%，按 Enter 键自动添加关键帧；调整时间线到 0:00:02:00 位置，设置“不透明度”为 20%，按 Enter 键自动添加关键帧；之后每隔 1s 添加一个关键帧，如图 5-62 所示。

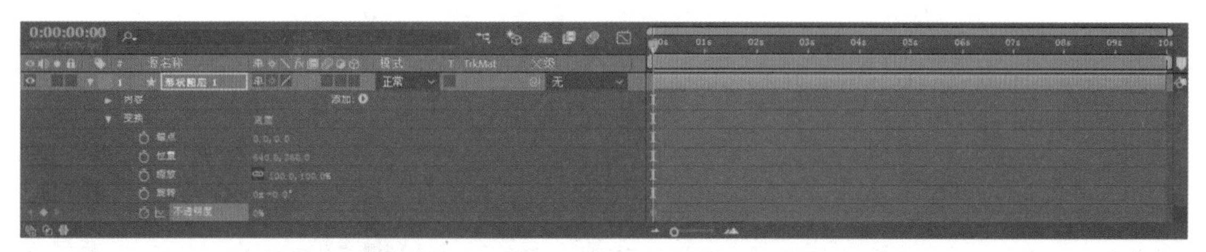

（a）

图 5-62

（续）

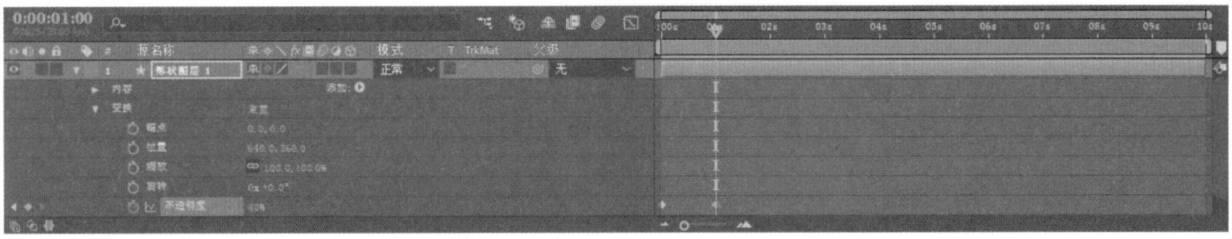

（b）

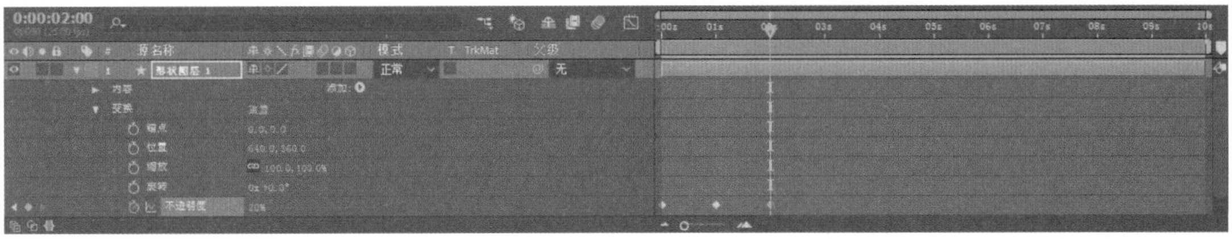

（c）

（d）

图 5-62（续）

Step08 新建形状图层，使用钢笔工具绘制填充路径，设置填充颜色，再调整图层到上一个形状图层下方，如图 5-63 所示。

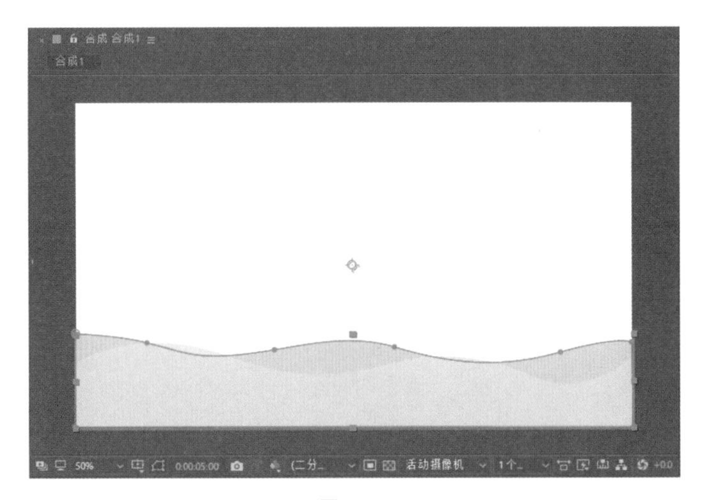

图 5-63

Step09 按照上述操作方法添加关键帧并设置不透明度，如图 5-64 所示。

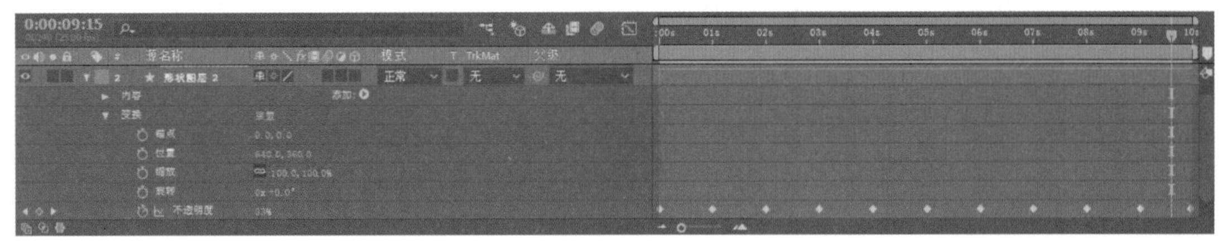

图 5-64

Step10 拖动时间线即可在合成面板预览效果，如图 5-65 所示。

Step11 继续创建形状图层并设置关键帧，如图 5-66 所示。

Step12 使用“横排文字工具”创建文本图层并输入文字内容，设置字体、文字大小及颜色，如图 5-67 和图 5-68 所示。

图 5-65

图 5-66

图 5-67

图 5-68

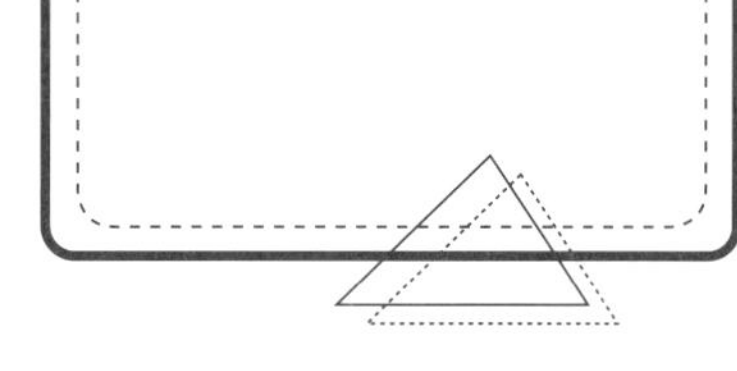

Step13 选择文本，将时间线调整至 0:00:01:00 位置，从“效果与预设”面板添加“从左侧振动进入”效果，按空格键可以预览文字效果，如图 5-69 所示。

图 5-69

Step14 打开属性列表，单击“添加动画”按钮，添加“模糊”属性，如图 5-70 所示。

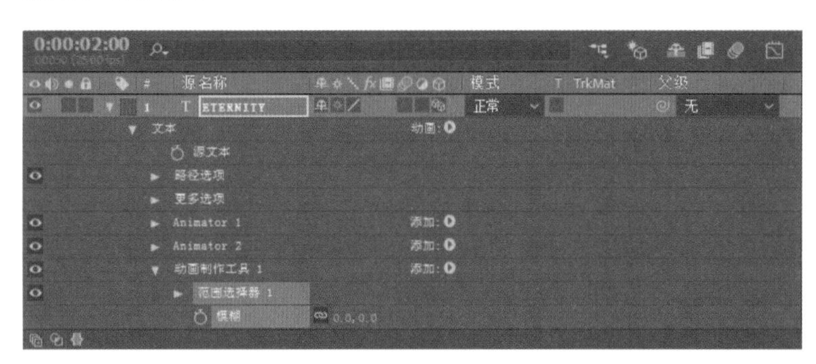

图 5-70

Step15 调整时间线在 0:00:03:00 位置，在默认参数下添加关键帧；移动时间线至 0:00:03:15 位置，添加关键帧并调整模糊值为 50；移动时间线至 0:00:04:00 位置，添加关键帧并调整模糊值为 0，如图 5-71 所示。

ACAA课堂笔记

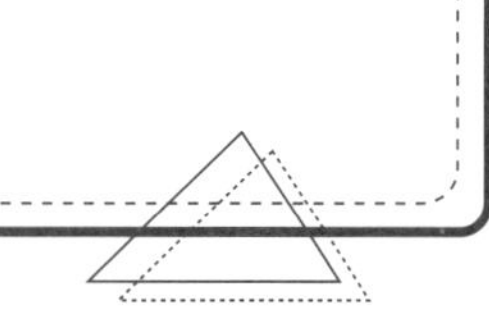

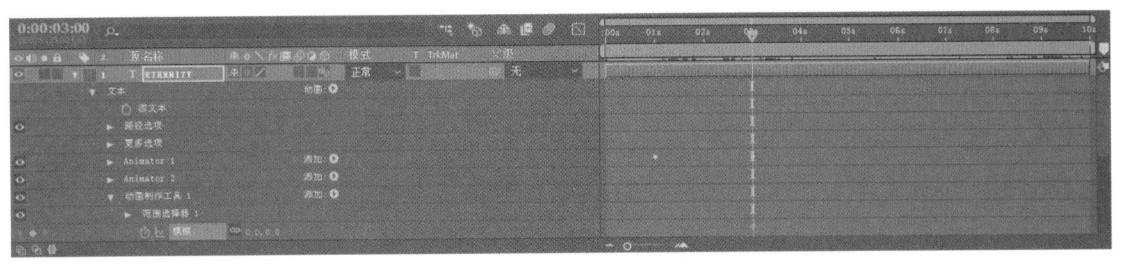

（a）

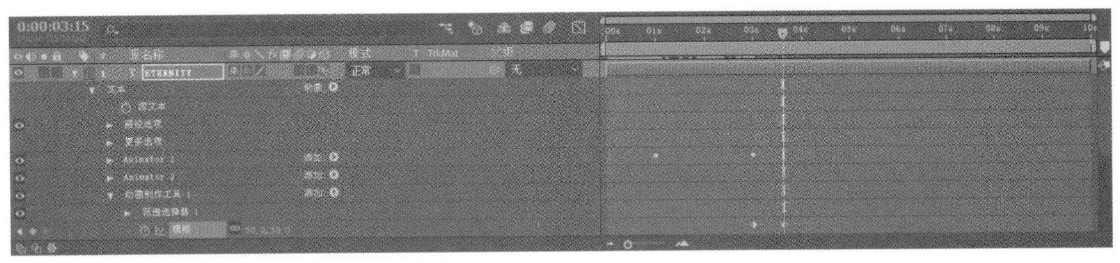

（b）

（c）

图 5-71

Step16 在“项目”面板右键单击合成，在弹出的快捷菜单中选择“合成设置”命令，打开“合成设置”对话框，修改持续时间为 0:00:05:00，如图 5-72 所示。

图 5-72

Step17 单击“确定”按钮关闭对话框，至此完成本例视频的制作。

课后作业

一、选择题

1. 让文字跟随指定的路径应该使用（　　）特效。

A. Stroke　　B. Write-on

C. Basic Text　　D. Path Text

2. After Effects 关于文字特效的说法正确的是（　　）。

A. AE 中不能创建文字特效

B. AE 中可以创建文字特效

C. AE 中文字特效可以在时间线的 Animate 中进行添加

D. 文字特效一旦加入就不可以被删除

3. After Effects 调节文字间距，文字的运动方向与（　　）影响最大。

A. 段落的对齐方式　　B. 文字的字间距

C. 文字的大小　　D. 文字的行间距

4. After Effects 软件中新建文字的方法有（　　）。

A. 快捷键 Ctrl+T

B. 单击工具栏中的 T 按钮

C. 在合成窗口右键单击，选择“新建”|“文字”命令

D. 双击合成窗口

5. 在 After Effects 里创建文字描述正确的是（　　）。

A. 可以通过两种方法创建文字——使用文字工具和文字特效

B. 文字工具既可以创建横排文字，也可以创建竖排文字

C. 只可以通过文字工具来创建文字，特效中不包含文字特效

D. 只可以通过文字特效来创建文字，没有文字工具

二、填空题

1. 文字工具的快捷键是 ＿＿＿＿＿＿。

2. 用户可以在 ＿＿＿＿＿＿ 设置文字的字体、大小、间距等参数。

3. 文本动画控制器包含三种，＿＿＿＿＿＿、＿＿＿＿＿＿、＿＿＿＿＿＿。

三、操作题

通过时间轴的“位置”属性制作滚动字幕效果，显示影片中的演员及工作人员名称等，如图 5-73 所示。

图 5-73

操作提示：

Step01 新建项目和合成。

Step02 单击“横排文字工具”按钮，创建文本，设置演员名称为两列，并分别靠左对齐和右对齐。

Step03 在“位置”属性上添加关键帧，并设置位置参数。

第6章 蒙版工具的应用

内容导读

蒙版是通过蒙版图层中的图形或轮廓对象透出下面图层中的内容，是后期合成中不可缺少的部分。当素材内没有 Alpha 通道时，可以通过蒙版来建立透明区域、形状工具和钢笔工具的应用，为我们在影片后期制作提供了无限的可能性。

本章主要介绍蒙版的概念、蒙版工具、蒙版的创建与编辑等知识，通过本章的学习，可以快速掌握蒙版的使用技巧，制作出独特的图像效果。

学习目标

- 了解蒙版的概念
- 熟悉蒙版工具
- 掌握蒙版的创建与编辑

6.1 蒙版的概念

After Effects CC 中的蒙版是一种路径，可以是开放的路径也可以是闭合的路径。蒙版可以绘制在图层中，一个图层可以包含多个蒙版。虽然是一个层，但也可以将其理解为两个层，一个是轮廓层，即蒙版层；另一个是被蒙版层，即蒙版下面的图像层。

蒙版层的轮廓形状决定看到的图像形状，而被蒙版层决定看到的内容。蒙版动画的原理是蒙版层做变化或是被蒙版层做运动。

6.2 蒙版工具

利用蒙版工具创建蒙版，是 After Effects CC 最常用的蒙版创建方法。使用形状工具可以创建常见的几何形状，比如矩形、圆形、多边形、星形等；使用钢笔工具则可以绘制不规则形状或者开放路径。

6.2.1 形状工具组

使用形状工具可以绘制出多种规则的几何形状蒙版，形状工具按钮位于工具栏中，包括“矩形工具”“圆角矩形工具”“椭圆工具”“多边形工具”“星形工具”五种工具。单击并按住工具图标，即可展开其他工具选项，如图 6-1 所示。

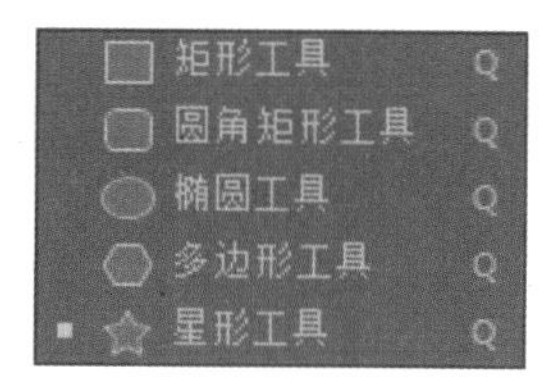

图 6-1

1. 矩形工具

“矩形工具”可以绘制出正方形、长方形等矩形形状蒙版。选择素材，在工具栏选择“矩形工具”，在素材的合适位置单击并拖动鼠标至合适位置，释放鼠标即可得到矩形蒙版，如图 6-2 和图 6-3 所示。

图 6-2

图 6-3

继续使用“矩形工具”，可以绘制出多个形状蒙版，如图 6-4 所示。如果按住 Shift 键的同时再拖动鼠标，即可绘制出正方形的蒙版形状，如图 6-5 所示。

图 6-4

图 6-5

2. 圆角矩形工具

“圆角矩形工具”可以绘制出圆角矩形形状的蒙版，其绘制方法与“矩形工具”相同，效果如图 6-6 和图 6-7 所示。

图 6-6

图 6-7

3. 椭圆工具

“椭圆工具”可以绘制出椭圆及正圆形状的蒙版，其绘制方法与“矩形工具”相同。选择素材，在工具栏选择“椭圆工具”，在素材的合适位置单击并拖动鼠标至合适位置，释放鼠标即可得到椭圆蒙版，如图 6-8 所示。按住 Shift 键的同时再拖动鼠标即可绘制出正圆蒙版，如图 6-9 所示。

图 6-8

图 6-9

4. 多边形工具

“多边形工具”可以绘制多个边角的集合形状蒙版。选择素材，在工具栏单击“多边形工具”，在素材的合适位置单击确认多边形的中心点，再拖动鼠标至合适位置，释放鼠标即可得到任意角度的多边形蒙版，效果如图 6-10 所示。按住 Shift 键的同时拖动鼠标则可以绘制出正多边形的形状蒙版，如图 6-11 所示。

图 6-10

图 6-11

5. 星形工具

“星形工具”可以绘制出星形形状的蒙版，其使用方法与“多边形工具”相同，效果如图 6-12 和图 6-13 所示。

图 6-12

图 6-13

提示

绘制出形状蒙版后，按住 Ctrl 键即可移动蒙版位置。用户也可以使用“选择工具”或者使用键盘上的“↑↓←→”键来调整蒙版位置。

6.2.2 钢笔工具组

钢笔工具用于绘制不规则形状的蒙版。钢笔工具组中包括“钢笔工具”“添加‘顶点’工具”“删除‘顶点’工具”“转换‘顶点’工具”“蒙版羽化工具”，如图 6-14 所示。

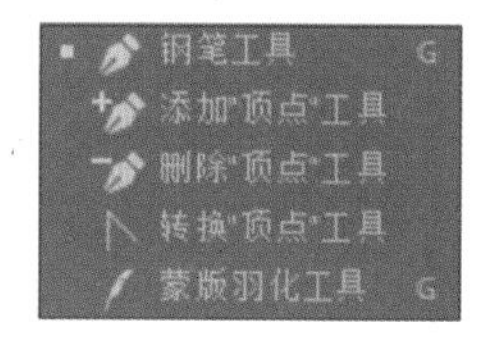

图 6-14

1. 钢笔工具

“钢笔工具”可以用于绘制任意蒙版形状。选中素材，选择“钢笔工具”，在“合成”面板依次单击创建锚点，当首尾相连时即完成蒙版的绘制，得到蒙版形状，如图 6-15 和图 6-16 所示。

图 6-15

图 6-16

2. 添加“顶点”工具

添加“顶点”工具可以为蒙版路径添加锚点，以便于更加精细地调整蒙版形状。选择“添加顶点工具”，在路径上单击即可添加锚点，将鼠标指针置于锚点上，按住即可拖动锚点位置，如图 6-17 和图 6-18 所示为添加锚点前后的蒙版效果。

图 6-17

图 6-18

3. 删除“顶点”工具

删除“顶点”工具的使用与添加“顶点”工具类似，不同的是该工具的功能是删除锚点。在某一锚点单击删除后，与该锚点相邻的两个锚点之间会形成一条直线路径。

ACAA课堂笔记

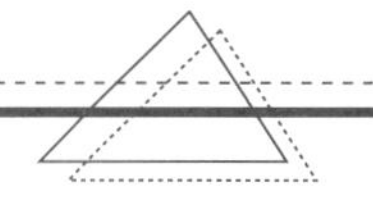

4. 转换“顶点”工具

转换“顶点”工具可以使蒙版路径的控制点变成平滑或硬转角。选择转换“顶点”工具，在锚点上单击即可使锚点在平滑或硬转角之间转换，如图 6-19 和图 6-20 所示。使用转换“顶点”工具在路径线上单击可以添加顶点。

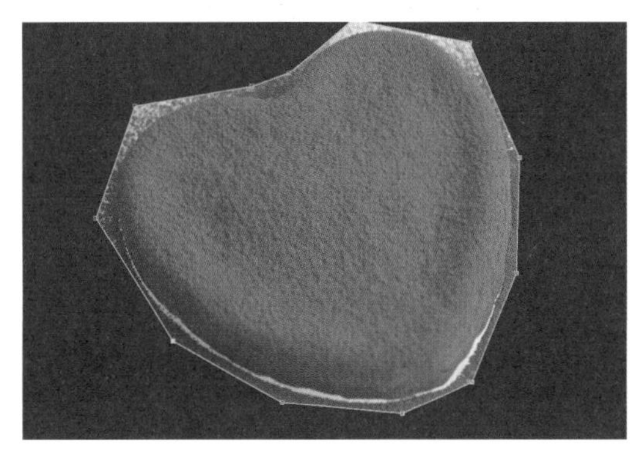

图 6-19

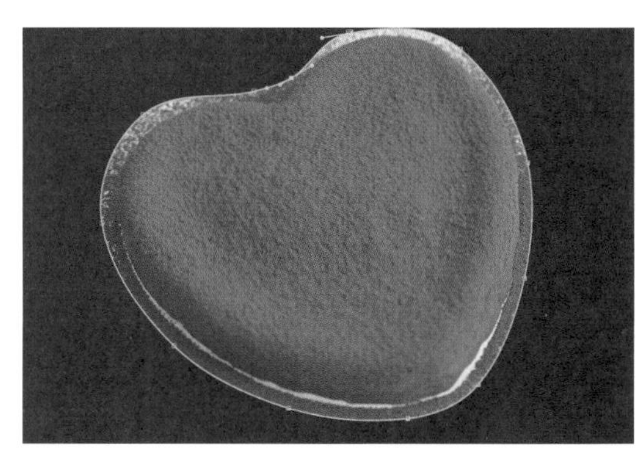

图 6-20

5. 蒙版羽化工具

“羽化蒙版工具”可以调整蒙版边缘的柔和程度。选择“羽化蒙版工具”，单击并拖动锚点，即可柔化当前蒙版，效果如图 6-21 和图 6-22 所示。

图 6-21

图 6-22

6.3 蒙版的编辑

创建蒙版之后，用户也可以设置蒙版的各个属性来调整蒙版的效果。

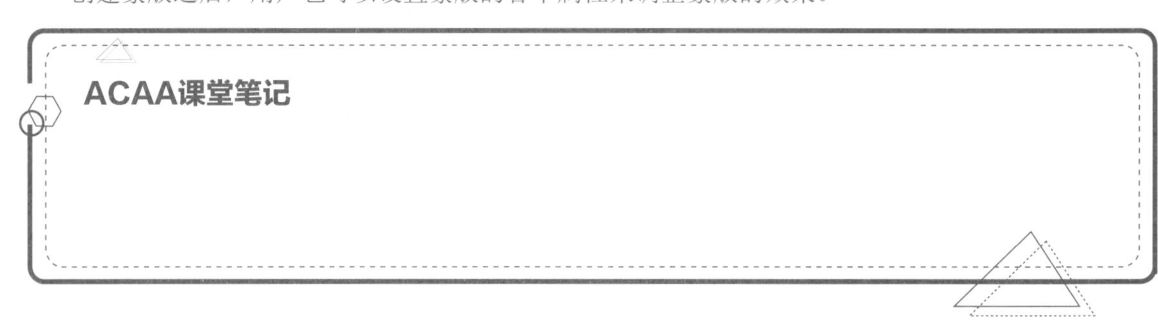

6.3.1 蒙版混合样式

在绘制完成蒙版后，“时间轴”面板会出现一个“蒙版”属性。在“蒙版”右侧的下拉列表中显示了蒙版混合模式选项，如图 6-23 所示。

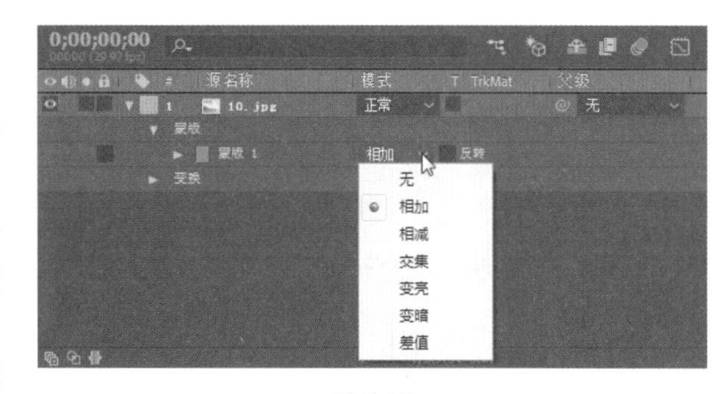

图 6-23

各混合模式含义介绍如下。

◎ 无：选择此模式，路径不起蒙版作用，只作为路径存在，可进行描边、光线动画或路径动画等操作。

◎ 相加：如果绘制的蒙版中有两个或两个以上的图形，选择此模式可看到两个蒙版以添加的形式显示效果。

◎ 相减：选择此模式，蒙版的显示会变成镂空的效果。

◎ 交集：两个蒙版都选择此模式，则两个蒙版产生交叉显示的效果。

◎ 变亮：此模式用于可视范围区域，与“相加”模式相同。但对于重叠处的不透明度，则采用不透明度较高的值。

◎ 变暗：此模式用于可视范围区域，与“相减”模式相同。但对于重叠处的不透明度，则采用不透明度较低的值。

◎ 差值：两个蒙版都选择此模式，则两个蒙版产生交叉镂空的效果。

6.3.2 蒙版基本属性

创建蒙版后，在“时间轴”面板的“蒙版”选项中包含蒙版路径、蒙版羽化、蒙版不透明度、蒙版扩展四个属性选项，如图 6-24 所示。

1. 蒙版路径

当一个蒙版绘制完毕后，可以通过相应的路径工具进行对齐调整。当需要对尺寸进行精确调整时，可以通过“蒙版形状”来设置。单击“蒙版路径”右侧的“形状 ...”文字链接，即可在弹出的“蒙版形状”对话框中修改大小，如图 6-25 所示。

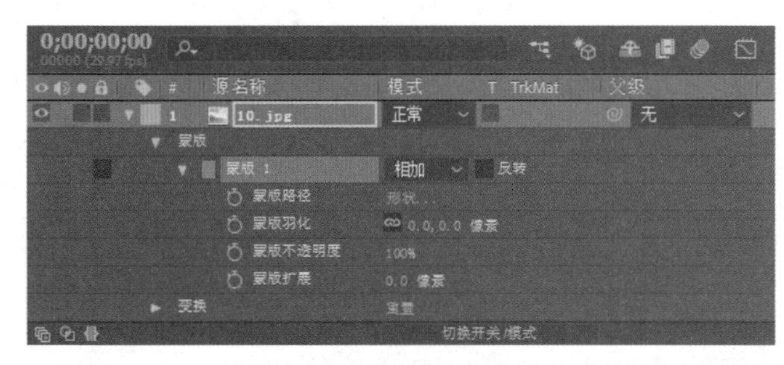

图 6-24

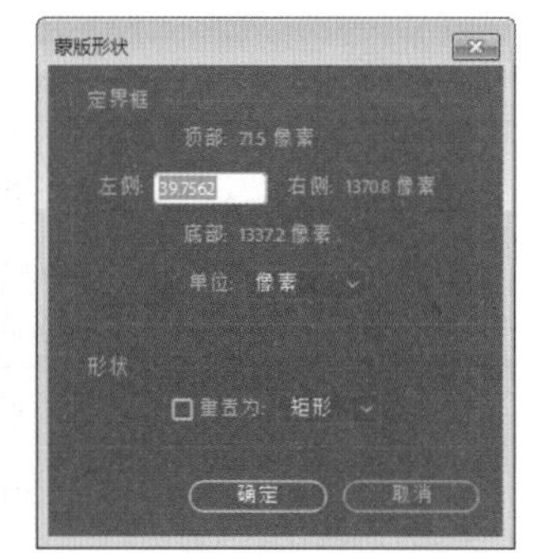

图 6-25

2. 蒙版羽化

羽化功能用于将蒙版的边缘进行虚化处理。默认情况下，蒙版的边缘不带有任何羽化效果，需要进行羽化处理时，可以设置该选项右侧的数值，按比例进行羽化处理。

3. 蒙版不透明度

默认情况下，为图层创建蒙版后，蒙版中的图像 100% 显示，而蒙版外的图像 0% 显示。如果想调整其透明效果，可以通过“蒙版不透明度”属性调整。

4. 蒙版扩展

如果想要调整蒙版尺寸范围，可以通过“蒙版扩展”属性来调整。当属性值为正值时，将对蒙版进行扩展；当属性值为负值时，将对蒙版范围进行收缩。

■ 实例：制作镜头效果

本例将利用蒙版工具制作镜头打光的效果，具体操作步骤如下。

Step01 新建项目，在“项目”面板上单击鼠标右键，选择“新建合成”选项，如图 6-26 所示。

Step02 打开“合成设置”对话框，设置预设类型为 HDV/HDTV 720 29.97，设置“持续时间”为 0:00:05:00，如图 6-27 所示。

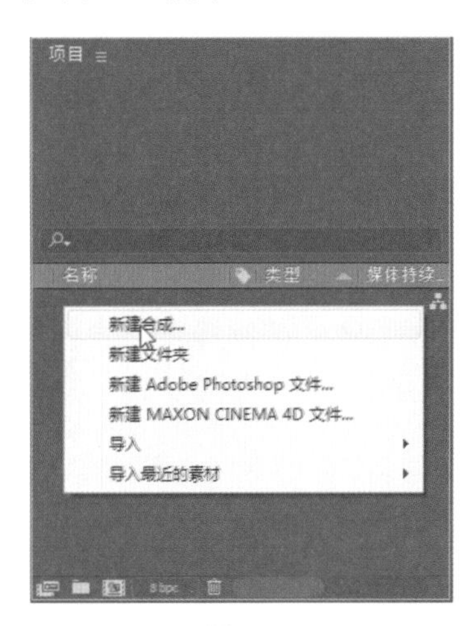

图 6-26

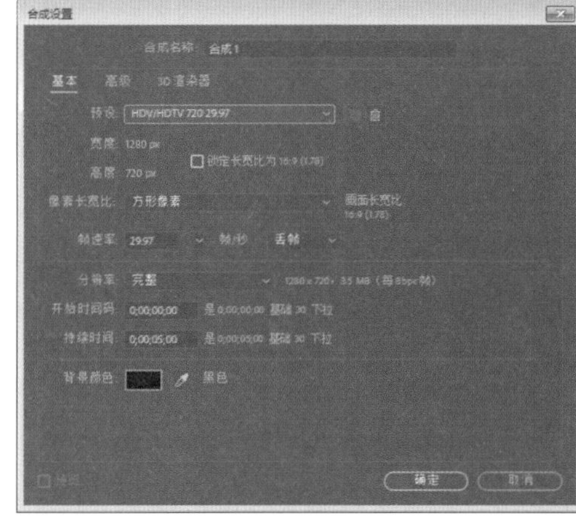

图 6-27

Step03 单击“确定”按钮创建合成，如图 6-28 所示。

Step04 在“项目”面板单击鼠标右键，在弹出的快捷菜单中选择“导入”|“文件”命令，打开“导入文件”对话框，选择要导入的素材，设置导入为“素材”，如图 6-29 所示。

Step05 将素材从“项目”面板拖曳至“时间轴”面板，在“合成”面板中可以看到素材尺寸偏大，如图 6-30 所示。

图 6-28

ACAA课堂笔记

图 6-29

图 6-30

Step06 从“时间轴”面板打开属性列表，调整“缩放”参数值，如图 6-31 所示。

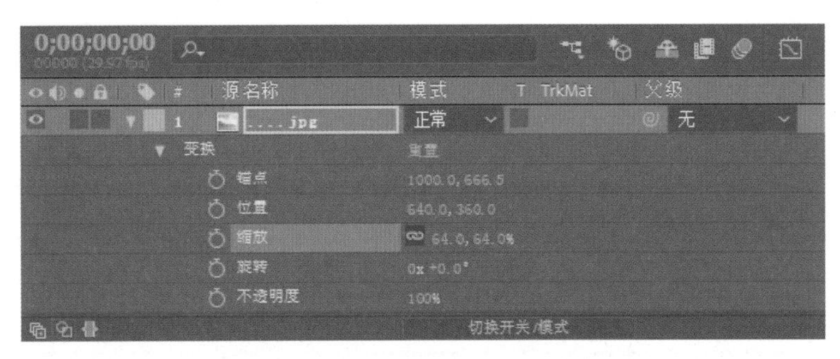

图 6-31

第6章 蒙版工具的应用

Step07 调整后的“合成”面板如图 6-32 所示。

图 6-32

Step08 选择素材，然后在工具栏选择“椭圆工具”，按住 Shift 键在素材上绘制一个圆形蒙版，并调整位置，如图 6-33 所示。

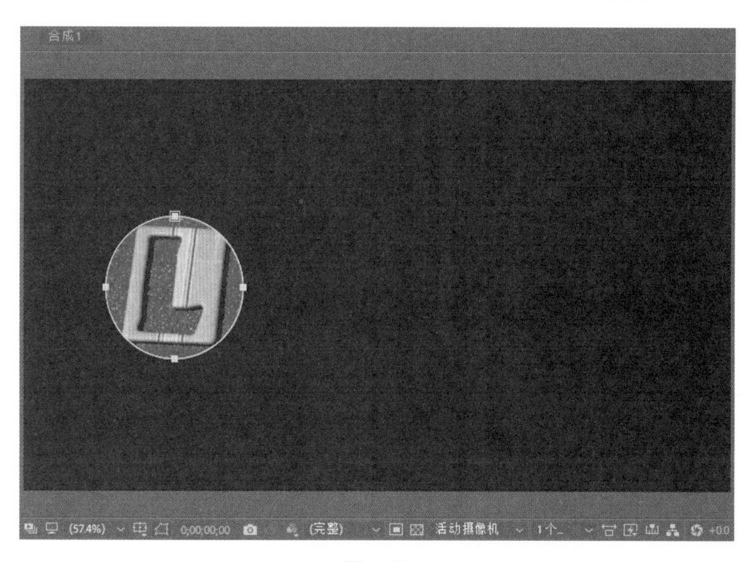

图 6-33

Step09 设置“蒙版羽化”和“蒙版扩展”参数，如图 6-34 所示。

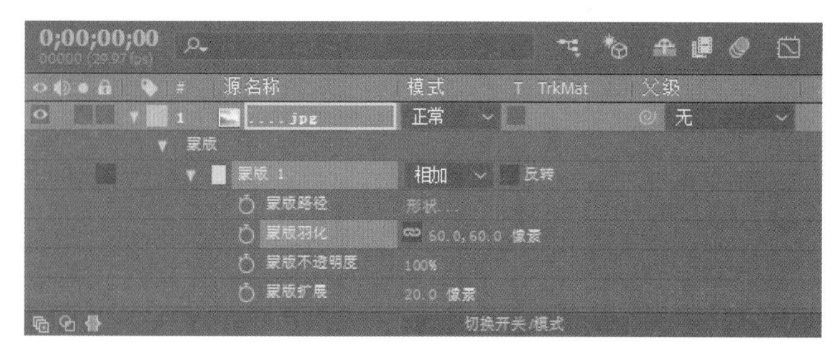

图 6-34

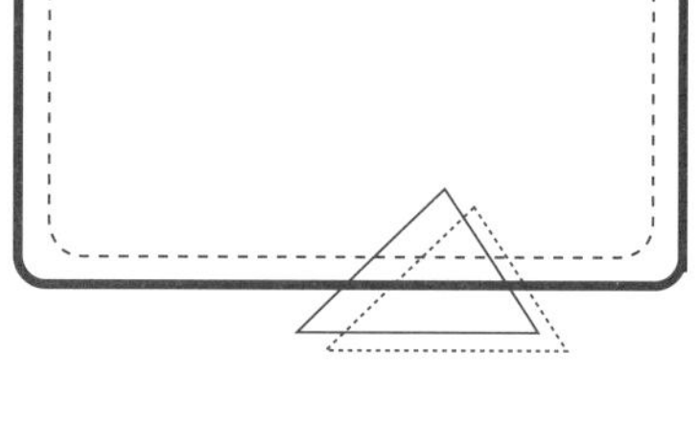

Step10 设置后的合成效果如图 6-35 所示。

Step11 选择蒙版路径，执行“编辑”|“复制”命令，再选择素材，执行“编辑”|“粘贴”命令，移动并调整蒙版路径位置，复制多个蒙版，如图 6-36 所示。

Step12 保持时间线位于 0:00:00:00 位置，设置四个蒙版的“蒙版不透明度”参数为 0%，效果如图 6-37 所示。

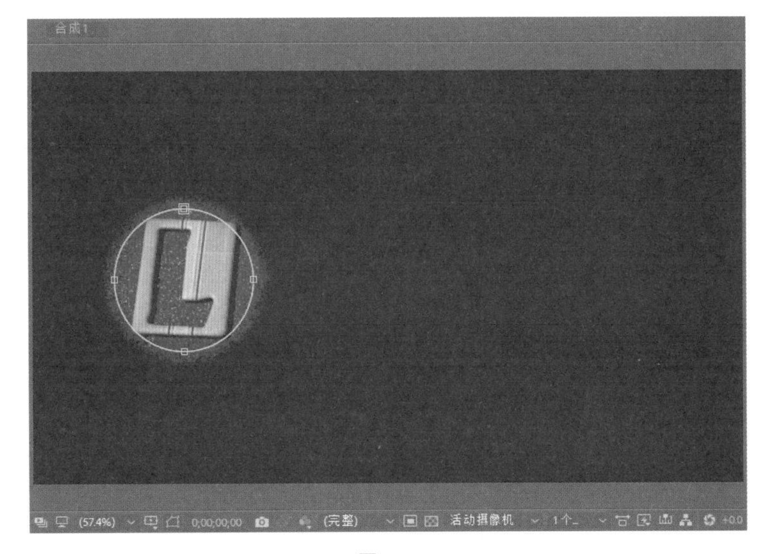

图 6-35

图 6-36

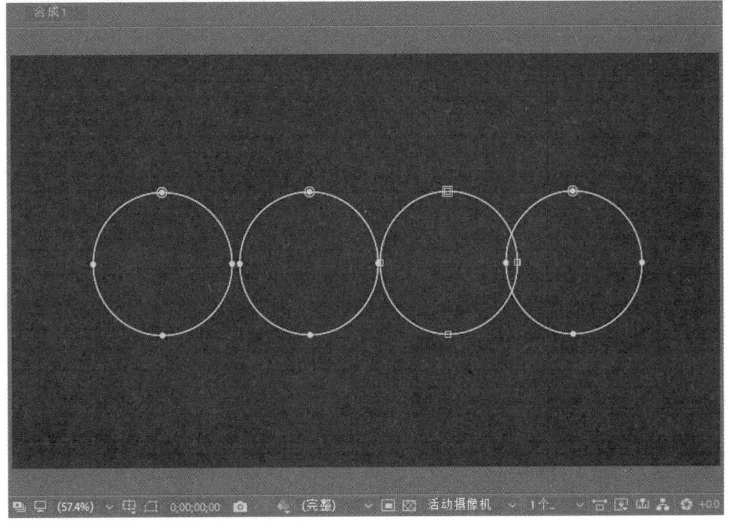

图 6-37

Step13 选择“蒙版 1”，在 0:00:00:00 位置添加“蒙版不透明度”属性的关键帧，再将时间线移动至 0:00:01:00 位置，添加关键帧并设置“蒙版不透明度”为 100%，如图 6-38 所示。

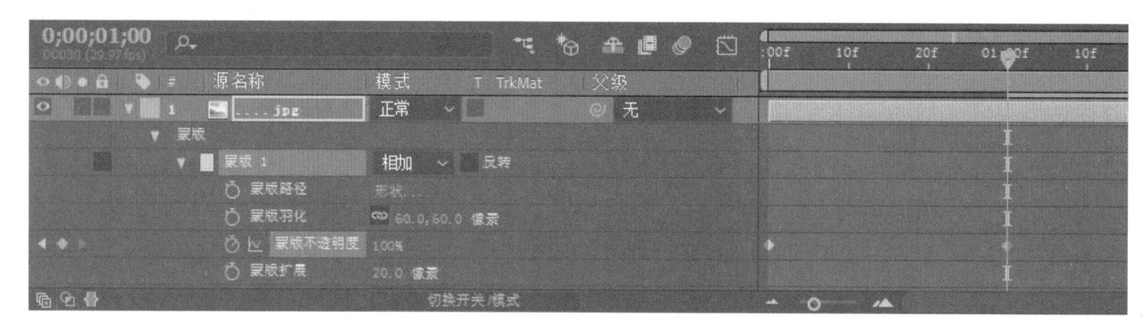

图 6-38

Step14 选择“蒙版 2”，在 0:00:01:00 位置添加“蒙版不透明度”属性的关键帧，设置“蒙版不透明度”为 0%；再移动时间线至 0:00:02:00 位置，添加关键帧并设置“蒙版不透明度”为 100%，如图 6-39 所示。

图 6-39

Step15 用同样的方法设置剩余的两个蒙版关键帧，如图 6-40 所示。

图 6-40

ACAA课堂笔记

Step16 设置完毕后按空格键预览动画效果，如图 6-41 所示。

图 6-41

Step17 最后保存项目，完成本例的制作。

课堂实战：制作电影宣传效果

本例将利用 After Effects CC 制作精美的海报合成效果。

Step01 新建项目，在“项目”面板上单击鼠标右键，在弹出的快捷菜单中选择“新建合成”命令，如图 6-42 所示。

Step02 打开“合成设置”对话框，设置预设类型为“PAL D1/DV 宽银幕”，设置持续时间为 0:00:10:00，如图 6-43 所示。

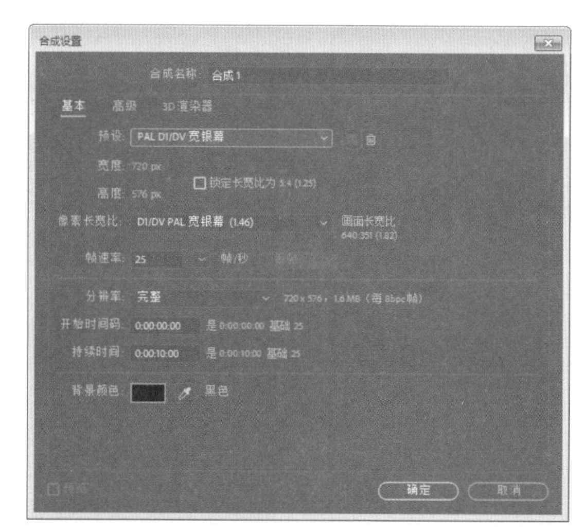

图 6-42

图 6-43

Step03 单击“确定”按钮创建新的合成，如图 6-44 所示。

Step04 在“合成”面板下方单击“选择网格和参考线”按钮，为“合成”面板显示标尺和参考线，拖动参考线，将面板分为 6 个部分，如图 6-45 所示。

Step05 将准备好的素材直接拖曳至“项目”面板，如图 6-46 所示。

Step06 取消显示标尺，将素材 1 再拖曳至“时间轴”面板，展开属性列表，调整“缩放”和“位置”参数，“合成”面板如图 6-47 所示。

图 6-44

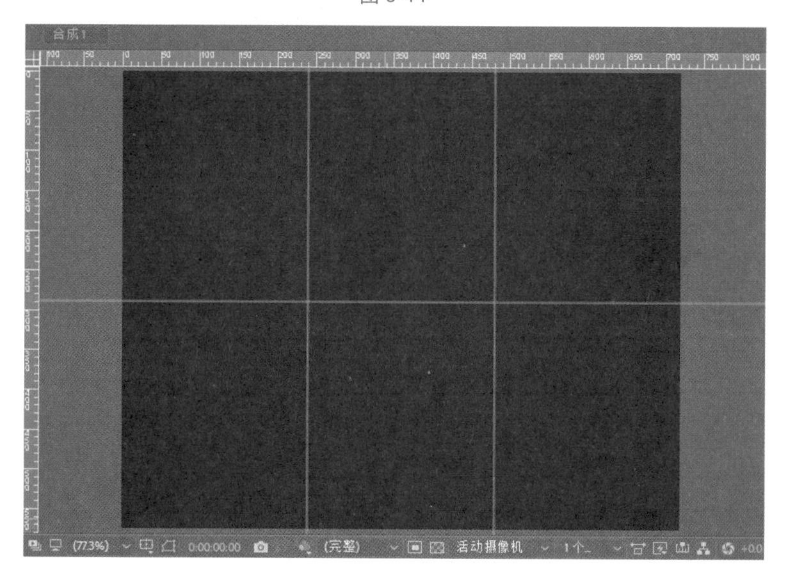

图 6-45

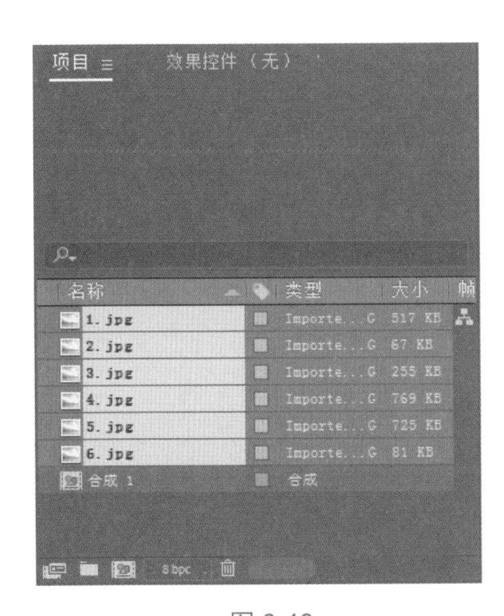

图 6-46

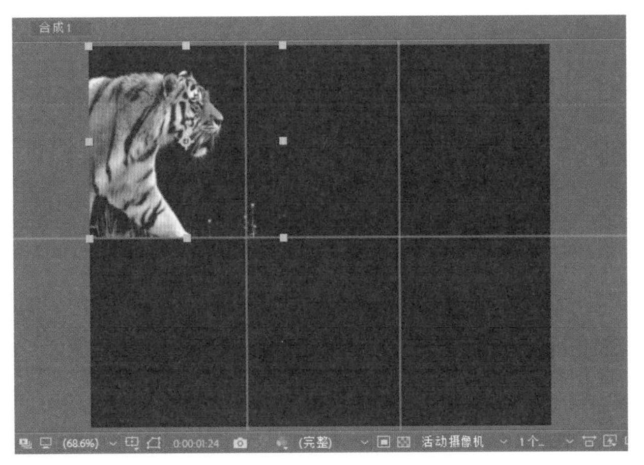

图 6-47

Step07 选择素材 1，在工具栏选择“矩形工具”，在“合成”面板创建一个矩形蒙版，如图 6-48 所示。

图 6-48

Step08 从“效果和预设”面板中选择“模糊和锐化”滤镜组下的“定向模糊”选项，添加至素材上。在“时间轴”面板展开该素材的属性列表，将时间线移动至 0:00:00:00 位置，为“模糊长度”和“不透明度”属性添加关键帧，并设置“模糊长度”为 250，“不透明度”为 0%，如图 6-49 所示。

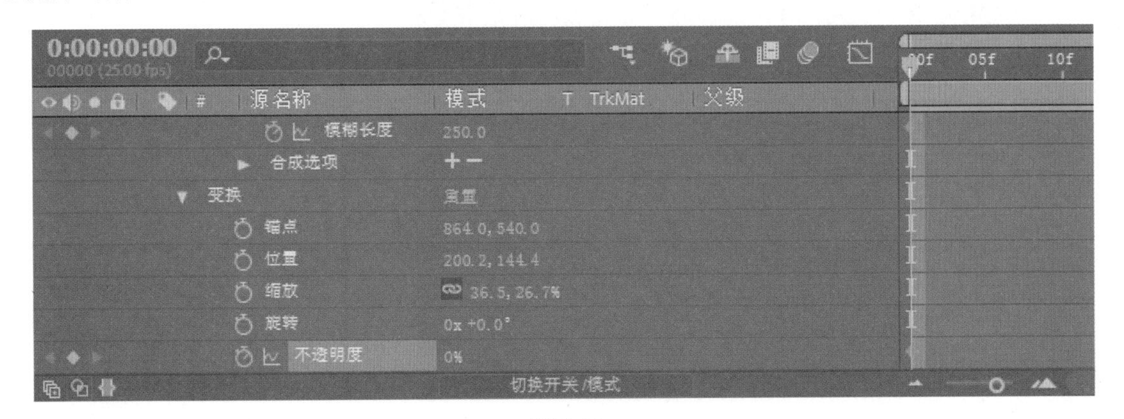

图 6-49

Step09 移动时间线至 0:00:00:02 位置，为“不透明度”添加第二个关键帧，设置参数为 100%；再将时间线移动至 0:00:01:00 位置，为“模糊长度”添加第二个关键帧，设置参数为 0，如图 6-50 和图 6-51 所示。

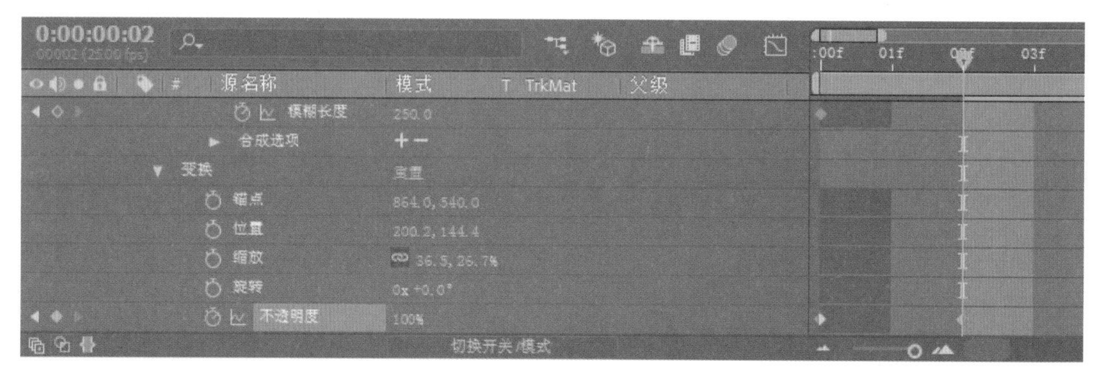

图 6-50

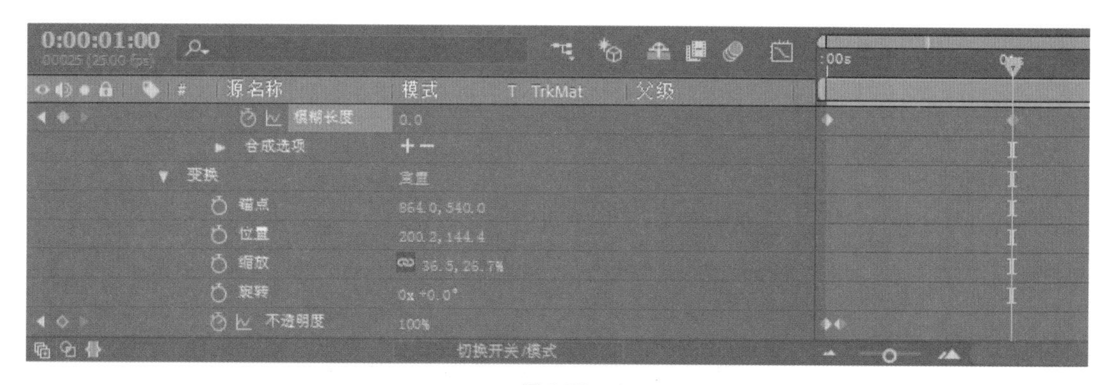

图 6-51

Step10 完成上述操作后即可在“合成”面板中预览效果，如图 6-52 所示。

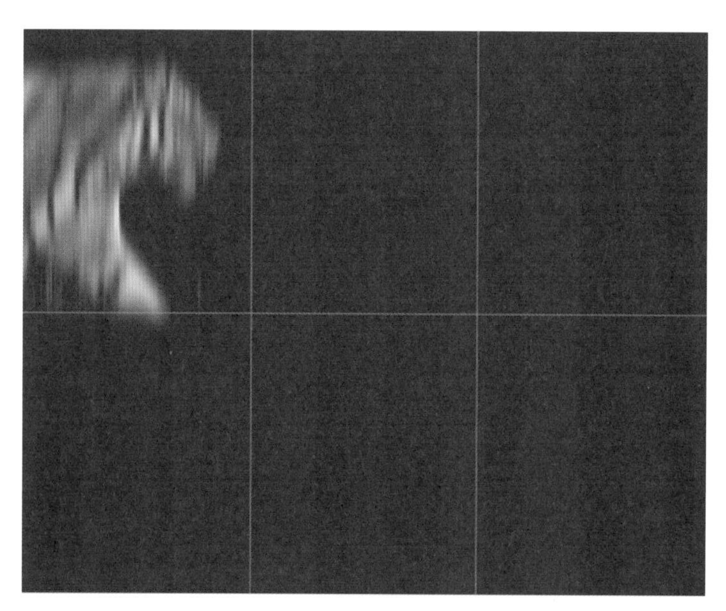

图 6-52

ACAA课堂笔记

Step11 用同样的操作方法依次添加其他素材，调整比例及位置，创建蒙版后添加“定向模糊”特效，并为“不透明度”和“模糊长度”属性添加关键帧，每个素材特效时间为1s，如图6-53所示。

图6-53

Step12 在“时间轴”面板空白处单击鼠标右键，在弹出的快捷菜单中选择“新建”|“形状图层”命令，新建一个形状图层，再选择“矩形工具”，绘制一个矩形并设置填充颜色，如图6-54所示。

图6-54

Step13 在“时间轴”面板展开“矩形路径”属性，将时间线移动至0:00:06:00位置，为“位置”属性添加关键帧，并调整“位置”参数为-1054.0,0.0；再将时间线移动至0:00:06:10位置，添加关键

帧并设置“位置”参数为 0.0,0.0，如图 6-55 和图 6-56 所示。

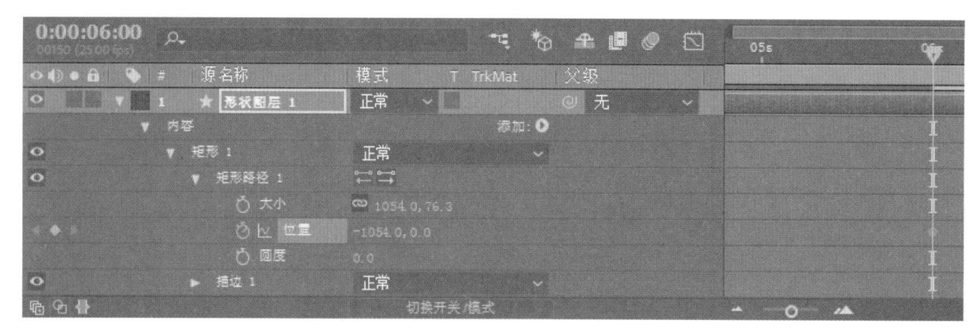

图 6-55

图 6-56

Step14 为该图层再添加“定向模糊”特效，将时间线移动至 0:00:06:00 位置，在属性列表中为“模糊长度”属性添加关键帧，并设置参数为 250；再将时间线移动至 0:00:07:00 位置，添加关键帧并设置“模糊长度”为 0，如图 6-57 和图 6-58 所示。

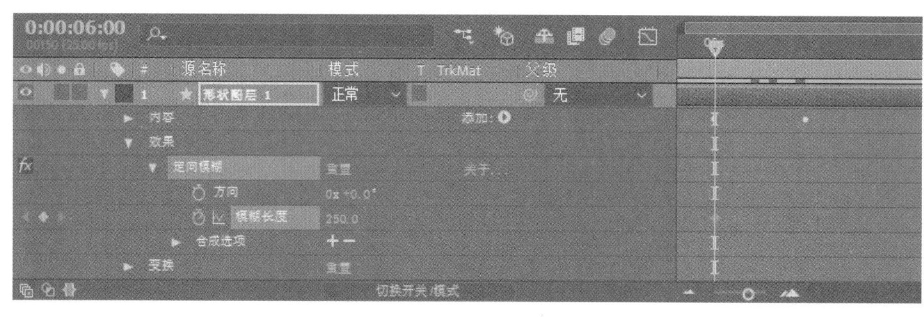

图 6-57

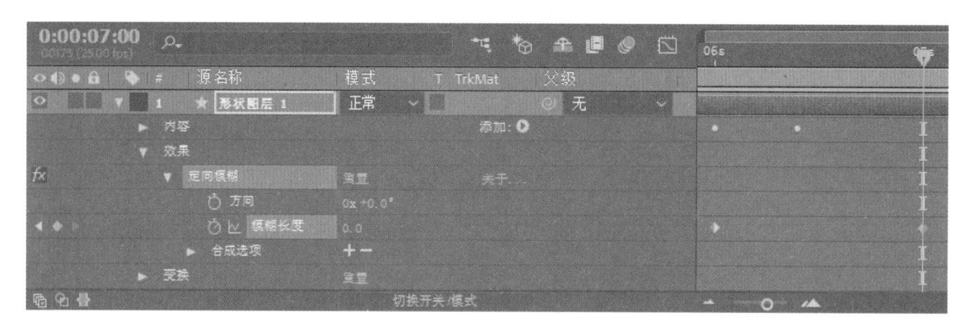

图 6-58

Step15 选择“横排文字工具”，在“字符”面板中设置字体、字号等参数，如图 6-59 所示。

Step16 在矩形上单击并输入文字内容，系统会自动创建文字图层，调整文字居中显示，如图 6-60 所示。

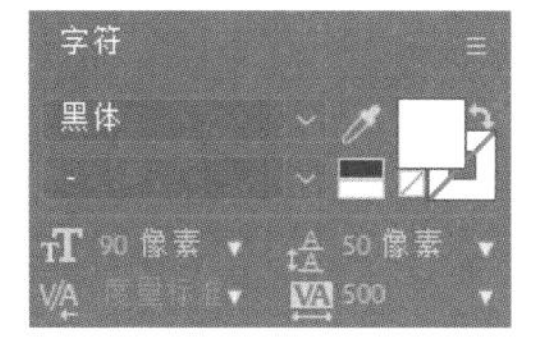

图 6-59

图 6-60

Step17 将时间线移动至 0:00:07:00 位置，在属性列表中为“不透明度”属性添加关键帧，设置参数为 0%，如图 6-61 所示。再将时间线移动至 0:00:09:00 位置，添加关键帧并设置“不透明度”为 100%，如图 6-62 所示。

图 6-61

图 6-62

Step18 保存项目文件，至此完成本例的制作。

课后作业

一、选择题

1. 为蒙版制作形状动画后，使用（　　）命令可以方便地提高动画精度。

A. 调节 Mask Feather（蒙版羽化）

B. 修改 Mask Opacity（蒙版透明度）

C. 应用 Smart Mask Interpolation（高级蒙版插值）

D. 设置 Mask Expansion（扩展遮罩）

2. 在为蒙版形状记录动画时，删除的控制点仅影响当前时间蒙版，其他时间蒙版的控制点数目不变。要满足上面的条件，应进行的操作是（　　）。

A. 激活 Preserve Constamt Vertex Count when Editing Masks（当编辑蒙版时，保留控制点数目）

B. 关闭 Preserve Constamt Vertex Count when Editing Masks（当编辑蒙版时，保留控制点数目）

C. 打开 Lock Mask（锁定蒙版）

D. 打开 Free Thransform Points（自由变换点）

3. 在（　　）模式下，两个蒙版相加，且重合部分不透明度相加。

A. Add（相加）　B. Subtract（相减）　C. Lighten（交集）　D. Darken（变暗）

4. 对于已生成的蒙版，可以进行（　　）调节。

A. 对蒙版边缘进行羽化　B. 设置蒙版的不透明度

C. 扩展和收缩蒙版　D. 以上都可以

5. 在使用椭圆工具时，按（　　）键可以绘制出正圆形状。

A. Alt　B. Ctrl　C. Shift　D. 空格键

二、填空题

1. 创建蒙版的方法有 _________、_________、_________。

2. _________ 主要通过修改属性并收缩或者扩张像素，来修补素材抠像后留下来的残留部分。

3. 蒙版实际是一个路径或轮廓图，用于修改图层的 _________。

三、操作题

利用蒙版制作景深效果，如图 6-63 所示。

操作提示：

Step01 根据素材新建合成。

Step02 创建白色的纯色图层，利用“椭圆工具”创建椭圆形蒙版。

Step03 设置蒙版混合模式和其他参数。

图 6-63

第7章 色彩校正与调色

内容导读

在影视制作的前期拍摄中，拍摄出来的图片往往会受到自然环境、光照环境和设备等客观因素的影响，从而出现偏色、曝光不足或者曝光过度的现象，与真实效果有一定的偏差。这就需要对画面进行调色处理，最大限度地还原图片的本来面貌。

After Effects CC 的调色功能主要包括图像的明度、对比度、饱和度以及色相等，可以使画面更加清晰、色彩更为饱和、主题更加突出或是达到其他色彩效果，来达到改善图像质量的目的，制作出更加理想的视频画面效果。

Adobe After Effects CC

学习目标

- 了解色彩基础知识
- 掌握常用调色效果的应用
- 熟悉其他调色效果

7.1 色彩基础知识

在学习色彩校正和调色知识之前，首先来了解一下色彩基础知识。

7.1.1 色彩模式

色彩模式是数字世界中表示颜色的一种算法。为表示各种颜色，人们通常将颜色划分为若干分量。

1. RGB 模式

RGB 模式是一种最基本，也是使用最广泛的颜色模式。它源于有色光的三原色原理，其中，R（Red）代表红色，G（Green）代表绿色，B（Blue）代表蓝。

每种颜色都有 266 种不同的亮度值，因此 RGB 模式理论上有 1670 多万种颜色（见图 7-1）。这种颜色模式是屏幕显示的最佳模式，像显示器、电视机、投影仪等都采用这种色彩模式。

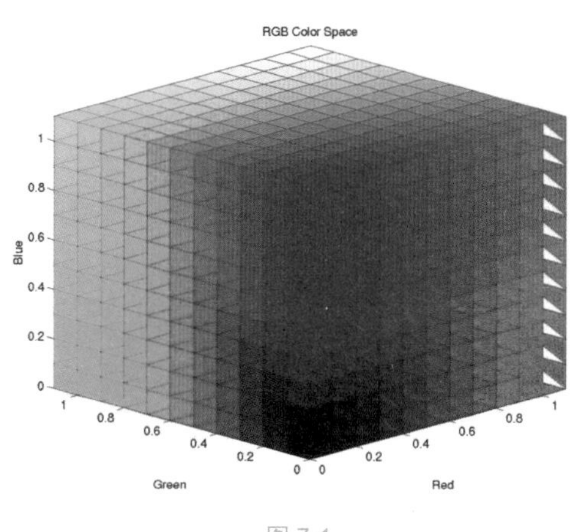

图 7-1

2. CMYK 模式

CMYK 是一种减色模式。其实人的眼睛就是根据减色模式来识别颜色的。CMYK 模式主要用于印刷领域。纸上的颜色是通过油墨产生的，不同的油墨混合可以产生不同的颜色效果，但是油墨本身并不会发光，它也是通过吸收（减去）一些色光，而把其他光反射到观察者的眼睛里产生颜色效果的。CMYK 模式中，C（Cyan）代表青色，M（Magenta）代表品红色，Y（Yellow）代表黄色，K（Black）代表黑色。C、M、Y 分别是红、绿、蓝的互补色。由于这 3 种颜色混合在一起只能得到暗棕色，而得不到真正的黑色，所以另外引入了黑色。由于 Black 中的 B 也可以代表 Blue（蓝色），所以为了避免歧义，黑色用 K 代表。在印刷过程中，使用这 4 种颜色的印刷板来产生各种不同的颜色效果。

3.HSB 模式

HSB 模式是基于人类对颜色的感觉而开发的模式，也是最接近人眼观察颜色的一种模式。H 代表色相，S 代表饱和度，B 代表亮度。

4.YUV（Lab）模式

YUV 模式在于它的亮度信号 Y 和色度信号 UV 是分离的，彩色电视采用 YUV 空间正是为了用亮度信号 Y 解决彩色电视机和黑白电视机的兼容问题。如果只有 Y 分量而没有 UV 分量，这样表示的图像为黑白灰度图。

Lab 模型与设备无关，有 3 个色彩通道，一个用于亮度，另外两个用于色彩范围，简单地用字幕 ab 表示。Lab 模型和 RGB 模型一样，这些色彩混在一起产生更鲜亮的色彩。

5. 灰度模式

灰度模式的图像中只存在灰度，而没有色度、饱和度等彩色信息。灰度模式共有 266 个灰度级。

灰度模式的应用十分广泛。在成本相对低廉的黑白印刷中，许多图像都采用了灰度模式。

通常可以把图像从任何一种颜色模式转换为灰度模式，也可以把灰度模式转换为任何一种颜色模式。当然，如果把一种彩色模式的图像经过灰度模式，然后转换成原来的彩色模式时，图像质量会受到很大的损害。

7.1.2 位深度

“位”（bit）是计算机存储器里的最小单元，它用来记录每一个像素颜色的值。图像的色彩越丰富，“位”就越多。每一个像素在计算机中所使用的这种位数就是“位深度”。

After Effects 中常见的设定有 8bit、16bit、32bit 三种，是指记录每个通道颜色信息所占据的存储空间。8bit 的位深度是 24bit，可以存储 16777216 种颜色，是最常见的素材标准。

对于低位深度的图像来说，提高它的位深度的意义之一在于方便调色，颜色调节的范围被大大扩展，可以缩小因反复调色带来的画质损失。

7.2 常用调色效果

After Effects CC 的色彩校正共包括 34 个特效，集中了 After Effects 中最强大的图像效果修正特效，大大提高了工作效率。本节将为读者详细讲解较为常见的几种效果。

7.2.1 亮度和对比度

“亮度和对比度”效果主要用于调整画面的亮度和对比度，可以同时调整所有像素的亮部、暗部和中间色。

选择图层，执行“效果”|“颜色校正”|“亮度和对比度”命令，打开“效果控件”面板，在该面板中用户可以设置“亮度”和“对比度”效果的参数，如图 7-2 所示。

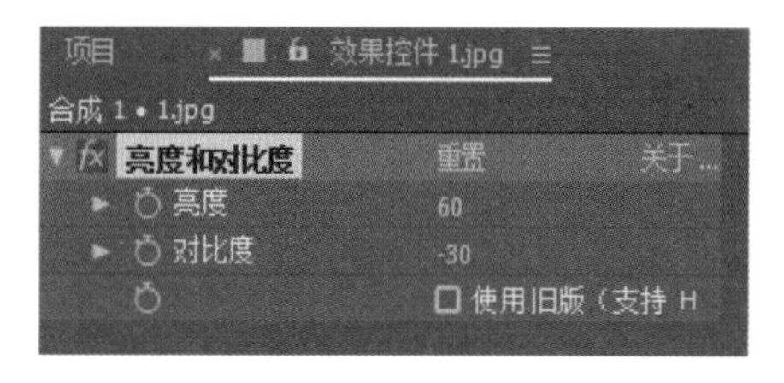

图 7-2

添加效果并设置参数，效果对比如图 7-3 和图 7-4 所示。

图 7-3

图 7-4

ACAA课堂笔记

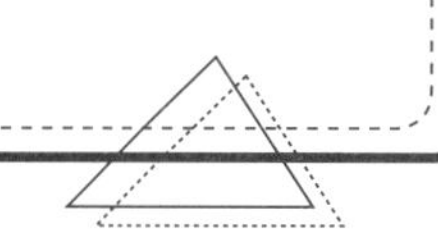

7.2.2 色相 / 饱和度

“色相 / 饱和度”效果可以通过调整某个通道颜色的色相、饱和度及亮度，对图像的某个色域局部进行调节。

选择图层，依次执行“效果”|“颜色校正”|“色相 / 饱和度”命令，在“效果控件”面板中设置“色相 / 饱和度”效果的参数，如图 7-5 所示。

添加效果并设置参数，效果对比如图 7-6 和图 7-7 所示。

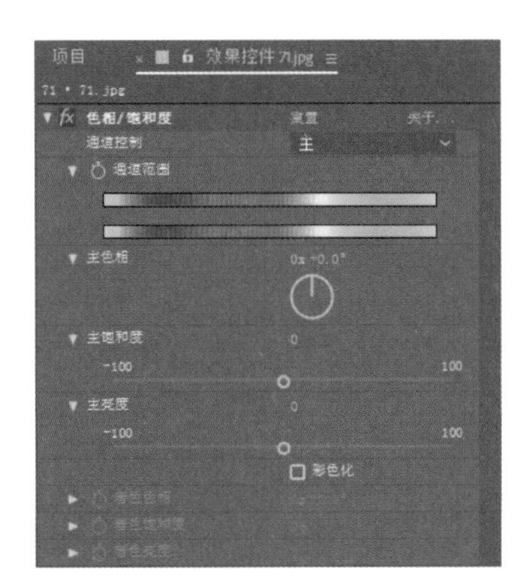

图 7-5

图 7-6

图 7-7

7.2.3 色阶

“色阶”效果主要是通过重新分布输入颜色的级别来获取一个新的颜色输出范围，以达到修改图像亮度和对比度的目的。使用色阶可以扩大图像的动态范围、查看和修正曝光，以及提高对比度等作用。

选择图层，依次执行“效果”|“颜色校正”|“色阶”命令，在“效果控件”面板中设置“色阶”效果的参数，如图 7-8 所示。

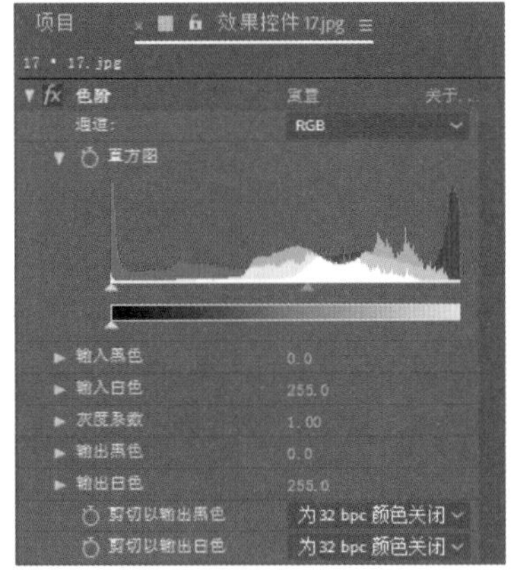

图 7-8

添加效果并设置参数，效果对比如图 7-9 和图 7-10 所示。

图 7-9

图 7-10

7.2.4　曲线

“曲线”效果可以对画面整体或单独颜色通道的色调范围进行精确控制。

选择图层，依次执行“效果”|“颜色校正”|“曲线”命令，在“效果控件”面板中设置“曲线”效果的参数，如图7-11所示。

添加效果并设置参数，效果对比如图7-12和图7-13所示。

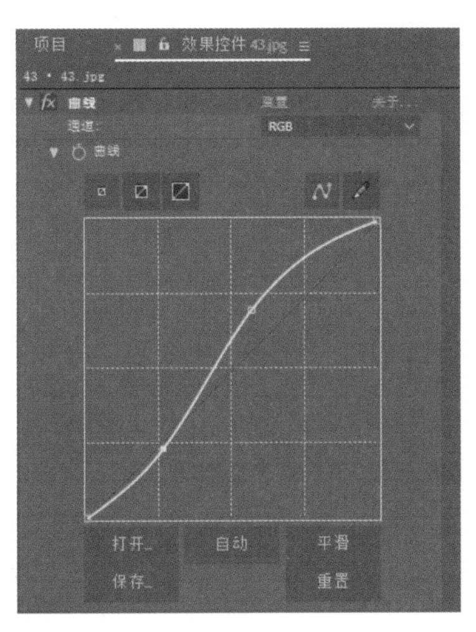

图 7-11

图 7-12

图 7-13

7.2.5　色调

“色调”效果是用于调整图像中包含的颜色信息，在最亮和最暗间确定融合度。

选择图层，依次执行“效果”|“颜色校正”|“色调”命令，在“效果控件”面板中设置“色调”效果的参数，如图 7-14 所示。

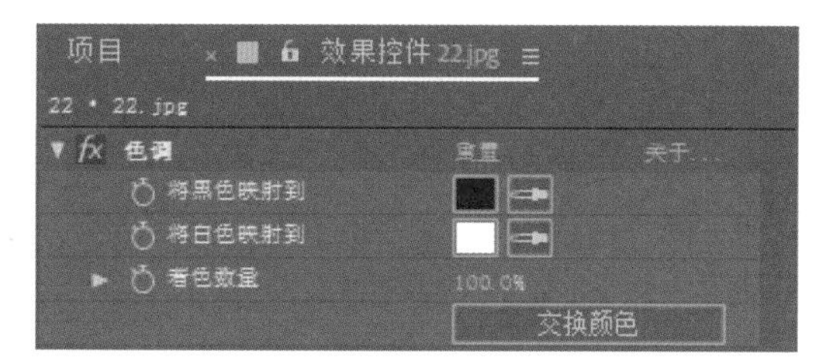

图 7-14

添加效果并设置参数，效果对比如图 7-15 和图 7-16 所示。

图 7-15

图 7-16

7.2.6 三色调

“三色调”效果可以将画面中的阴影、中间调和高光进行颜色映射，从而更换画面色调。

选择图层，依次执行“效果”|“颜色校正”|“三色调”命令，在“效果控件”面板中设置“三色调”效果的参数，如图 7-17 所示。

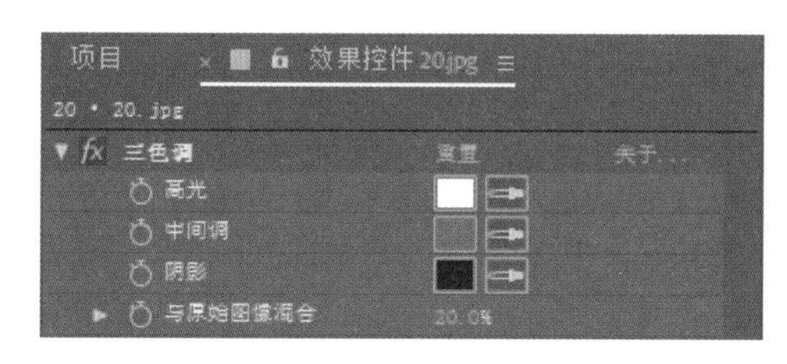

图 7-17

添加效果并设置参数，效果对比如图 7-18 和图 7-19 所示。

图 7-18

图 7-19

7.2.7 照片滤镜

“照片滤镜”效果就像为素材添加一个滤色镜，以便和其他颜色统一。

选择图层，依次执行“效果”|“颜色校正”|“照片滤镜”命令，在“效果控件”面板中设置“照片滤镜”效果的参数，如图 7-20 所示。

添加效果并设置参数，效果对比如图 7-21 和图 7-22 所示。

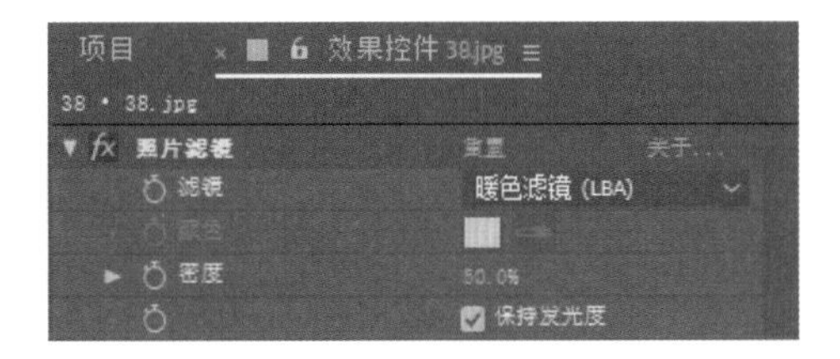

图 7-20

图 7-21

图 7-22

7.2.8 颜色平衡

“颜色平衡”效果可以对图像的暗部、中间调和高光部分的红、绿、蓝通道分别调整。

选择图层，依次执行“效果”|“颜色校正”|“颜色平衡”命令，在“效果控件”面板中设置“颜色平衡”效果的参数，如图 7-23 所示。

添加效果并设置参数，效果对比如图 7-24 和图 7-25 所示。

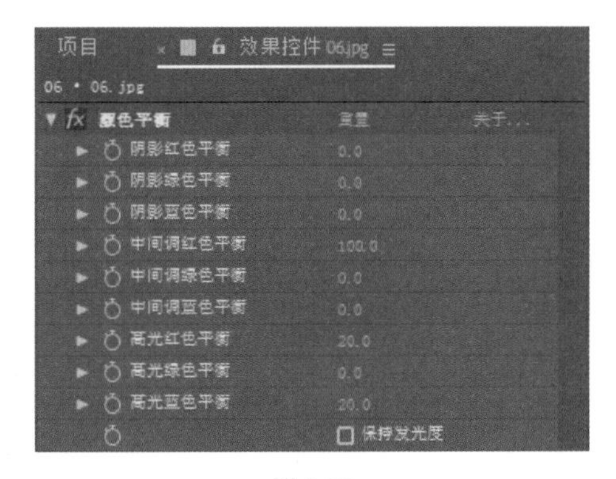

图 7-23

图 7-24

图 7-25

7.2.9　颜色平衡 (HLS)

“颜色平衡 (HLS)”效果是通过调整色相、饱和度和亮度参数来控制图像的色彩平衡。

选择图层，依次执行“效果”|“颜色校正”|“颜色平衡（HLS）”命令，在“效果控件”面板中设置“颜色平衡（HLS）”效果的参数，如图 7-26 所示。

添加效果并设置参数，效果对比如图 7-27 和图 7-28 所示。

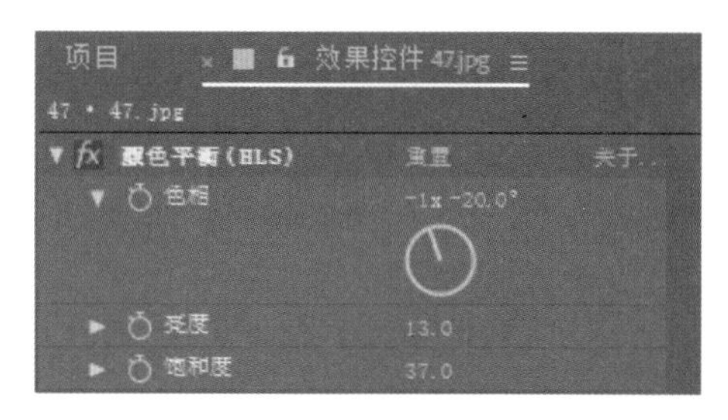

图 7-26

图 7-27

图 7-28

7.2.10　曝光度

“曝光度”效果主要是用来调节画面的曝光程度，可以对 RGB 通道分别曝光。

选择图层，依次执行“效果”|“颜色校正”|“曝光度”命令，在“效果控件”面板中设置“曝光度”效果的参数，如图 7-29 所示。

添加效果并设置参数，效果对比如图 7-30 和图 7-31 所示。

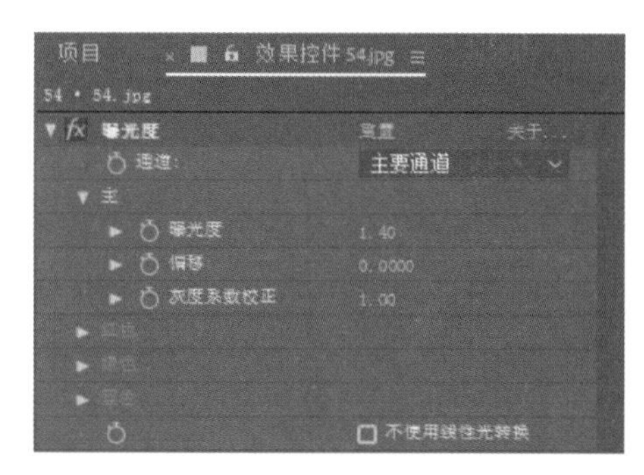

图 7-29

图 7-30

图 7-31

7.2.11　通道混合器

“通道混合器”可以使当前层的亮度为蒙版，从而调整另一个通道的亮度，并作用于当前层的各个色彩通道。应用“通道混合器”可以产生其他颜色调整工具不易产生的效果，或者通过设置每个通道提供的百分比产生高质量的灰阶图，或者产生高质量的棕色调和其他色调图像，或者交换和复制通道。

选择图层，依次执行“效果”|“颜色校正”|“通道混合器”命令，在“效果控件”面板中设置“通道混合器”效果的参数，如图 7-32 所示。

添加效果并设置参数，效果对比如图 7-33 和图 7-34 所示。

通道混合器	重置
红色 - 红色	100
红色 - 绿色	0
红色 - 蓝色	40
红色 - 恒量	0
绿色 - 红色	10
绿色 - 绿色	100
绿色 - 蓝色	10
绿色 - 恒量	0
蓝色 - 红色	0
蓝色 - 绿色	0
蓝色 - 蓝色	100
蓝色 - 恒量	0
单色	☐

图 7-32

图 7-33

图 7-34

7.2.12　阴影 / 高光

“阴影 / 高光”效果可以单独处理图像的阴影和高光区域，是一种高级调色特效。

选择图层，依次执行“效果”|“颜色校正”|“阴影 / 高光”命令，在“效果控件”面板中设置“阴影 / 高光”效果的参数，如图 7-35 所示。

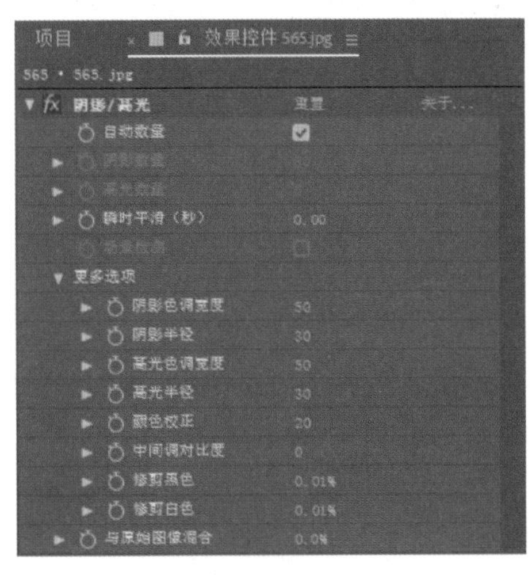

图 7-35

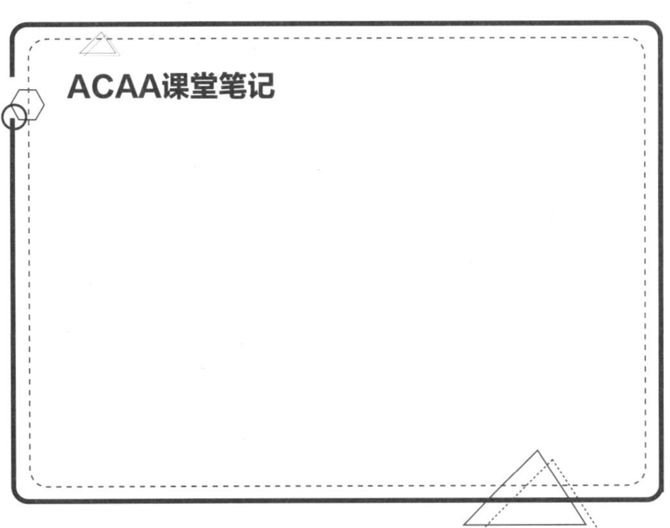

添加效果并设置参数，效果对比如图 7-36 和图 7-37 所示。

图 7-36

图 7-37

7.2.13 广播颜色

“广播颜色”效果用来校正广播级视频的颜色和亮度。

选择图层，依次执行“效果”|“颜色校正”|“广播颜色”命令，在“效果控件”面板中设置“广播颜色”效果的参数，如图 7-38 所示。

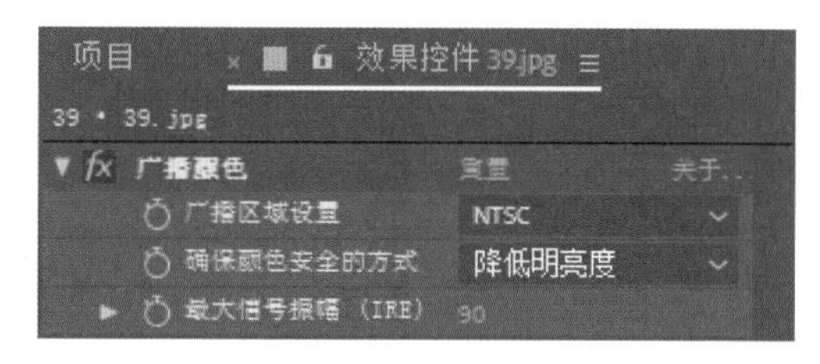

图 7-38

添加效果并设置参数，效果对比如图 7-39 和图 7-40 所示。

图 7-39

图 7-40

实例：制作复古的电影效果

利用本章所学的调色知识，为照片制作出复古的电影效果。具体操作步骤如下。

Step01 将素材图片拖曳至“项目”面板，单击鼠标右键，在弹出的快捷菜单中选择“基于所选项新建合成”命令创建合成，如图 7-41 和图 7-42 所示。

Step02 在“时间轴”面板右键单击素材，在弹出的快捷菜单中选择“图层样式”|“渐变叠加”命令，为素材添加属性，打开“渐变叠加”属性，在“颜色”属性栏单击“编辑渐变”，打开“渐变编辑器”对话框，单击“色标”按钮，设置蓝色、橙色、黄色三种渐变颜色，如图 7-43 ～图 7-45 所示。

Step03 设置完毕后单击“确定”按钮关闭对话框，“合成”面板的效果如图 7-46 所示。

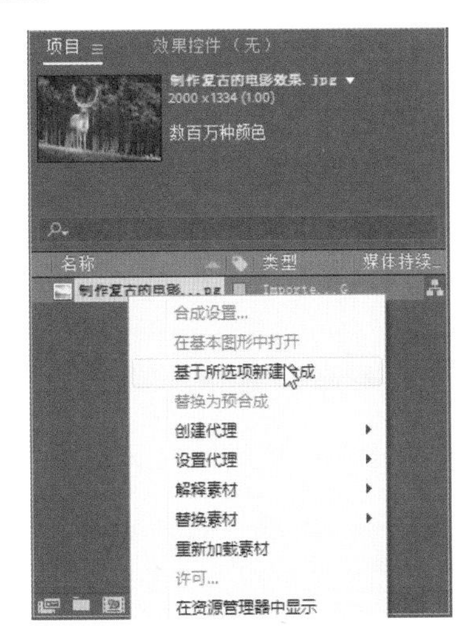

图 7-41

图 7-42

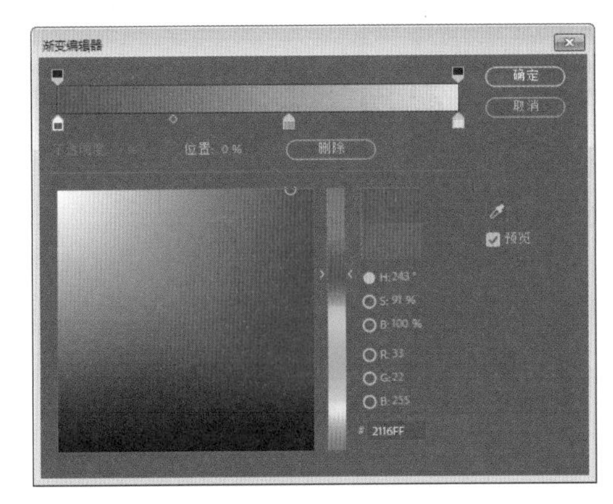

图 7-43

图 7-44

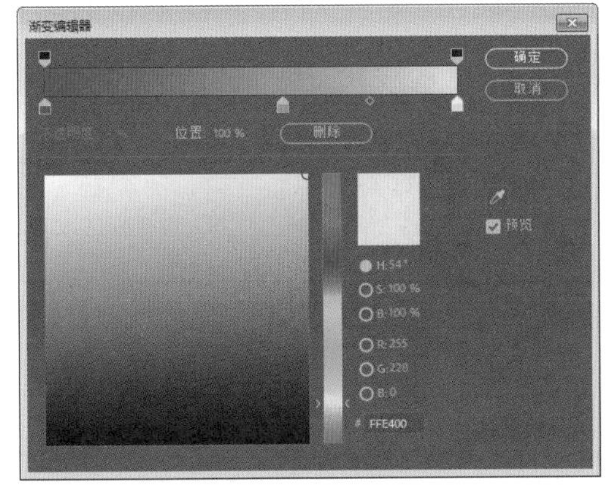

图 7-45

图 7-46

Step04 在“时间轴”面板设置“混合模式”为“叠加”，“不透明度”为 80%，如图 7-47 所示。

Step05 设置后的效果如图 7-48 所示。

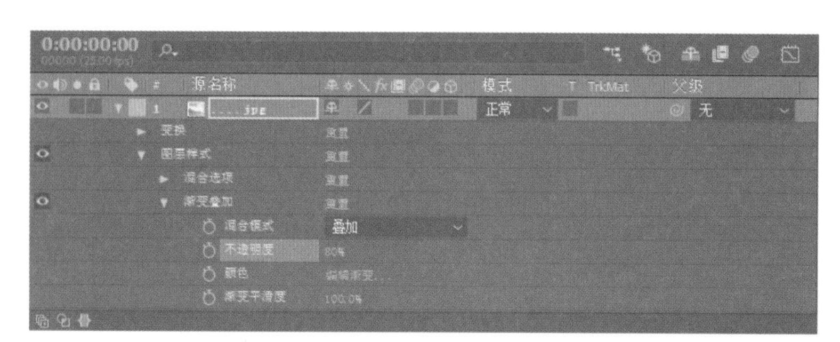

图 7-47

图 7-48

Step06 在“效果和预设”面板添加“曲线”效果，在“效果控件”面板调整“主通道”“红色通道”“蓝色通道”的曲线形状，如图 7-49 所示。

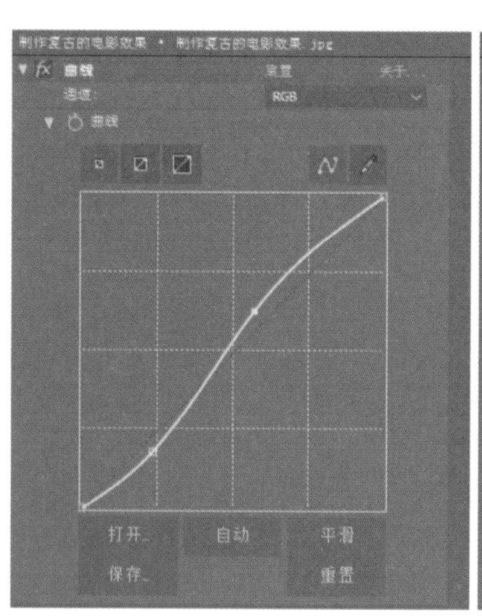

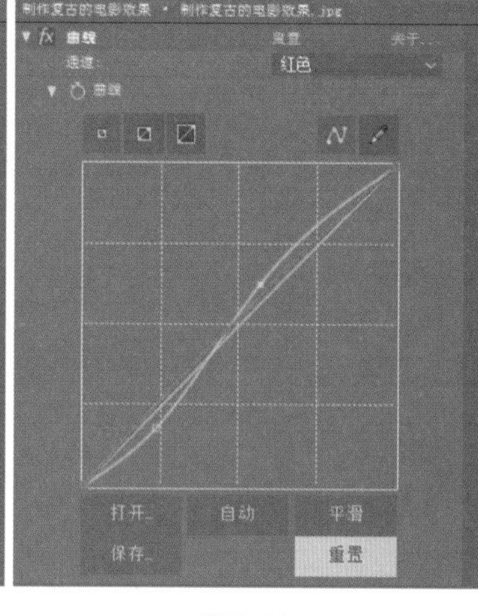

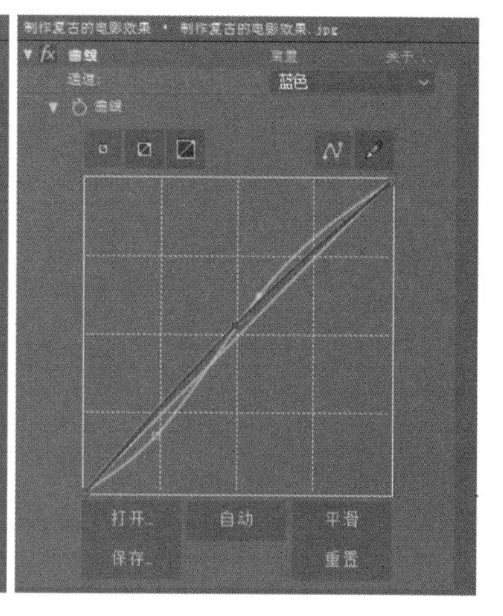

图 7-49

Step07 调整后的效果如图 7-50 所示。

Step08 继续为素材添加“色相 / 饱和度”效果，调整饱和度参数，如图 7-51 所示。

ACAA课堂笔记

图 7-50

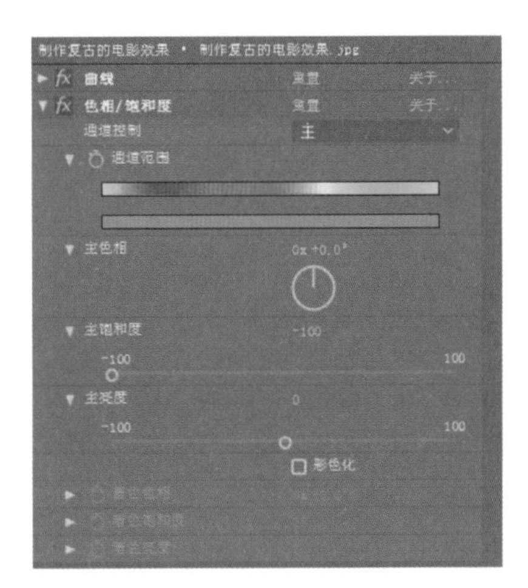

图 7-51

Step09 调整后的效果如图 7-52 所示。至此完成本例效果的制作。

图 7-52

7.3 其他常用效果

除了上述效果外，还有其他的一些调色效果。

7.3.1 保留颜色

“保留颜色”效果可以去除素材图像中指定颜色外的其他颜色。

选择图层，依次执行“效果”|“颜色校正”|“保留颜色”命令。在“效果控件”面板中设置“保留颜色”效果的参数，如图 7-53 所示。

添加效果并设置参数，效果对比如图 7-54 和图 7-55 所示。

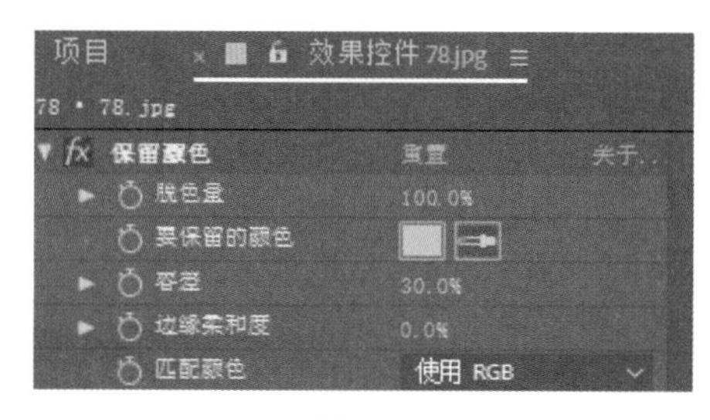

图 7-53

图 7-54

图 7-55

7.3.2 灰度系数 / 基值 / 增益

“灰度系数 / 基值 / 增益”效果可以调整每个 RGB 独立通道的还原曲线值。

选择图层，依次执行“效果”|“颜色校正”|“灰度系数 / 基值 / 增益”命令，在“效果控件”面板中设置“灰度系数 / 基值 / 增益”效果的参数，如图 7-56 所示。

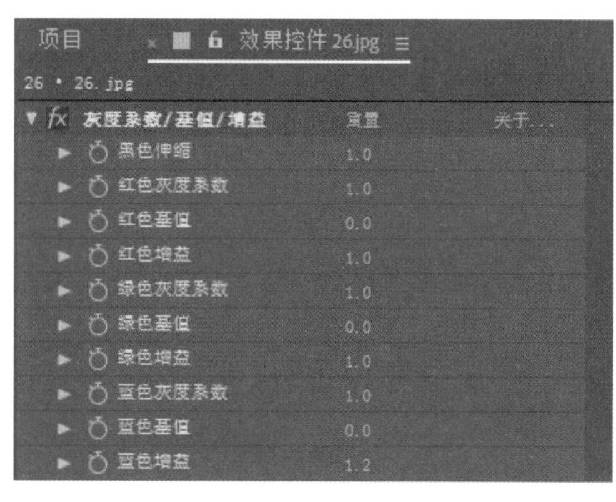

图 7-56

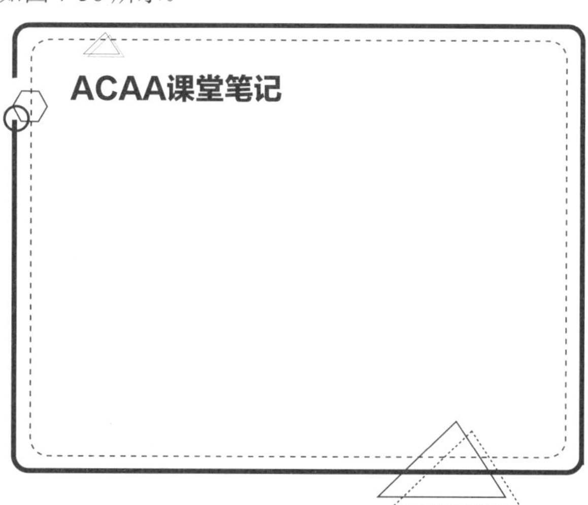

添加效果并设置参数，效果对比如图 7-57 和图 7-58 所示。

图 7-57

图 7-58

7.3.3 色调均化

“色调均化”效果可以使图像变化平均化，自动以白色取代图像中最亮的像素，以黑色取代图像中最暗的像素。

选择图层，依次执行“效果”|“颜色校正”|“色调均化”命令，在“效果控件”面板中设置“色调均化”效果的参数，如图 7-59 所示。

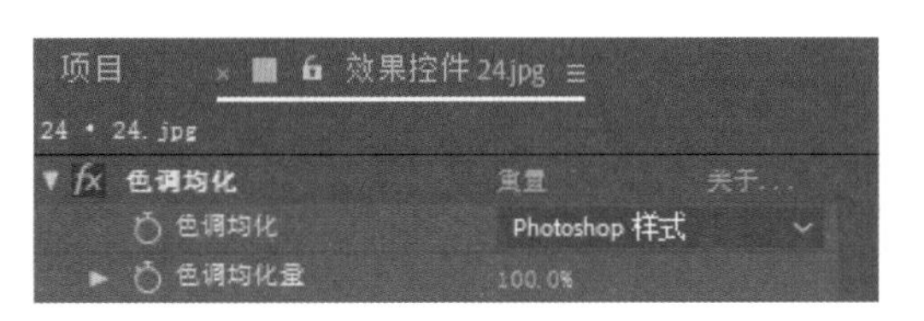

图 7-59

添加效果并设置参数，效果对比如图 7-60 和图 7-61 所示。

图 7-60

图 7-61

7.3.4 颜色链接

“颜色链接”效果可以根据周围的环境改变素材的颜色，对两个层的素材进行统一。

选择图层，依次执行“效果”|“颜色校正”|“颜色链接”命令。在“效果控件”面板中设置“颜色链接”效果的参数，如图 7-62 所示。

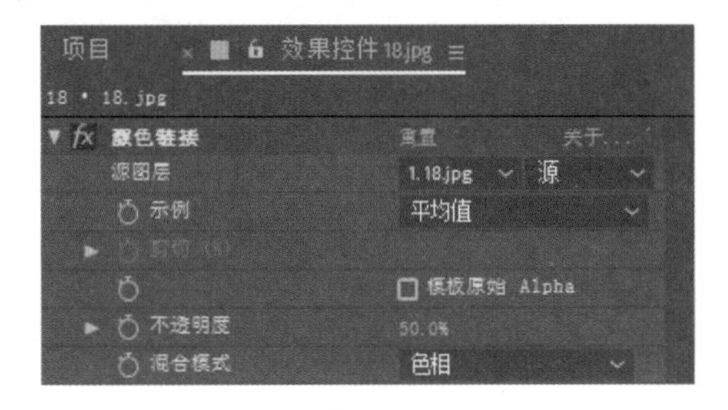

图 7-62

添加效果并设置参数，效果对比如图 7-63 和图 7-64 所示。

图 7-63

图 7-64

7.3.5 更改颜色 / 更改颜色为

“更改颜色”效果可以替换图像中的某种颜色，并调整更改颜色的饱和度和亮度；“更改颜色为”效果可以用指定的颜色来替换图像中的某种颜色的色调、明度和饱和度。

选择图层，依次执行“效果”|“颜色校正”|“更改颜色”命令，在“效果控件”面板中设置“更改颜色”效果的参数，如图 7-65 所示。

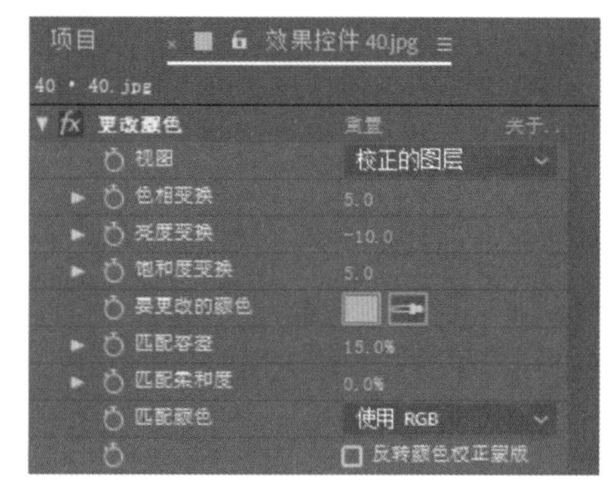

图 7-65

添加效果并设置参数，效果对比如图 7-66 和图 7-67 所示。

图 7-66

图 7-67

课堂实战：制作朦胧的浪漫效果

在影视节目制作过程中，经常会利用 After Effects CC 进行色彩的校正与调色，以满足不同的视觉效果。本例通过制作朦胧的浪漫效果，让读者更好地了解色彩校正效果的应用。

Step01 将素材图片拖曳至“项目”面板，单击鼠标右键，在弹出的快捷菜单中选择“基于所选项新建合成”命令创建合成，如图 7-68 和图 7-69 所示。

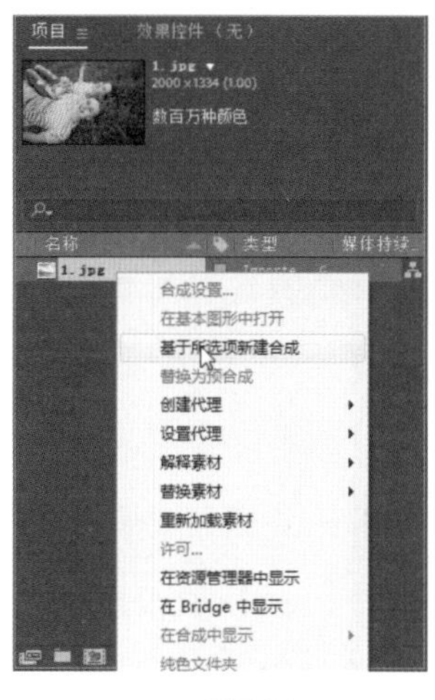

图 7-68

图 7-69

Step02 在“时间轴”面板选择素材，按 Ctrl+C 组合键复制图层，再按 Ctrl+V 组合键粘贴图层，如图 7-70 所示。

Step03 选择素材，在“效果和预设”面板中选择“高斯模糊”效果，设置“模糊度”为 40，如图 7-71 所示。

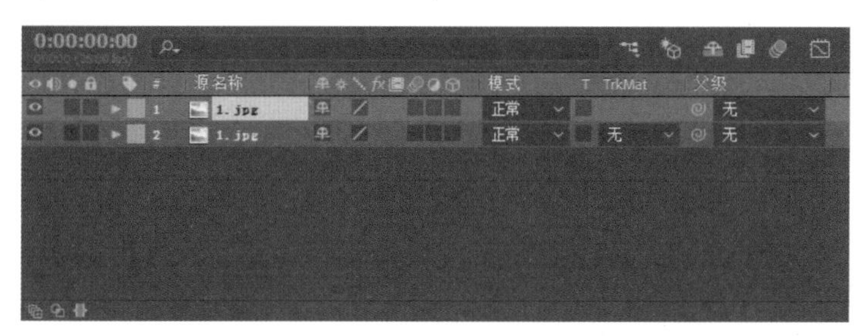

图 7-70

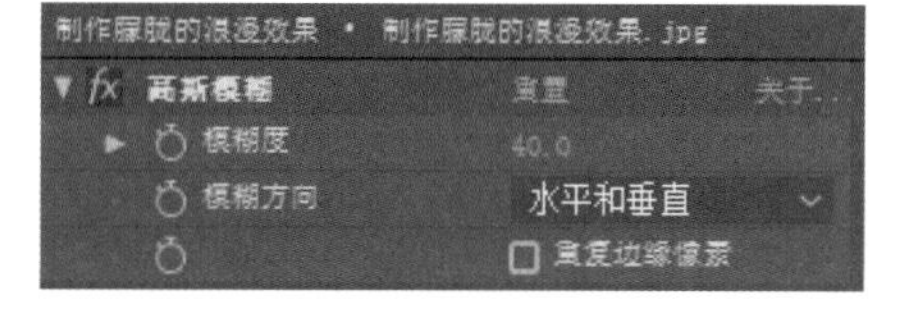

图 7-71

Step04 双击素材进入图层编辑面板，“合成”面板中图片效果如图 7-72 所示。

Step05 单击“橡皮擦工具”，在“绘画”面板设置“不透明度”为 40%，再选择笔尖，如图 7-73 所示。

图 7-72

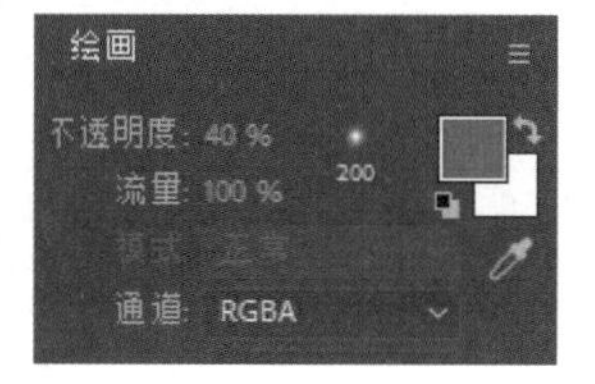

图 7-73

Step06 在图层编辑面板中涂抹，如图 7-74 所示。

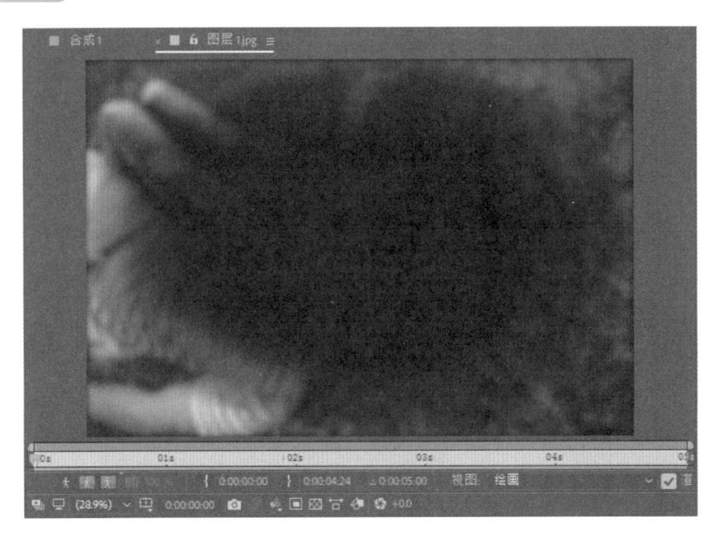

图 7-74

Step07 单击“合成”面板，即可看到涂抹后的合成效果，如图 7-75 所示。

图 7-75

Step08 在“时间轴”面板单击鼠标右键，在弹出的快捷菜单中选择“新建”|“调整图层”命令，创建调整图层，如图 7-76 所示。

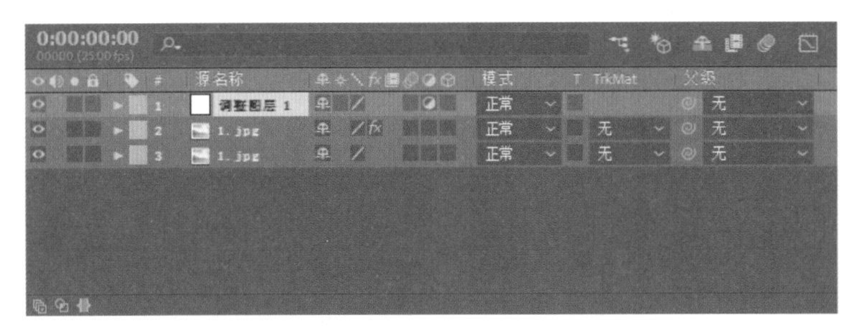

图 7-76

ACAA课堂笔记

Step09 选择调整图层，在“效果和预设”面板中添加“曲线”效果，分别设置 RGB 通道、红色通道、蓝色通道并调整曲线，如图 7-77 ～图 7-79 所示。

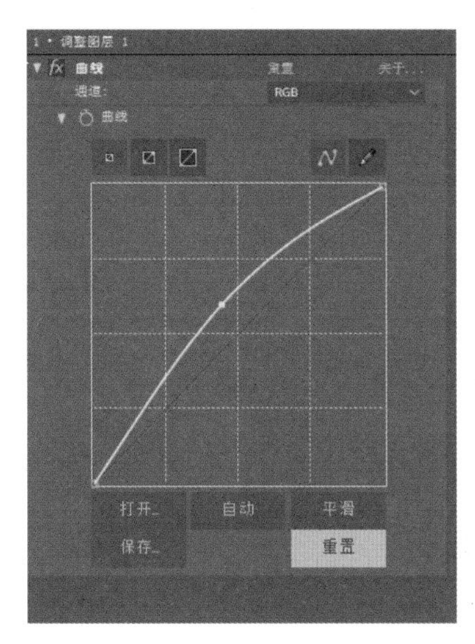

图 7-77

图 7-78

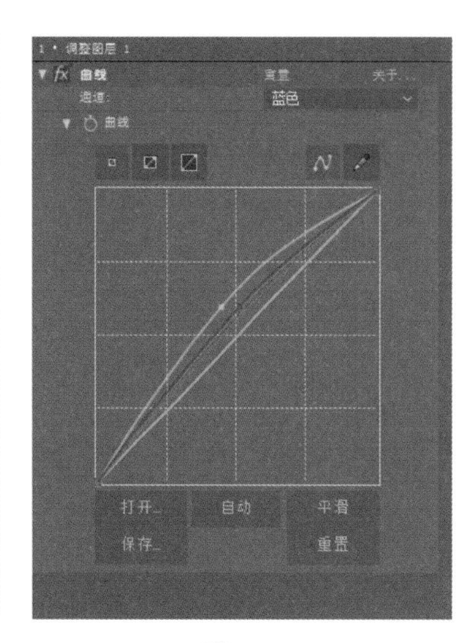

图 7-79

Step10 设置后的合成效果如图 7-80 所示。

图 7-80

Step11 继续在“效果和预设”面板中添加“镜头光晕”效果，设置镜头类型，如图 7-81 所示。

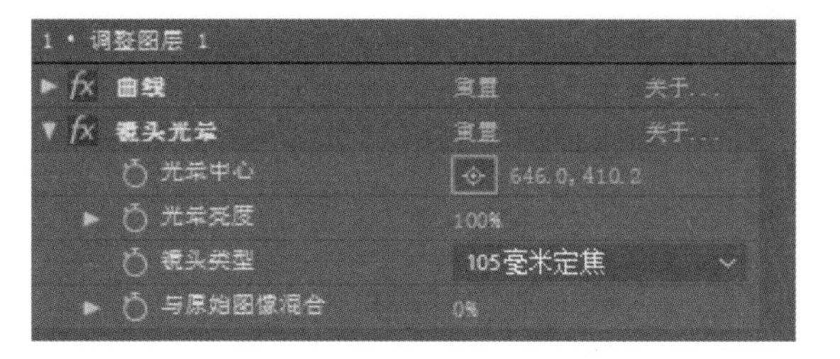

图 7-81

Step12 调整光晕中心的位置，完成本例的制作，最终效果如图 7-82 所示。

图 7-82

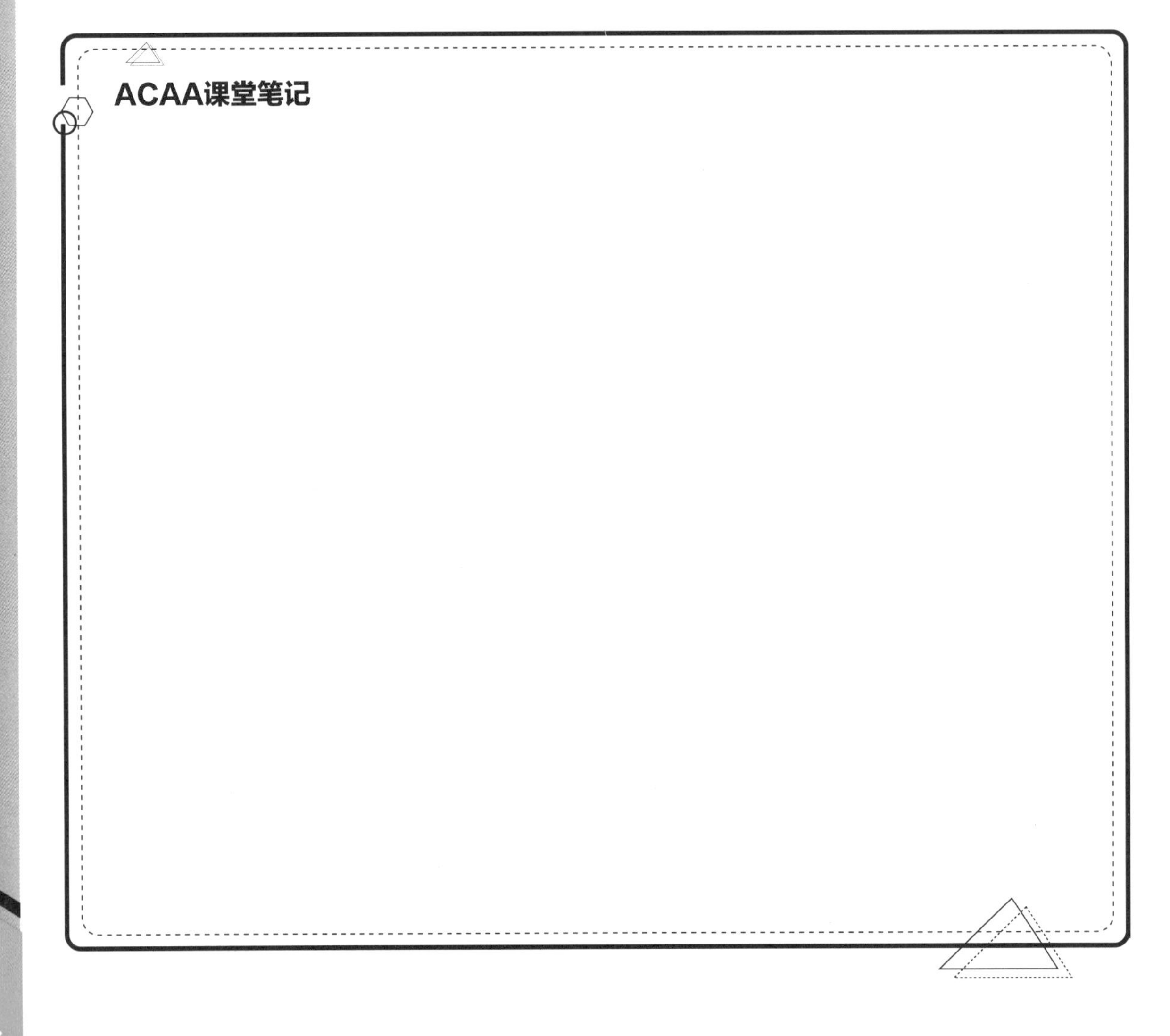

ACAA课堂笔记

课后作业

一、选择题

1. 以下（　　）特效不是自动处理图像。

   A. 自动颜色　　B. 自动对比度

   C. 自动色阶　　D. 自然饱和度

2. 以下（　　）不属于色彩校正特效。

   A. 色相 / 饱和度　　B. 色相对比度

   C. 杂色　　D. 色调均化

3. 以下（　　）效果不能调整图像亮度。

   A. 亮度 / 对比度　　B. 色相 / 饱和度

   C. 匹配颜色　　D. 曲线

4. 在 After Effects 中，（　　）特效将图像调整成黑白色调。

   A. 色相 / 饱和度　　B. 色调均化

   C. 更改颜色　　D. 黑色和白色

二、填空题

1. ________ 特效可以自动分析图像上的高光、中间颜色和阴影颜色，并调整原图像的对比度和色彩。

2. “三色调”效果可以对画面中的 ________、________ 和 ________ 进行颜色映射，从而更换画面色调。

3. ________ 特效可以以灰阶图像或者色彩通道图像的形式使辅助通道变为可见。

三、操作题

利用“颜色校正”效果组的特效，制作饱和度较低、整体较为暗沉的老旧照片效果，如图 7-83 和图 7-84 所示。

图 7-83　　图 7-84

操作提示：

Step01 选择合适的素材图像。

Step02 为图像添加“色阶”效果，调整明暗对比。

Step03 添加“保留颜色”效果，制作脱色效果。

Step04 添加“三色调”效果，为图像添加带点褐色的色调。

第8章 滤镜效果的应用

内容导读

在影视作品中，一般都离不开特效的使用。通过添加滤镜特效，可以为视频文件添加特殊的处理，使其产生丰富的视频效果。After Effects 内置了大量的效果滤镜，这些滤镜种类繁多、效果强大，是衡量 After Effects 在行业中地位的重要因素。常用的内置滤镜特效包括“生成”滤镜组、“风格化”滤镜组、“模糊与锐化”滤镜组、“透视”滤镜组和过渡滤镜组。本章将详细介绍常用内置滤镜特效的应用和特点。

学习目标

- 熟悉“风格化”滤镜组的应用
- 熟悉“模糊和锐化”滤镜组的应用
- 熟悉“透视”滤镜组的应用
- 掌握“生成”滤镜组的应用
- 掌握“模拟”滤镜组的应用
- 掌握“过渡”滤镜组的应用

8.1 “风格化”滤镜组

“风格化”滤镜组主要包括“阈值”“画笔描边”“卡通”“散布”、CC Block Load、CC Burn Film、CC Glass、CC HexTile、CC Kaleida、CC Mr.Smoothie、CC Plastic、CC RepeTile、CC Threshold、CC Threshold RGB、CC Vignette、“彩色浮雕”“马赛克”“浮雕”“色调分离”“动态拼贴”“发光”“查找边缘”“毛边”“纹理化”及“闪光灯”共25个滤镜特效，如图8-1所示。

图 8-1

- ◎ 阈值：将灰度或彩色图像转换为高对比度的黑白图像。
- ◎ 画笔描边：对图像应用粗糙的绘画外观效果。
- ◎ 卡通：产生与草图或卡通相似的图像效果。半径越大，细节越少。
- ◎ 散布：图像像素随机错位，有点类似毛玻璃效果。
- ◎ CC Block Load（CC 方块装载）：块状化图像效果。
- ◎ CC Burn Film（CC 胶片灼烧）：模拟胶片被灼烧的效果。
- ◎ CC Glass（CC 玻璃）：使图像产生玻璃、金属等质感效果，常用于使画面变形。
- ◎ CC HexTile（CC 六边形拼贴）：模拟六边形拼贴效果。
- ◎ CC Kaleida（CC 万花筒）：模拟万花筒效果。
- ◎ CC Mr.Smoothie（CC 像素溶解）：产生像素溶解运动、流动的效果。
- ◎ CC Plastic（CC 塑料）：产生塑料质感的效果。
- ◎ CC RepeTile（CC 重复平铺）：产生对图像上下左右重复扩展的效果。
- ◎ CC Threshold（CC 阈值）：与内置的阈值效果一致，只是多了一些调整参数。
- ◎ CC Threshold RGB（CC 阈值 RGB）：分离红、绿、蓝三个通道的阈值。
- ◎ CC Vignette（CC 暗角）: 产生暗角效果。
- ◎ 彩色浮雕：其效果与浮雕效果一样，但不会抑制图像的原始颜色。
- ◎ 马赛克 : 使用纯色矩形填充图层，以使原始图像像素化。
- ◎ 浮雕 : 可锐化图像的对象边缘，并可抑制颜色。
- ◎ 色调分离 : 使颜色的色调分离。颜色数量会减少，并且渐变颜色过渡会替换为突变颜色过渡。
- ◎ 动态拼贴 : 可跨输出图像复制源图像。如果已启用运动模糊，则在更改拼贴位置时，此效果会使用运动模糊来使移动更明显。
- ◎ 发光 : 找到图像的较亮部分，然后使那些像素和周围的像素变亮，以创建漫射的发光光环。常作为调整图层的效果使用。
- ◎ 查找边缘 : 边缘可在白色背景上显示为深色线条，也可以在黑色背景上显示为彩色线条。
- ◎ 毛边 : 可以为图像添加各种边缘效果。通过分形影响改变边缘样式，使 Alpha 通道变粗糙，并可增加颜色以模拟铁锈和其他类型的腐蚀效果。
- ◎ 纹理化 : 为画面添加或强化纹理，让图层看起来具有其他图层的纹理。
- ◎ 闪光灯 : 使画面产生灯光闪烁的效果。

8.1.1 CC Glass（玻璃）

CC Glass 滤镜特效可以通过对图像属性分析，添加高光、阴影以及一些微小的变形来模拟玻璃效果。

选择图层，执行“效果”|“风格化”|CC Glass 命令，打开“效果控件”面板，在该面板中用户可以设置相关参数，如图 8-2 所示。

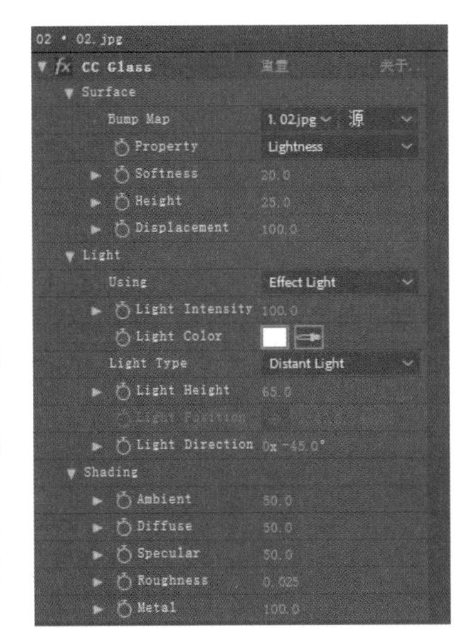

图 8-2

◎ Bump Map（凹凸映射）：设置在图像中出现的凹凸效果的映射图层，默认图层为 1 图层。

◎ Property（特性）：定义使用映射图层进行凹凸效果的方法。在右侧的下拉列表中提供了 6 个选项。

◎ Height（高度）：定义凹凸效果中的高度。默认数值范围 -50~50，可用数值范围 -100~100。

◎ Displacement（置换）：设置原图像与凹凸效果的融合比例。默认数值范围 -100~100，可用数值范围 -500~500。

添加效果并设置参数，效果对比如图 8-3 和图 8-4 所示。

图 8-3

图 8-4

8.1.2 CC Kaleida（万花筒）

CC Kaleida 滤镜特效主要功能是将图像转化为透过万花筒看到的效果。

选择图层，执行“效果”|“风格化”|CC Kaleida 命令，打开“效果控件”面板，在该面板中用户可以设置相关参数，如图 8-5 所示。

◎ Center（中心）：设置效果中心在 X 轴与 Y 轴的位置。

◎ Size（大小）：设置每个效果组件的尺寸。

◎ Mirroring（镜像）：定义镜像的方式，在其后的下拉列表中提供了 9 个选项。

◎ Rotation（旋转）：设置效果旋转的角度。

添加效果并设置参数，效果对比如图 8-6 和图 8-7 所示。

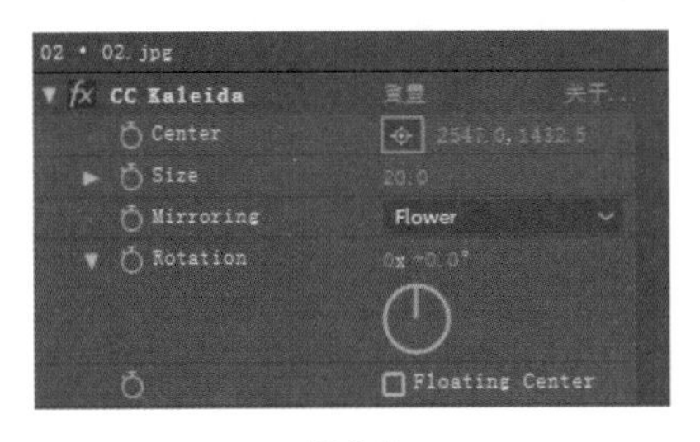

图 8-5

图 8-6

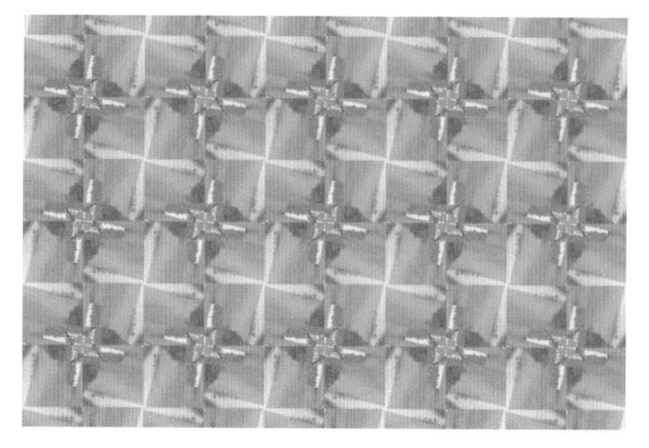

图 8-7

8.1.3 马赛克

“马赛克”滤镜特效可以将画面分成若干个网格，每一格都用本格内所有颜色的平均色进行填充，使画面产生分块式的马赛克效果。

选择图层，执行“效果”|“风格化”|“马赛克”命令，打开“效果控件”面板，在该面板中用户可以设置相关参数，如图 8-8 所示。

◎ 水平块：设置水平方向块的数量。

◎ 垂直块：设置垂直方向块的数量。

添加效果并设置参数，效果对比如图 8-9 和图 8-10 所示。

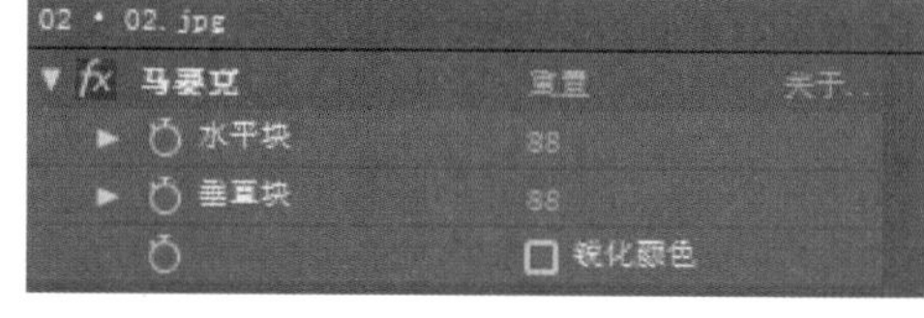

图 8-8

图 8-9

图 8-10

ACAA课堂笔记

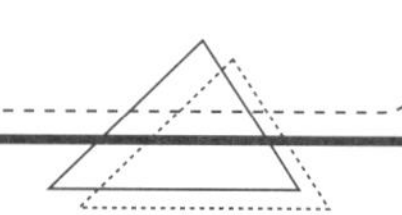

8.1.4 发光

“发光”滤镜特效经常用于图像中的文字、logo 或带有 Alpha 通道的图像，产生发光的效果。

选择图层，执行“效果”|“风格化”|“发光”命令，打开“效果控件”面板，在该面板中用户可以设置相关参数，如图 8-11 所示。

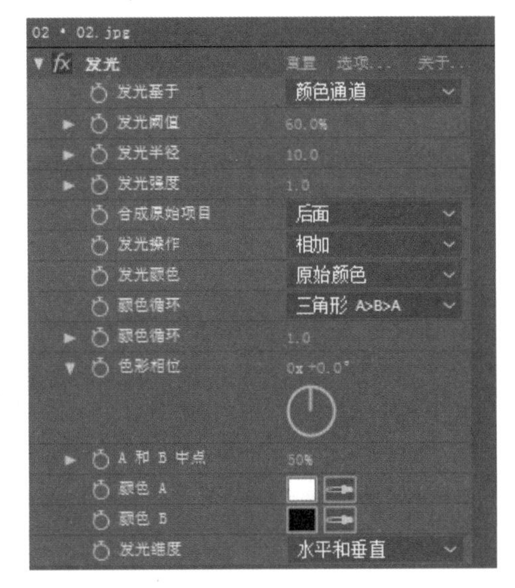

图 8-11

- ◎ 发光基于：设置光晕基于的通道，包括 Alpha 通道和颜色通道。
- ◎ 发光阈值：设置光晕的容差值。
- ◎ 发光半径：设置光晕的半径大小。
- ◎ 发光强度：设置光晕发光的强度值。
- ◎ 合成原始项目：设置源图层和光晕合成的位置顺序。
- ◎ 发光操作：设置发光的模式。
- ◎ 发光颜色：设置光晕颜色的控制方式，包括原始颜色、A 和 B 的颜色、任意贴图 3 种。
- ◎ 颜色循环：设置光晕颜色循环的控制方式。
- ◎ 颜色循环：设置光晕的颜色循环。
- ◎ 色彩相位：设置光晕的颜色相位。
- ◎ A 和 B 中点：设置颜色 A 和 B 的中点百分比。
- ◎ 颜色 A：设置颜色 A 的颜色。
- ◎ 颜色 B：设置颜色 B 的颜色。
- ◎ 发光维度：设置光晕作用方向。

添加效果并设置参数，效果对比如图 8-12 和图 8-13 所示。

图 8-12

图 8-13

8.1.5 毛边

“毛边”滤镜特效可以使图层 Alpha 通道变粗糙，从而形成类似毛边的效果。

选择图层，执行“效果”|“风格化”|“毛边”命令，打开“效果控件”面板，在该面板中用户可以设置相关参数，如图 8-14 所示。

◎ 边缘类型：设置毛边的边缘类型。右侧下拉列表中包括 8 种类型。

◎ 边缘颜色：设置毛边的边缘颜色。

◎ 边界：设置边缘参数。

◎ 边缘锐度：设置边缘锐化程度。

◎ 分形影响：设置不规则影响程度。

◎ 比例：设置缩放比例。

◎ 伸缩宽度或高度：设置控制宽度或高度。

◎ 偏移（湍流）：设置效果偏移程度。

◎ 复杂度：设置复杂程度。

◎ 演化：设置演化程度。

◎ 演化选项：设置演化选项。

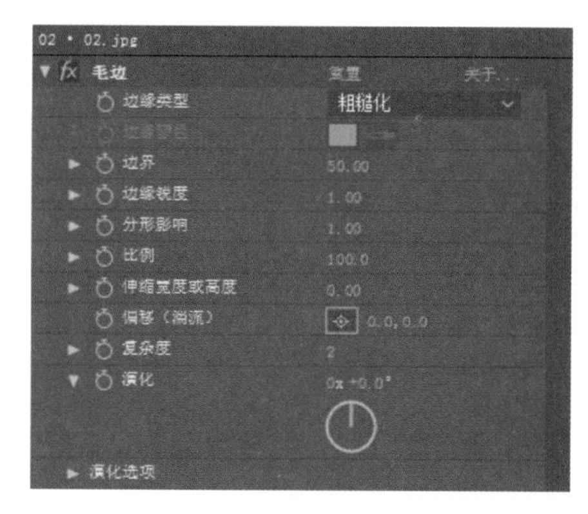

图 8-14

添加效果并设置参数，效果对比如图 8-15 和图 8-16 所示。

图 8-15

图 8-16

8.2 “模糊和锐化”滤镜组

“模糊和锐化”滤镜组包括“复合模糊”“锐化”“通道模糊”、CC Cross Blur、CC Radial Blur、CC Radial Fast Blur、CC Vector Blur、“摄像机镜头模糊”“摄像机抖动去模糊”“智能模糊”“双向模糊”“定向模糊”“径向模糊”“快速方框模糊”“钝化蒙版”以及“高斯模糊”共 16 个滤镜特效，如图 8-17 所示。本节将详细讲解几个常用滤镜的相关参数和应用。

◎ 复合模糊：使用另一个图层（默认是本图层）的明亮度来模糊当前图层中的像素。

◎ 锐化：通过强化像素之间的差异锐化图像。

◎ 通道模糊：可分别对红色、绿色、蓝色和 Alpha 通道应用不同的模糊。

◎ CC Cross Blur（CC 交叉模糊）：水平和垂直方向的复合模糊。

◎ CC Radial Blur（CC 径向模糊）：可做缩放、旋转模糊效果。

◎ CC Radial Fast Blur（CC 径向快速模糊）：可做快速的缩放、旋转模糊效果。

图 8-17

◎ CC Vector Blur（CC 矢量模糊）：可基于不同的通道等属性进行方向模糊，可以让图像变得更为抽象。

◎ 摄像机镜头模糊：使用常用摄像机光圈形状模糊图像，以模拟摄像机镜头的模糊。

◎ 摄像机抖动去模糊：减少因摄像机抖动而导致的动态模糊伪影。

◎ 智能模糊：对保留边缘的图像进行模糊。

◎ 双向模糊：将平滑模糊应用于图像。

◎ 定向模糊：按一定的方向模糊图像。

◎ 径向模糊：可做缩放和旋转模糊效果。

◎ 快速方框模糊：将重复的方框模糊应用于图像。

◎ 钝化蒙版：通过调整边缘细节的对比度增强图层的锐度。

◎ 高斯模糊：将高斯模糊应用于图像。

8.2.1 快速方框模糊

“快速方框模糊”滤镜特效经常用于模糊和柔化图像，去除画面中的杂点，在大面积应用的时候速度更快。

选择图层，执行“效果”|“模糊和锐化”|“快速方框模糊”命令，打开“效果控件”面板，在该面板中用户可以设置相关参数，如图 8-18 所示。

◎ 模糊半径：设置图像的模糊强度。

◎ 模糊方向：设置图像模糊的方向，包括水平和垂直、水平、垂直 3 种。

◎ 迭代：主要用来控制模糊质量。

◎ 重复边缘像素：主要用来设置图像边缘的模糊。

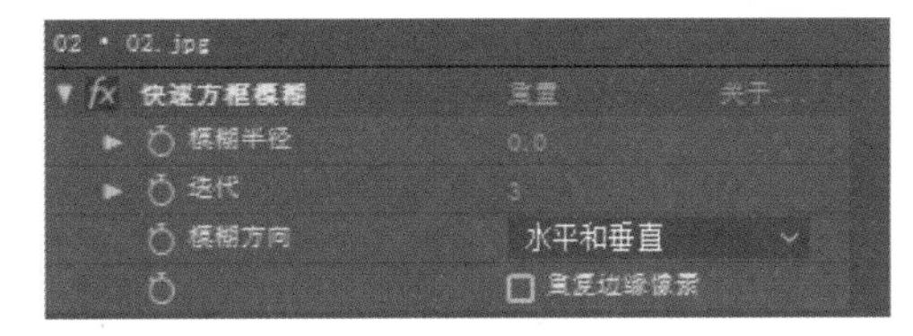

图 8-18

添加效果并设置参数，效果对比如图 8-19 和图 8-20 所示。

图 8-19

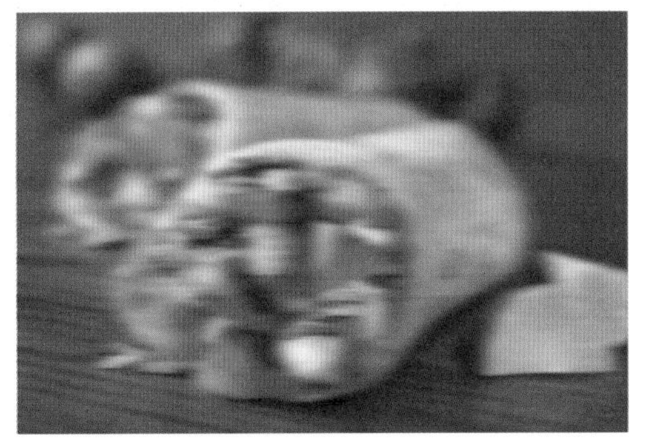

图 8-20

8.2.2 摄像机镜头模糊

“摄像机镜头模糊”滤镜特效可以用来模拟不在摄像机聚焦平面内物体的模糊效果（即用来模拟画面的景深效果），其模糊的效果取决于“光圈属性”和“模糊图”的设置。

选择图层，执行“效果”|“模糊和锐化”|“摄像机镜头模糊”命令，打开“效果控件”面板，在该面板中用户可以设置相关参数，如图 8-21 所示。

◎ 模糊半径：设置镜头模糊的半径大小。

◎ 光圈属性：设置摄像机镜头的属性。

◎ 形状：用来控制摄像机镜头的形状。

◎ 圆度：用来设置镜头的圆滑度。

◎ 长宽比：用来设置镜头的画面比例。

◎ 旋转：用来控制镜头模糊的方向。

◎ 衍射条纹：用来读取模糊图像的相关信息。

◎ 图层：指定设置镜头模糊的参考图层。

◎ 声道：指定模糊图像的图层通道。

◎ 位置：指定模糊图像的位置。

◎ 模糊焦距：指定模糊图像焦点的距离。

◎ 反转模糊图：用来反转图像的焦点。

◎ 高光：用来设置镜头的高光属性。

◎ 增益：用来设置图像的增益值。

◎ 阈值：用来设置图像的容差值。

◎ 饱和度：用来设置图像的饱和度。

◎ 边缘特性：用来设置图像边缘模糊的重复值。

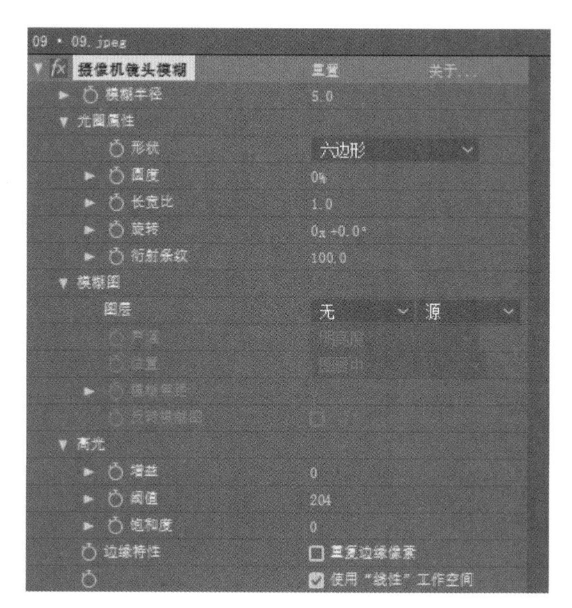

图 8-21

添加效果并设置参数，效果对比如图 8-22 和图 8-23 所示。

图 8-22

图 8-23

8.2.3 径向模糊

“径向模糊”滤镜特效围绕自定义的一个点产生模糊效果，越靠外，模糊程度越强，常用来模拟镜头的推拉和旋转效果。在图层高质量开关打开的情况下，可以指定抗锯齿的程度，在草图质量下没有抗锯齿的作用。

选择图层，执行“效果”|“模糊和锐化”|“径向模糊”命令，打开“效果控件”面板，在该面板中用户可以设置相关参数，如图 8-24 所示。

◎ 数量：设置径向模糊的强度。

◎ 中心：设置径向模糊的中心位置。

◎ 类型：设置径向模糊的样式，包括旋转、缩放 2 种样式。

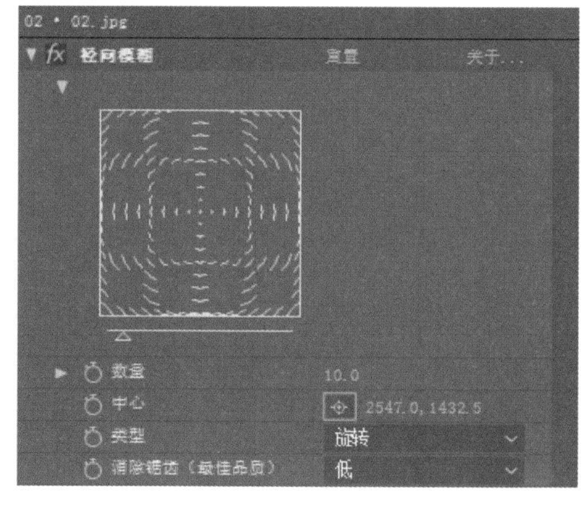

图 8-24

◎ 消除锯齿（最佳品质）：设置图像的质量，包括低和高两种选择。

添加效果并设置参数，效果对比如图 8-25 和图 8-26 所示。

图 8-25

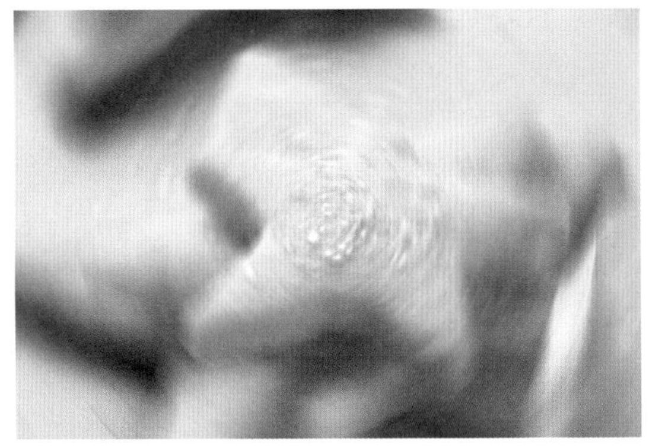

图 8-26

8.3 “生成”滤镜组

“生成”滤镜组包括“圆形”“分形”“椭圆”“吸管填充”“镜头光晕”CC Glue Gun、CC Light Burst 2.5、CC Light Rays、CC Light Sweep、CC Threads、“光束”“填充”“网格”“单元格图案”“写入”“勾画”“四色渐变”“描边”“无线电波”“梯度渐变”“棋盘”“油漆桶”“涂写”“音频波形”“音频频谱”以及“高级闪电”共 26 个滤镜特效，如图 8-27 所示。本节将为读者详细讲解常用的几个滤镜的相关参数和应用。

◎ 圆形：创建一个圆或圆环。

◎ 分形：生成曼德布罗特和茱莉娅分形图像，所有的图案都是按照一定的数学规律生成的。

◎ 椭圆：绘制有厚度的椭圆。

◎ 吸管填充：使用图层样本颜色对图层着色。

◎ 镜头光晕：生成合成镜头光晕效果。

◎ CC Glue Gun（CC 喷胶枪）：通过设置关键帧，可实现液化的描边动画效果。

◎ CC Light Burst 2.5（CC 突发光 2.5）：基于源图层的慢体积灯光模拟器。

◎ CC Light Rays（CC 光线照射）：模拟从图层像素来的光线耀射。

◎ CC Light Sweep（CC 光线扫射）：模拟光束照射在图层上的扫光效果。

◎ CC Threads（CC 螺纹）：产生交叉线效果。

◎ 光束：显示一束光。

◎ 填充：使用颜色填充路径。

◎ 网格：渲染网格。

◎ 单元格图案：创建单元格图案。

◎ 写入：又称为书写。将点线描绘到图层上。常用于查看表达式

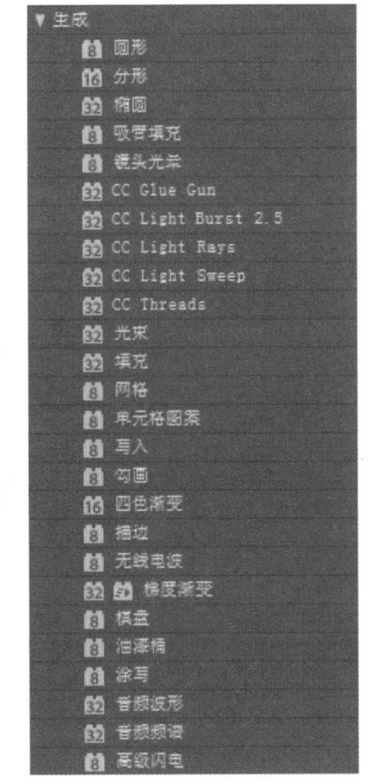

图 8-27

结果。

◎ 勾画：围绕图像等高线和路径绘制航行灯。

◎ 四色渐变：创建四种混合色点的颜色渐变。

◎ 描边：对蒙版轮廓进行描边。

◎ 无线电波：生成正在扩展的形状。

◎ 梯度渐变：又称为渐变。创建颜色的渐变，有线性和径向两种选择。

◎ 棋盘：在 Alpha 通道中创建棋盘图案。黑色表示镂空。

◎ 油漆桶：用于 RGB 和 Alpha 的油漆桶。

◎ 涂写：涂写蒙版，常用于模拟手绘的线条。

◎ 音频波形：显示音频层的波形。

◎ 音频频谱：显示音频层的频谱。

◎ 高级闪电：创建闪电。对传导率状态 K 关键帧。

8.3.1 镜头光晕

“镜头光晕”滤镜特效可以合成镜头光晕的效果，常用于制作日光光晕。

选择图层，执行“效果”|“生成”|“镜头光晕”命令，打开“效果控件”面板，在该面板中用户可以设置相关参数，如图 8-28 所示。

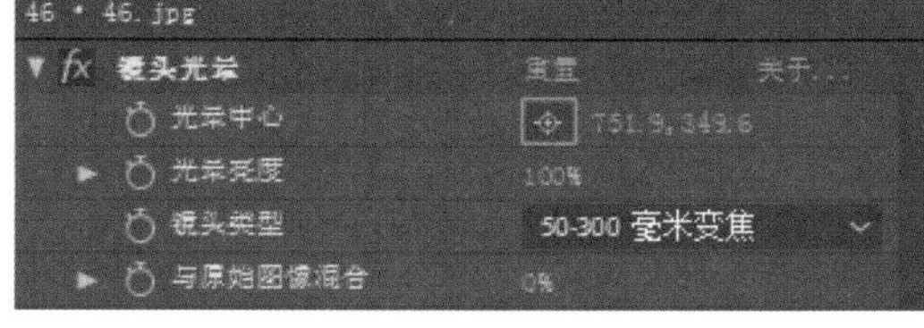

图 8-28

◎ 光晕中心：设置光晕中心点的位置。

◎ 光晕亮度：设置光源的亮度。

◎ 镜头类型：设置镜头光源类型，有 50 ～ 300 毫米变焦、35 毫米定焦、105 毫米定焦三种可供选择。

◎ 与原始图像混合：设置当前图层与原始图层的混合程度。

添加效果并设置参数，效果对比如图 8-29 和图 8-30 所示。

图 8-29

图 8-30

8.3.2 梯度渐变

“梯度渐变”滤镜特效可以用来创建色彩过渡的效果，应用频率十分高。

选择图层，执行“效果”|“生成”|“梯度渐变”命令，打开“效果控件”面板，在该面板中用户可以设置相关参数，如图 8-31 所示。

◎ 渐变起点：设置渐变的起点位置。

◎ 起始颜色：设置渐变开始位置的颜色。

◎ 渐变终点：设置渐变的终点位置。

◎ 结束颜色：设置渐变结束位置的颜色。

◎ 渐变形状：设置渐变的类型，包括线性渐变和径向渐变。

◎ 渐变散射：设置渐变颜色的颗粒效果或扩散效果。

◎ 与原始图像混合：设置与原图像融合的百分比。

添加效果并设置参数，效果对比如图8-32和图8-33所示。

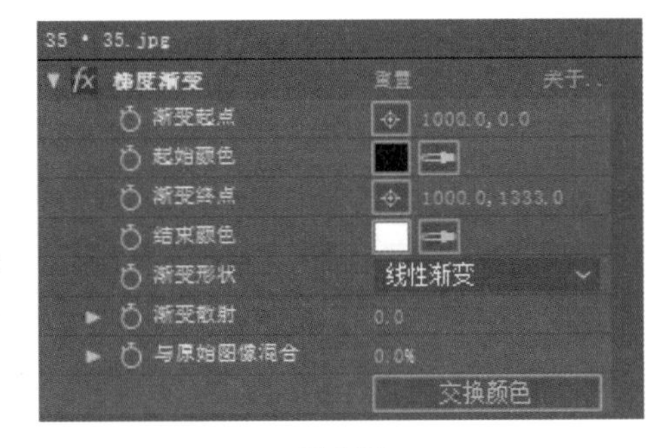

图 8-31

图 8-32

图 8-33

提示

默认情况下，效果文件存放在After Effects安装路径下的Adobe After Effects CC/Support Files/Plug-ins文件夹中。因为效果都是作为插件的方式引入After Effects中，所以在Plugins文件夹中添加各种效果后（前提是效果必须与当前软件版本兼容），在重启After Effects时，系统会自动将效果下载到“效果和预设”面板中。

8.3.3 四色渐变

“四色渐变”滤镜特效在一定程度上弥补了“渐变”滤镜在颜色控制方面的不足，使用该滤镜还可以模拟霓虹灯、流光溢彩等迷幻效果。

选择图层，执行“效果”|“生成”|“四色渐变”命令，打开“效果控件”面板，在该面板中用户可以设置相关参数，如图8-34所示。各参数的含义介绍如下。

◎ 位置和颜色：设置四色渐变的位置和颜色。

◎ 混合：设置4种颜色之间的融合度。

◎ 抖动：设置颜色的颗粒效果或扩展效果。

◎ 不透明度：设置四色渐变的不透明度。

◎ 混合模式：设置四色渐变与源图层的图层叠加模式。

添加效果并设置参数，效果对比如图8-35和图8-36所示。

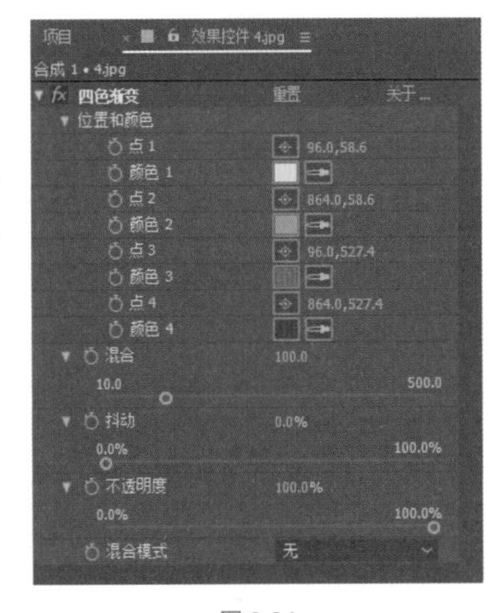

图 8-34

图 8-35　　图 8-36

8.4 “透视”滤镜组

“透视”滤镜组主要包括“3D 眼镜”“3D 摄像机跟踪器”CC Cylinder、CC Environment、CC Sphere、CC Spotlight、“径向阴影”“投影”“斜面 Alpha”“边缘斜面”共 10 个滤镜特效，如图 8-37 所示。本节将详细讲解几个常用滤镜的相关参数和应用。

◎ 3D 眼镜：将两个视图合称为立体电影视图。

◎ 3D 摄像机跟踪器：从视频中提取 3D 场景数据。

◎ CC Cylinder（CC 圆柱体）：将图层映射到可光线跟踪的圆柱体上，并将其转换为 3D。

◎ CC Environment（CC 环境）：将环境映射到摄影机视图。

◎ CC Sphere（CC 球面）：将图层映射到可光线跟踪的球体上。

◎ CC Spotlight（CC 点光源）：模拟聚光灯照射在图层上的效果。

◎ 径向阴影：产生投影，有光源可控制。

◎ 投影：根据图像的 Alpha 通道绘制投影。

◎ 斜面 Alpha：为图层的 Alpha 边界增添浮雕外观效果。

◎ 边缘斜面：为图层边缘增添斜面外观效果。

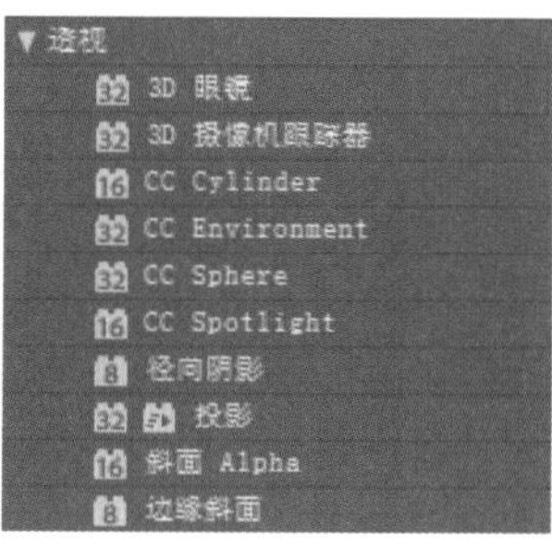

图 8-37

8.4.1 斜面 Alpha

“斜面 Alpha”滤镜特效可以通过二维的 Alpha 通道使图像出现分界，形成假三维的倒角效果，特别适合包含文本的图像。

选择图层，执行“效果”|“透视”|“斜面 Alpha”命令，打开“效果控件”面板，在该面板中用户可以设置相关参数，如图 8-38 所示。

◎ 边缘厚度：用来设置图像边缘的厚度效果。

◎ 灯光角度：用来设置灯光照射的角度。

◎ 灯光颜色：用来设置灯光照射的颜色。

◎ 灯光强度：用来设置灯光照射的强度。

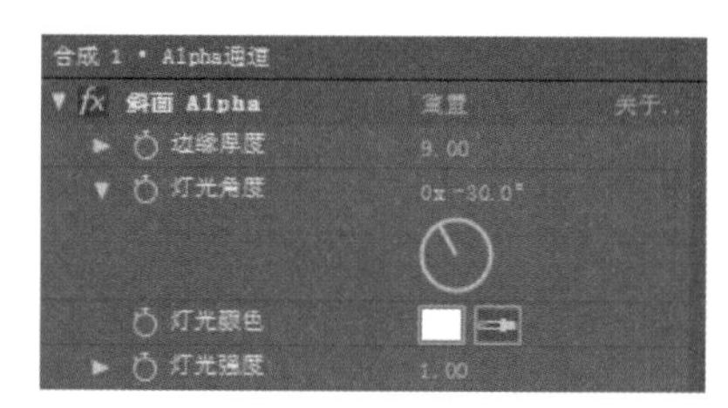

图 8-38

添加效果并设置参数，效果对比如图 8-39 和图 8-40 所示。

图 8-39

图 8-40

8.4.2 径向阴影

“径向阴影”滤镜特效可以根据图像的 Alpha 通道为图像绘制阴影效果。

选择图层，执行“效果”|“透视”|“径向阴影”命令，打开“效果控件”面板，在该面板中用户可以设置相关参数，如图 8-41 所示。

- ◎ 阴影颜色：设置阴影的颜色。
- ◎ 不透明度：设置阴影的透明程度。
- ◎ 光源：设置光源位置。
- ◎ 投影距离：设置投影与图像之间的距离。
- ◎ 柔和度：设置投影的柔和程度。
- ◎ 渲染：设置阴影的渲染方式为常规或玻璃边缘。
- ◎ 颜色影响：设置颜色对投影效果的影响程度。
- ◎ 仅阴影：选中此复选框可以只显示阴影模式。
- ◎ 调整图层大小：选中此复选框可以调整图层大小。

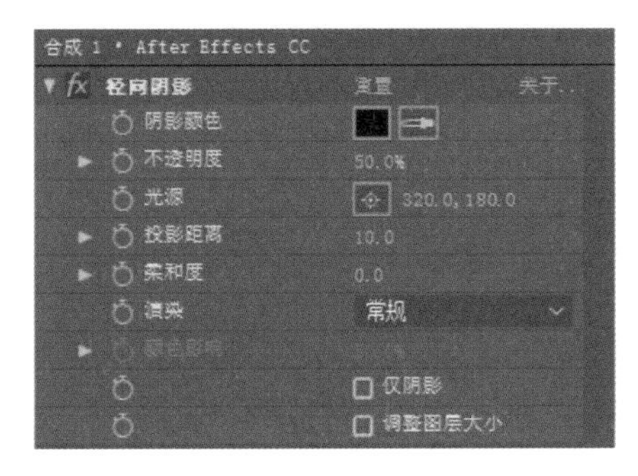

图 8-41

添加效果并设置参数，效果对比如图 8-42 和图 8-43 所示。

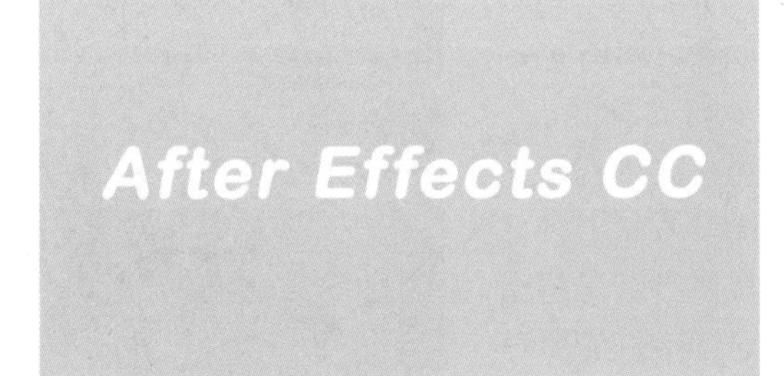

图 8-42

图 8-43

8.4.3 投影

“投影”滤镜特效是在层的后面产生阴影，所产生的图像阴影形状是由图像的 Alpha 通道所决定的。

选择图层，执行“效果”|“透视”|“投影”命令，打开“效果控件”面板，在该面板中用户可以设置相关参数，如图 8-44 所示。

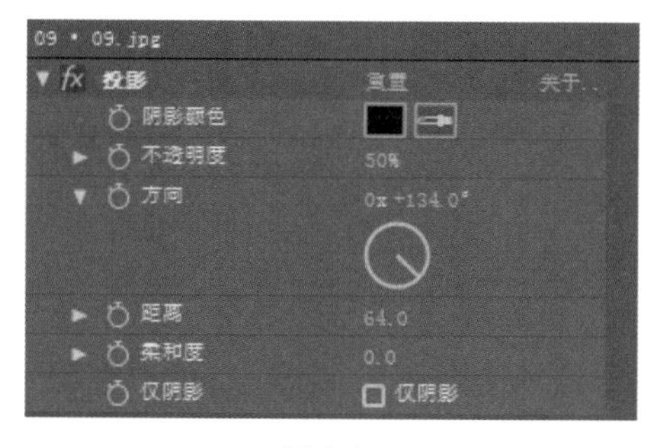

图 8-44

◎ 阴影颜色：用来设置图像阴影的颜色。

◎ 不透明度：用来设置图像阴影的透明度。

◎ 方向：用来设置图像的阴影方向。

◎ 距离：用来设置图像阴影到图像的距离。

◎ 柔和度：用来设置图像阴影的柔化效果程度。

◎ 仅阴影：用来设置单独显示图像的阴影效果。

添加效果并设置参数，效果对比如图 8-45 和图 8-46 所示。

图 8-45

图 8-46

8.5 “模拟”滤镜组

“模拟”滤镜组包括“焦散”、“卡片动画”、CC Ball Action、CC Bubbles、CC Drizzle、CC Hair、CC Mr.Mercury、CC Particle Systems Ⅱ、CC Particle World、CC Pixel Polly、CC Rainfall、CC Scatterize、CC Snowfall、CC Star Burst、“泡沫”、“波形环境”、“碎片”、“粒子运动场”共 18 个滤镜特效，如图 8-47 所示。本节将为读者详细讲解常用滤镜的相关参数和应用。

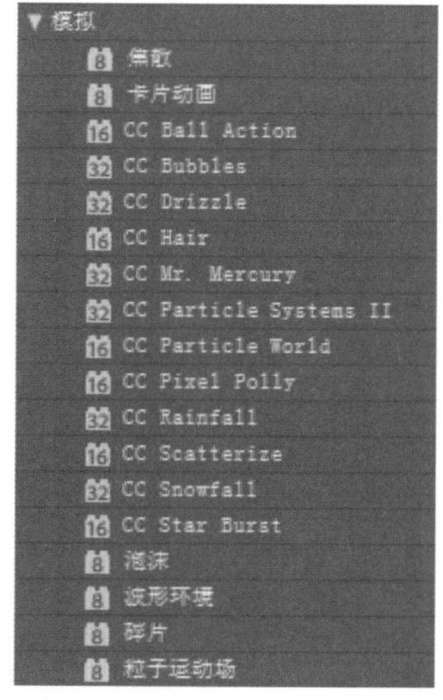

图 8-47

◎ 焦散：此效果可以模拟焦散（在水域底部反射光），它是光通过水面折射而形成的。

◎ 卡片动画：此效果可以创建卡片动画外观，具体方法是将图层分为许多卡片，然后使用第二个图层控制这些卡片的所有几何形状。

◎ CC Ball Action（CC 滚珠操作）：打破图层形成球形网格，可以三维旋转和扭曲。

◎ CC Bubbles（CC 气泡）：可生成反射该图层的气泡。

◎ CC Drizzle（CC 细雨）：模拟雨滴滴在水面的波纹。

◎ CC Hair（CC 毛发）：渲染具有 3D 类似属性和光线的毛茸茸效果。
◎ CC Mr.Mercury（CC 水银低落）：将图层变成水滴状，可以使素材实现水滴融合的效果。
◎ CC Particle Systems Ⅱ（CC 粒子仿真系统 Ⅱ）：二维粒子生成器。
◎ CC Particle World（CC 粒子世界）：支持摄像机切换视角。
◎ CC Pixel Polly（CC 像素多边形）：将图层分成多边形掉落效果。
◎ CC Rainfall（CC 下雨）：模拟有折射和运动模糊的下雨效果。
◎ CC Scatterize（CC 散射）：用条纹分散图层像素。
◎ CC Snowfall（CC 下雪）：模拟带深度、光效和运动模糊的下雪场景。
◎ CC Star Burst（CC 星爆）：使用图层像素颜色和 Alpha 通道进行星场模拟。
◎ 泡沫：可生成流动、黏附和弹出的气泡。
◎ 波形环境：模拟水波，可根据液体的物理学模拟创建波形。
◎ 碎片：使图层有爆炸、剥落的效果。
◎ 粒子运动场：基本粒子模拟效果，可以独立地为大量相似的对象设置动画。

8.5.1 CC Drizzle（CC 细雨）

CC Drizzle 特效可以模拟雨滴落入水面的涟漪效果。

选择图层，执行“效果”|“模拟”|“CC Drizzle”命令，打开“效果控件”面板，在该面板中用户可以设置相关参数，如图 8-48 所示。

◎ Drip Rate（雨滴速率）：设置雨滴滴落的速度。
◎ Longevity(sec)（寿命（秒））：设置涟漪存在时间。
◎ Rippling（涟漪）：设置涟漪扩散角度。
◎ Displacement（置换）：设置涟漪位移程度。
◎ Ripple Height（波高）：设置涟漪扩散的高度。
◎ Spreading（传播）：设置涟漪扩散的范围。

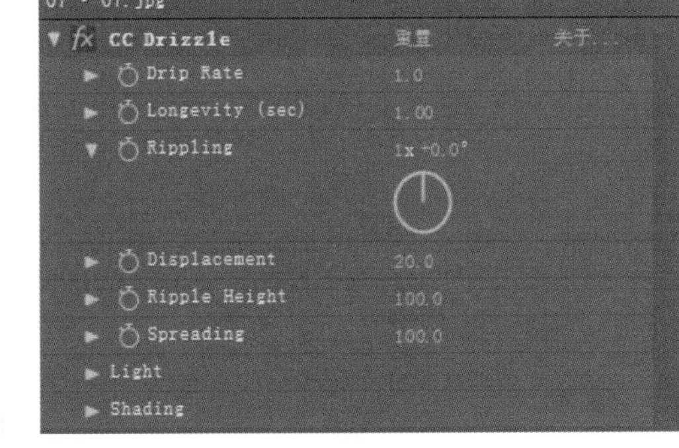

图 8-48

添加效果并设置参数，效果对比如图 8-49 和图 8-50 所示。

图 8-49

图 8-50

8.5.2 CC Hair（CC 毛发）

CC Hair 特效主要是按照一个图像画面内容，将相应的图像制作成毛发的效果，也可制作出不同的草坪效果。

选择图层，执行“效果”|“模拟”|CC Hair 命令，打开“效果控件”面板，在该面板中用户可以设置相关参数，如图 8-51 所示。

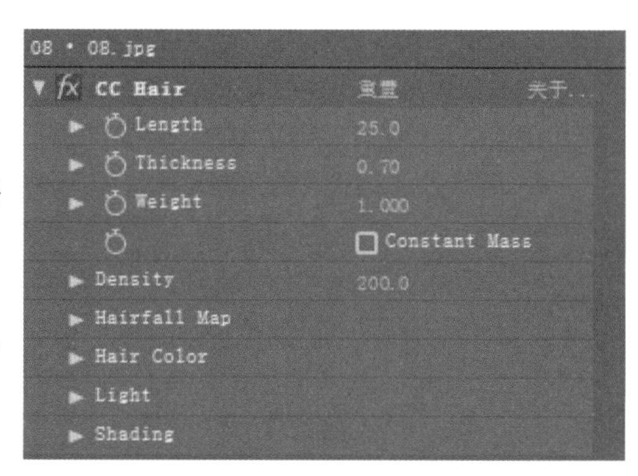

图 8-51

◎ Length（长度）：设置毛发长度。
◎ Thickness（厚度）：设置毛发厚度。
◎ Weight（重力）：设置毛发重量。
◎ Constant Mass（恒定质量）：启用该选项，将会按照图像的内容设置毛发的聚集状态。
◎ Density（密度）：设置毛发的密度。
◎ Hairfall Map（毛发贴图）：设置毛发贴图的强度、来源、软化程度、杂色程度等。
◎ Hair Color（毛发颜色）：设置毛发颜色。
◎ Light（光线）：设置光照亮度。
◎ Shading（阴影）：设置阴影的受影响参数。

添加效果并设置参数，效果对比如图 8-52 和图 8-53 所示。

图 8-52

图 8-53

8.5.3 CC Rainfall（CC 下雨）

CC Rainfall 特效可以模拟有折射和运动的降雨效果。

选择图层，执行“效果”|“模拟”|CC Rainfall 命令，打开“效果控件”面板，在该面板中用户可以设置相关参数，如图 8-54 所示。

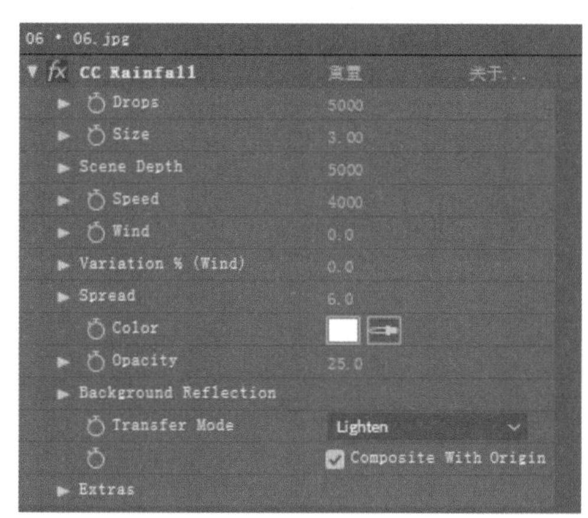

图 8-54

◎ Drops（数量）：设置下雨的雨量。数值越小，雨量越小。
◎ Size（大小）：设置雨滴的尺寸。
◎ Scene Depth（场景深度）：设置远近效果。景深越深，效果越远。
◎ Speed（速度）：设置雨滴移动的速度。数值越大，雨滴移动得越快。
◎ Wind（风力）：设置风速，会对雨滴产生一定的干扰。
◎ Variation % (Wind)（变量 %（风））：设置风场的影响度。

◎ Spread（伸展）：雨滴的扩散程度。

◎ Color（颜色）：设置雨滴的颜色。

◎ Opacity（不透明度）：设置雨滴的透明度。

添加效果并设置参数，效果对比如图 8-55 和图 8-56 所示。

图 8-55

图 8-56

8.5.4 粒子运动场

“粒子运动场”特效可以通过物理设置和其他参数设置产生大量类似于物体独立运动的效果，主要用于制作星星、下雪、下雨、爆炸和喷泉等效果。

选择图层，执行“效果”|“模拟”|“粒子运动场”命令，打开“效果控件”面板，在该面板中用户可以设置相关参数，如图 8-57 所示。

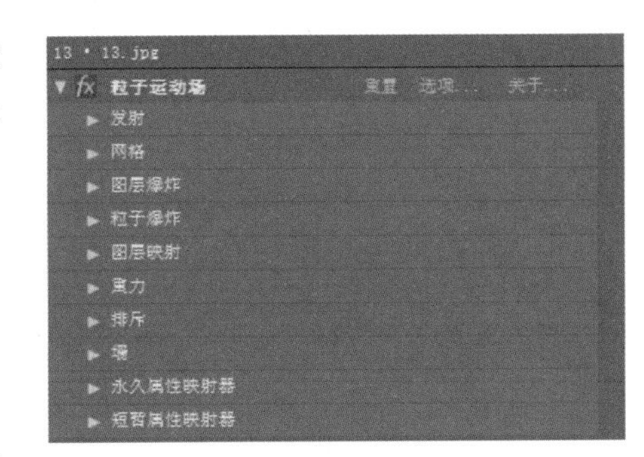

图 8-57

（1）“发射”属性。

该属性用于设置粒子发射的相关属性，如图 8-58 所示。

◎ 位置：设置粒子发射位置。

◎ 圆筒半径：设置发射半径。

◎ 每秒粒子数：设置每秒粒子发出的数量。

◎ 方向：设置粒子随机扩散的方向。

◎ 速率：设置粒子发射速率。

◎ 随机扩散速率：设置粒子随机扩散的速率。

◎ 颜色：设置粒子颜色。

◎ 粒子半径：设置粒子的半径大小。

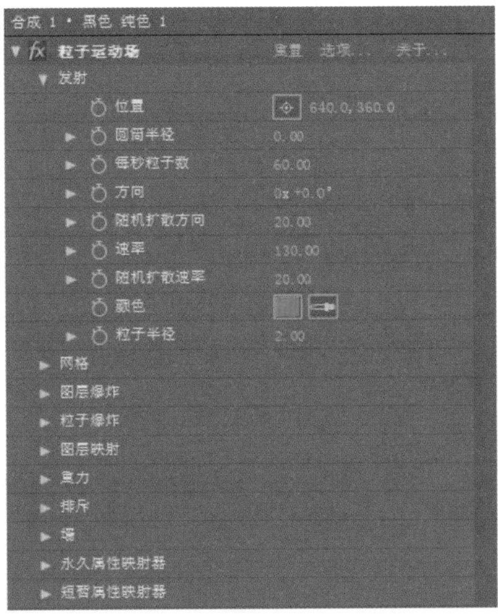

图 8-58

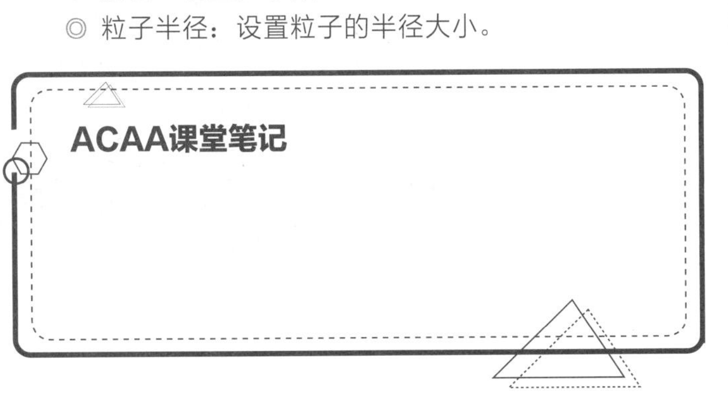

（2）“网格”属性。

该属性用于设置网格的相关属性，如图 8-59 所示。

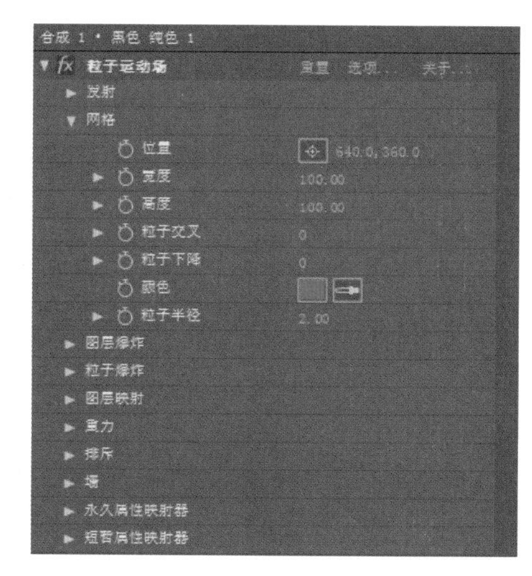

图 8-59

◎ 宽度：设置网格的宽度。
◎ 高度：设置网格的高度。
◎ 粒子交叉：设置粒子的交叉。
◎ 粒子下降：设置粒子的下降。

（3）“图层爆炸”属性。

该属性用于设置爆炸图层相关属性，如图 8-60 所示。

◎ 引爆图层：设置需要发生爆炸的图层。
◎ 新粒子的半径：设置粒子的半径效果。
◎ 分散速度：设置爆炸的分散速度。

（4）“粒子爆炸”属性。

该属性用于设置粒子的爆炸相关属性，如图 8-61 所示。

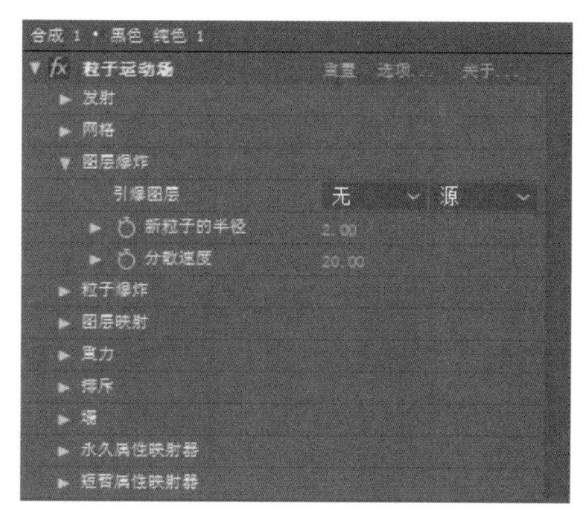

图 8-60

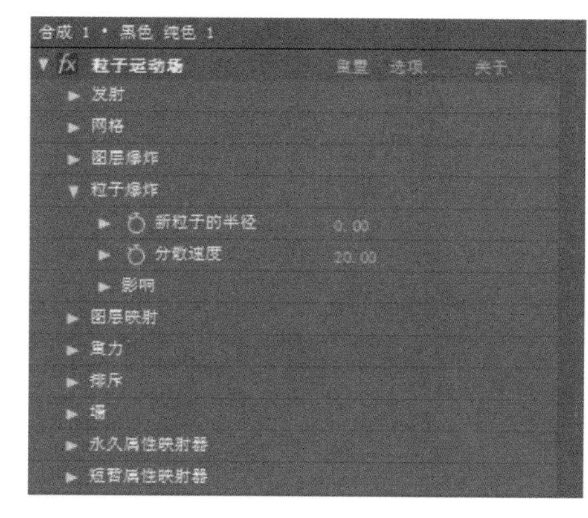

图 8-61

（5）“图层映射”属性。

该属性用于设置图层的映射效果，如图 8-62 所示。

◎ 使用图层：设置映射的图层。
◎ 时间偏移类型：设置时间的偏移类型。
◎ 时间偏移：设置时间偏移程度。
◎ 影响：设置粒子的相关影响。

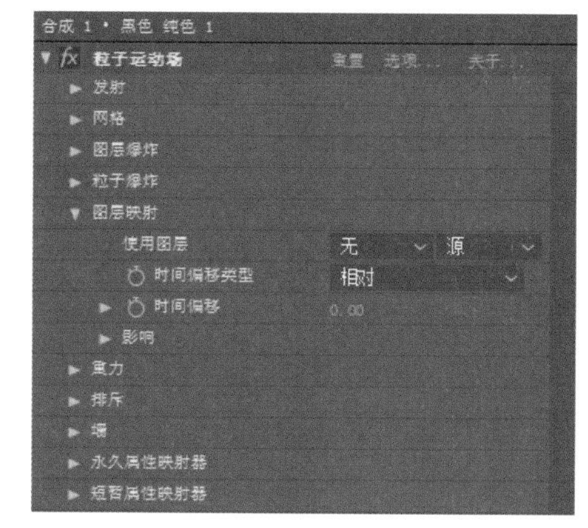

图 8-62

（6）“重力”属性。

该属性用于设置粒子的重力效果，如图 8-63 所示。

（7）“排斥”属性。

该属性用于设置粒子的排斥效果，如图 8-64 所示。

（8）“墙”属性。

该属性用于设置墙的边界和影响，如图 8-65 所示。

ACAA课堂笔记

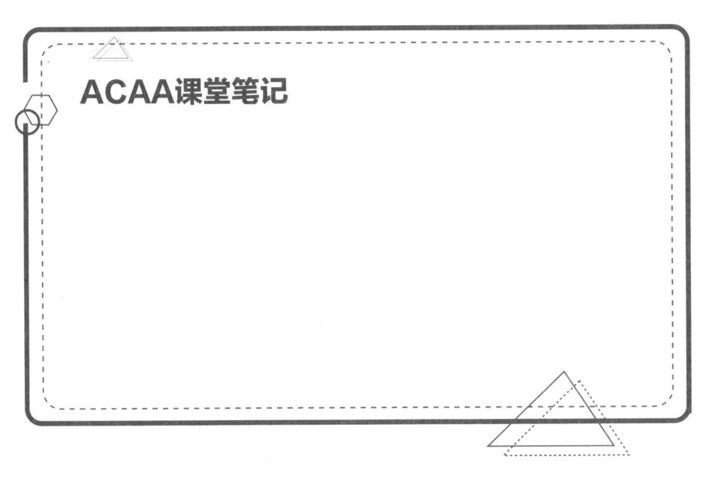

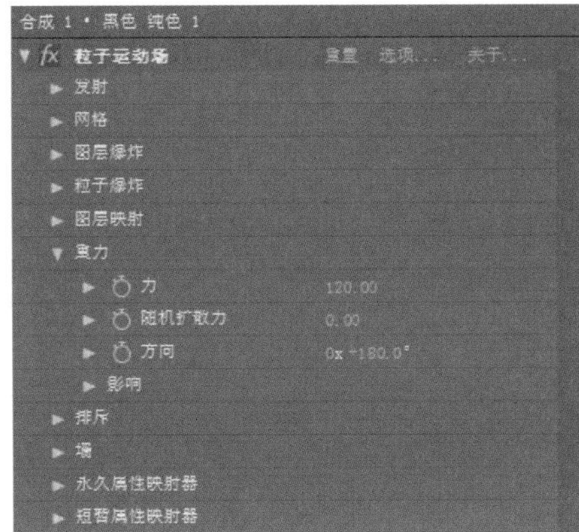

图 8-63

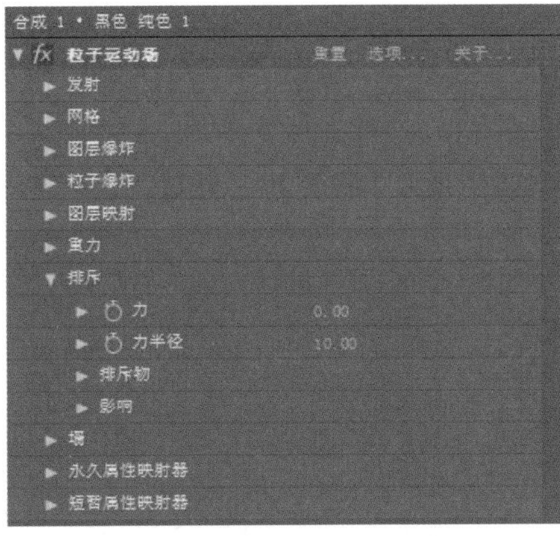

图 8-64

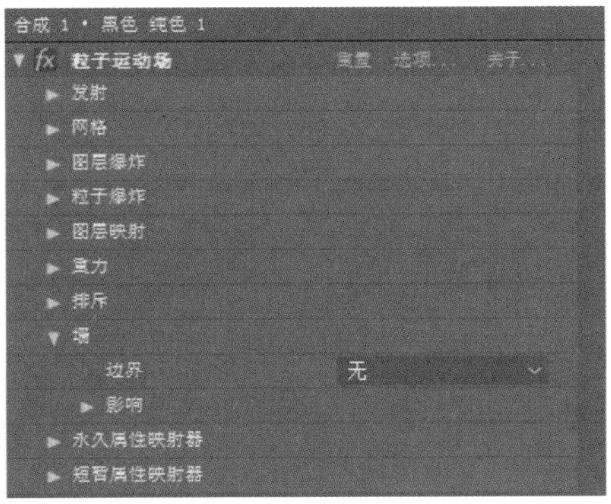

图 8-65

（9）“永久/短暂属性映射器”属性。

这两个属性用于设置永久/短暂的图层属性映射器，包括颜色映射和影响，如图8-66和图8-67所示。

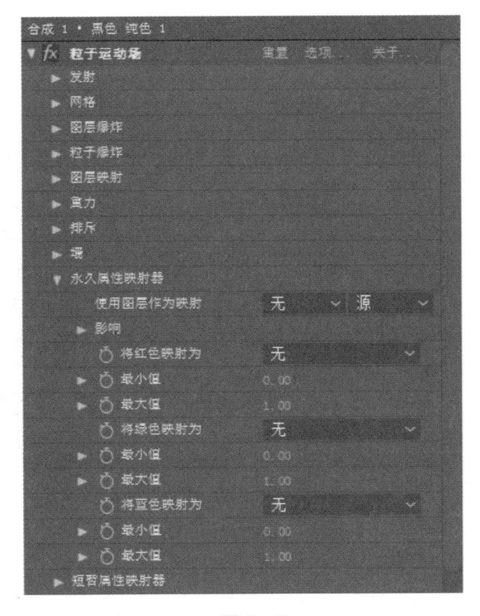

图 8-66

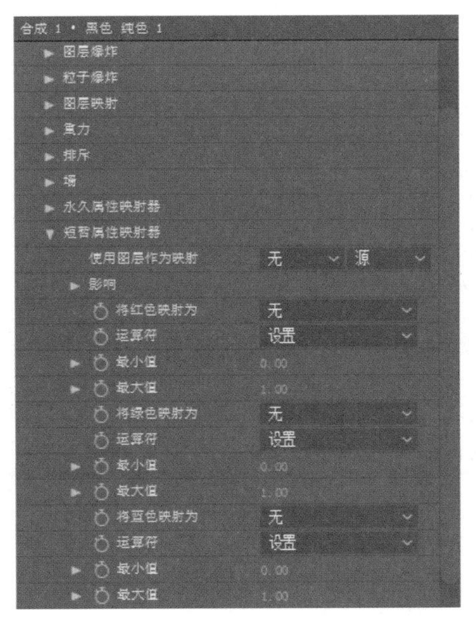

图 8-67

添加效果并设置参数，拖动时间线，效果如图 8-68 和图 8-69 所示。

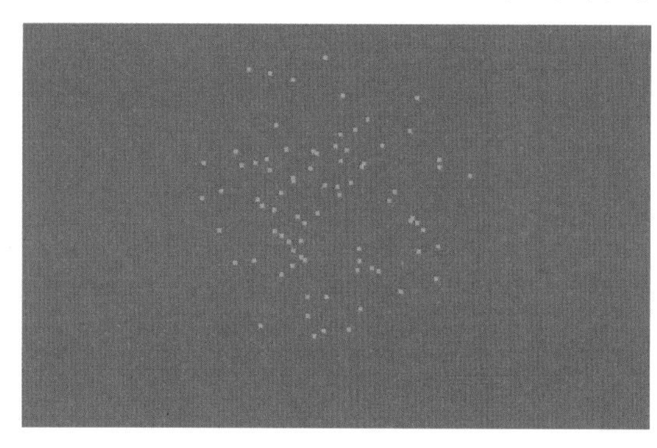
图 8-68

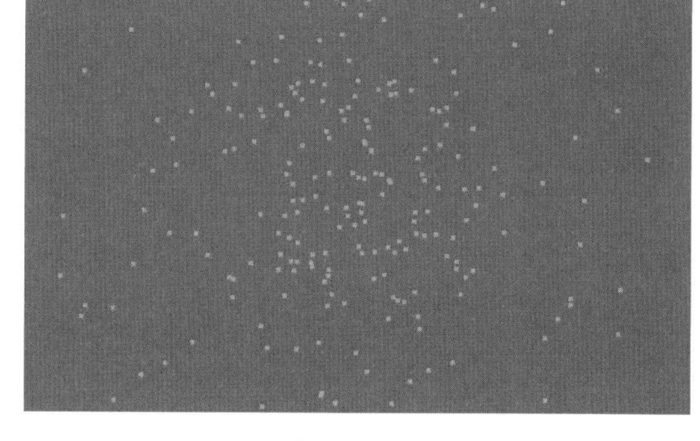
图 8-69

8.5.5 泡沫

“泡沫”特效可以模拟各种类型的气泡、水珠效果。

选择图层，执行“效果”|“模拟”|“泡沫”命令，打开“效果控件”面板，在该面板中用户可以设置相关参数，如图 8-70 所示。

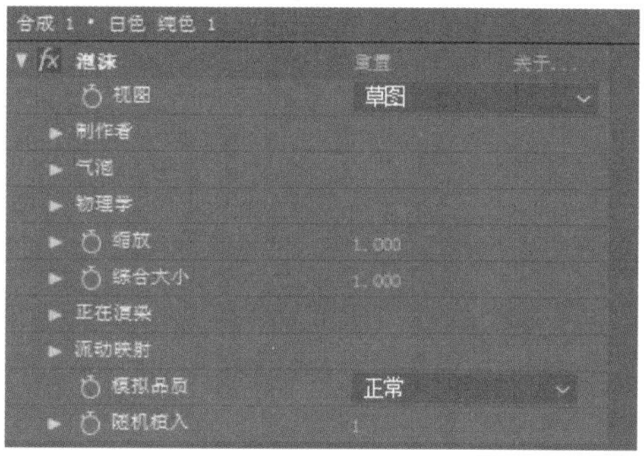

- ◎ 视图：设置效果的显示方式。
- ◎ 制作者：设置对气泡粒子的发生器。
- ◎ 气泡：设置气泡粒子的大小、生命以及强度。
- ◎ 物理学：设置影响粒子运动因素的数值。
- ◎ 缩放：设置气泡整体缩放数值。
- ◎ 综合大小：设置气泡整体区域大小。
- ◎ 正在渲染：设置渲染属性。
- ◎ 流动映射：设置一个层来影响粒子效果。
- ◎ 模拟品质：设置气泡的模拟质量为正常、高或者强烈。
- ◎ 随机植入：设置气泡的随机植入数。

图 8-70

添加效果并设置参数，不同的气泡纹理效果如图 8-71 和图 8-72 所示。

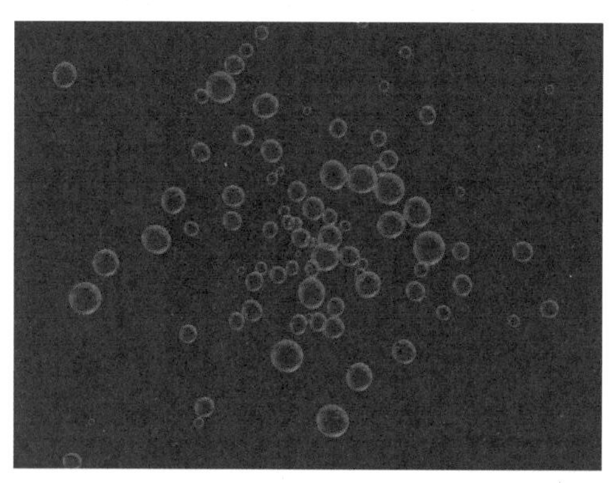
图 8-71

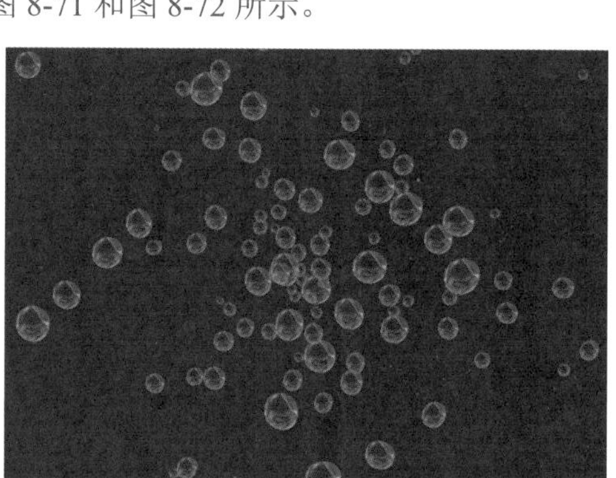
图 8-72

8.5.6 碎片

“碎片”特效可以对图像模拟粉碎或爆炸处理，并且对爆炸的位置、力量、半径等参数进行控制。

选择图层，执行“效果”|“模拟”|“碎片”命令，打开“效果控件”面板，在该面板中用户可以设置相关参数，如图 8-73 所示。

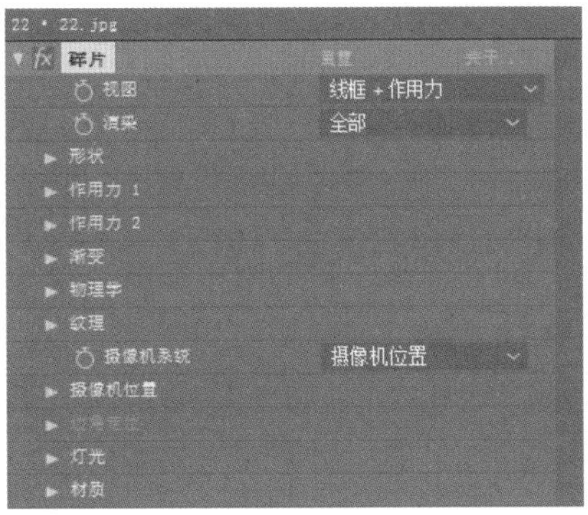

◎ 视图：设置爆炸效果的显示方式。
◎ 渲染：设置显示的目标对象，包括全部、图层和碎片。
◎ 形状：设置碎片的形状及外观。
◎ 作用力 1/2：设置碎片间的焦点。
◎ 渐变：设置碎片的变化程度。
◎ 物理学：设置碎片的物理属性。
◎ 纹理：设置碎片呈现的材质。
◎ 摄像机系统：用于设置爆炸特效的摄像机系统。
◎ 摄像机位置：设置摄像机的角度、位置、焦距等。
◎ 边角定位：当选择 Corner Pins 作为摄像机系统时，可激活相关属性。
◎ 灯光：设置摄像机的照明。
◎ 材质：设置摄像机光的反射强度。

图 8-73

添加效果并设置参数，拖动时间线即可看到效果，如图 8-74 和图 8-75 所示。

图 8-74

图 8-75

实例：制作雨水滴落的水晕效果

下面利用模拟特效来制作雨水落在水面上的动画效果。具体操作步骤如下。

Step01 新建项目，执行“合成”|“新建合成”命令，打开“合成设置”对话框，设置预设类型为 HDV/HDTV 720 29.97，“持续时间”为 0:00:05:00，如图 8-76 所示。

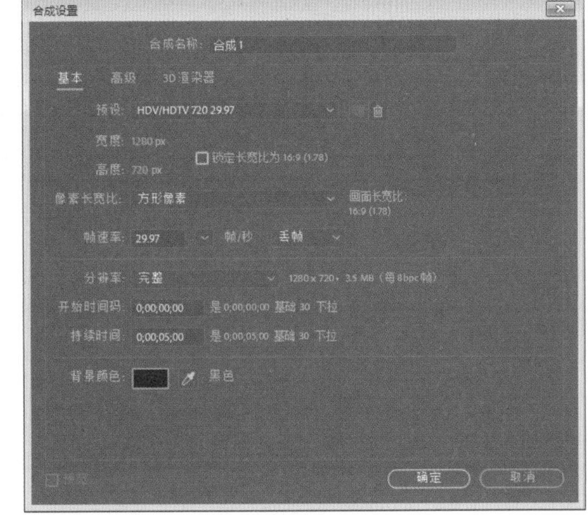

图 8-76

Step02 单击“确定”按钮创建合成，如图 8-77 所示。

Step03 在“时间轴”面板单击鼠标右键，在弹出的快捷菜单选择“新建”|“纯色”命令，如图 8-78 所示。

Step04 打开“纯色设置”对话框，默认参数，如图 8-79 所示。单击“确定”按钮即可创建纯色图层。

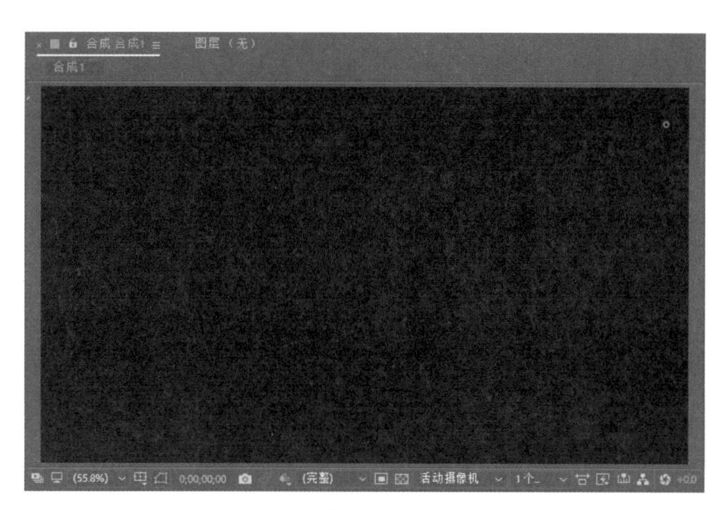

图 8-77

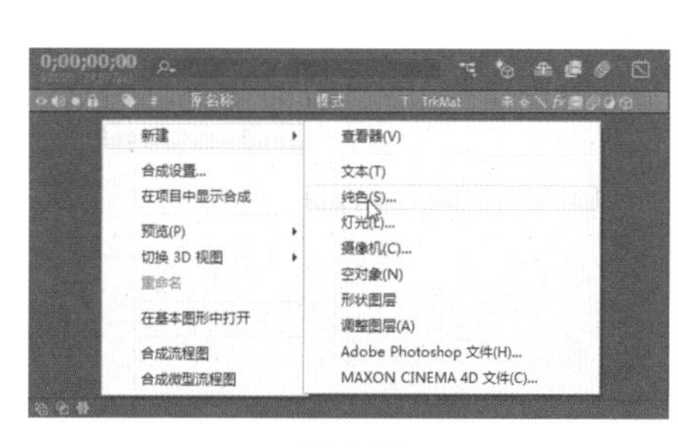

图 8-78

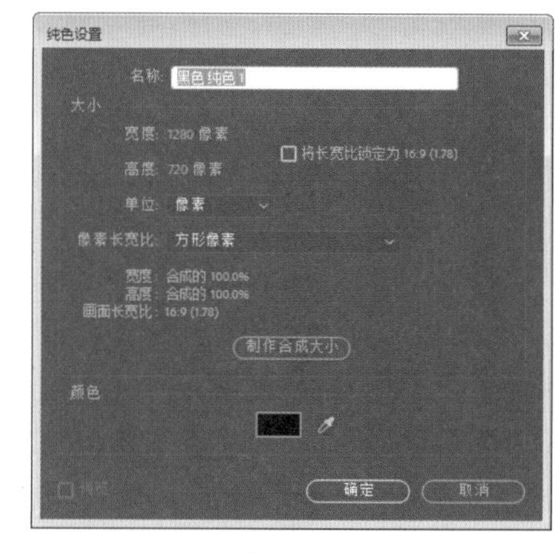

图 8-79

Step05 选择纯色图层，执行“效果”|“生成”|“梯度渐变”命令，为图层添加效果，“合成”面板中预览效果如图 8-80 所示。

Step06 在“效果控件”面板中设置梯度渐变的起始颜色和结束颜色，再设置“渐变形状”为“径向渐变”，如图 8-81 所示。

图 8-80

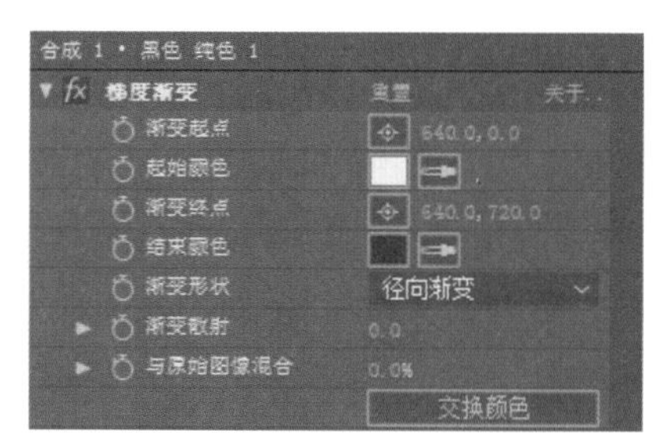

图 8-81

Step07 “起始颜色”和“结束颜色”的参数设置如图 8-82 和图 8-83 所示。

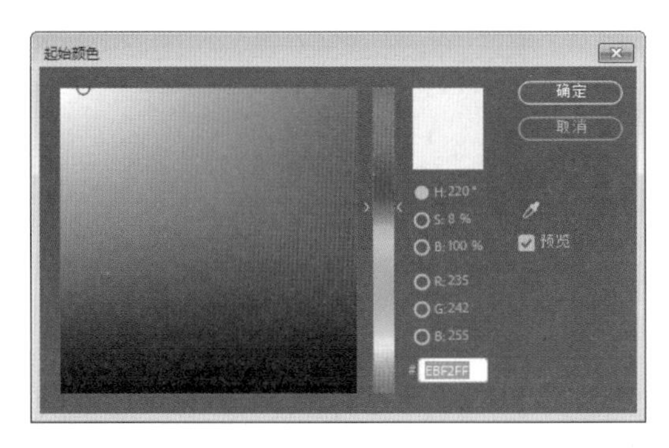

图 8-82

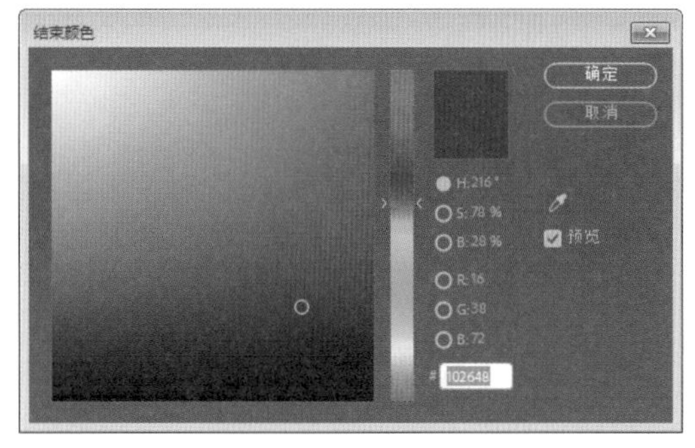

图 8-83

Step08 “合成”效果如图 8-84 所示。

Step09 在“效果控件”面板中设置“渐变起点”位置为 640.0,-80.0，再设置“与原始图像混合”值为 5%，如图 8-85 所示。

图 8-84

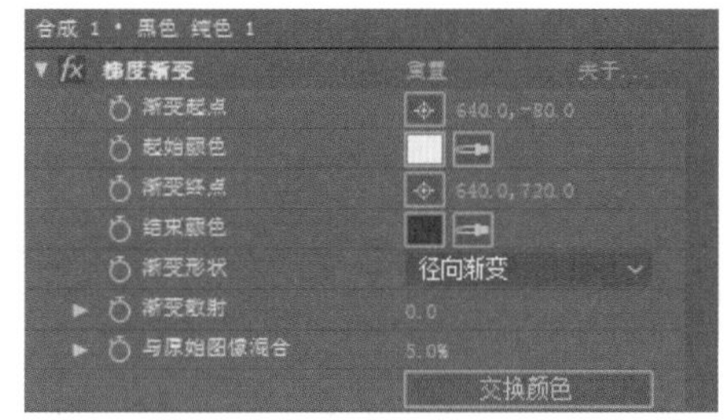

图 8-85

Step10 设置后的背景效果如图 8-86 所示。

图 8-86

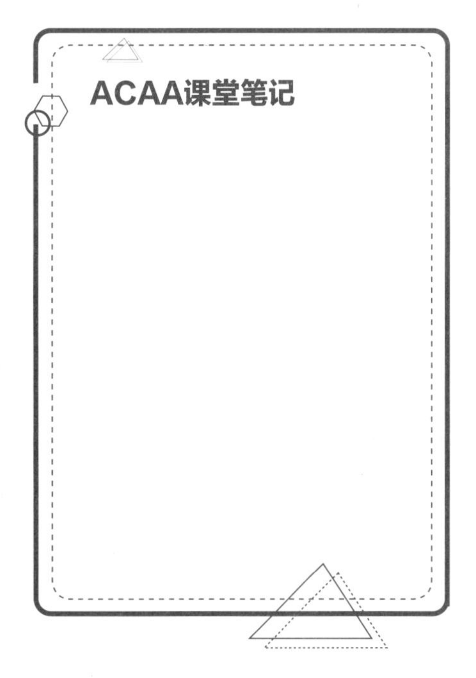

Step11 选择图层，从“效果和预设”面板中选择“模拟”滤镜组下的 CC Drizzle 特效，添加到图层，按空格键预览动画，如图 8-87 所示。

Step12 在“效果控件”面板设置 Ripple Height 和 Light Intensity，如图 8-88 所示。

图 8-87

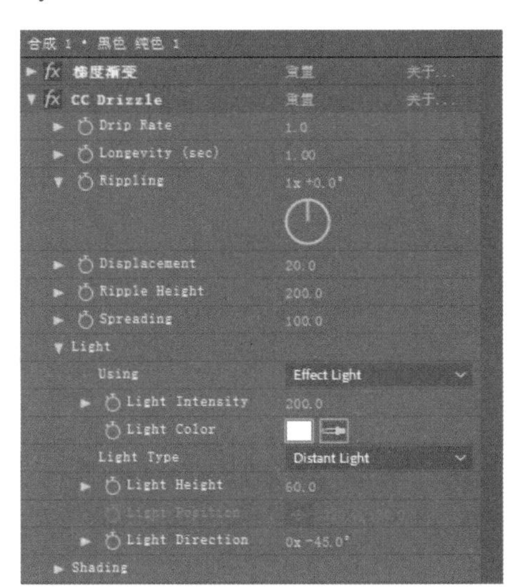

图 8-88

Step13 设置后的效果如图 8-89 所示。

图 8-89

Step14 为图层添加 CC Rainfall 特效，按空格键预览动画，如图 8-90 所示。

图 8-90

Step15 这里需要设置下雨的速度、大小等参数，使其与涟漪基本一致，在“效果控件”面板设置Drops、Size、Speed、Wind以及Opacity的参数，如图8-91所示。

Step16 按空格键观察下雨动画，如图8-92所示。

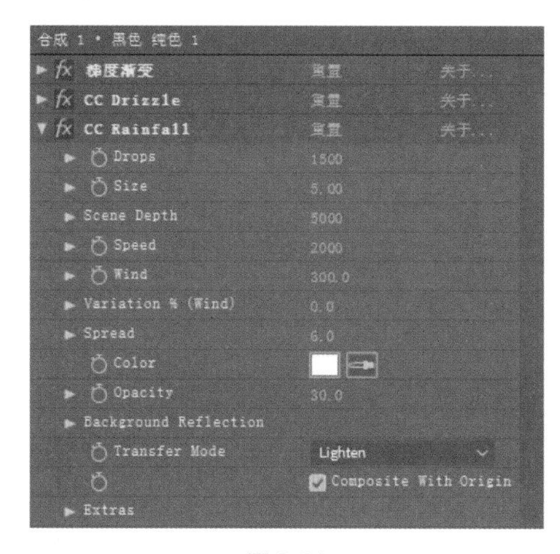

图8-91

图8-92

8.6 “过渡”滤镜组

“过渡”滤镜组包括“渐变擦除”、“卡片擦除”、CC Glass Wipe、CC Grid Wipe、CC Image Wipe、CC Jaws、CC Light Wipe、CC Line Sweep、CC Radial ScaleWipe、CC Scale Wipe、CC Twister、CC WarpoMatic、“光圈擦除”、“块溶解”、“百叶窗”、“径向擦除”、“线性擦除”共17个滤镜特效，如图8-93所示。本节将为读者详细讲解常见滤镜的相关参数和应用。

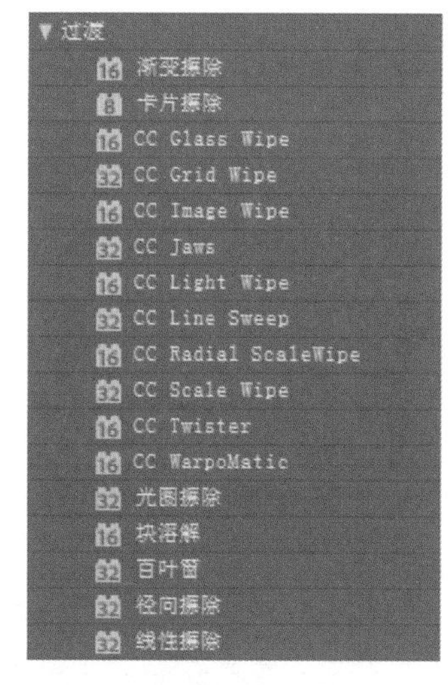

图8-93

◎ 渐变擦除：图层中的像素基于另一个图层中相应像素的明亮度值变得透明。暗的像素先过渡，亮的像素后过渡。

◎ 卡片擦除：使图层消失在随机卡片中。通过改变行和列，还可以创建百叶窗和灯笼效果。

◎ CC Glass Wipe（CC玻璃擦除）：模拟一种玻璃状的过渡效果。

◎ CC Grid Wipe（CC网格擦除）：将图像分解成网格，以网格形式完成擦除过渡。

◎ CC Image Wipe（CC图像擦除）：使用某个图像图层的某种属性来完成擦除过渡。

◎ CC Jaws（CC锯齿）：模拟锯齿状的擦除效果。

◎ CC Light Wipe（CC照明式擦除）：模拟边缘光线过渡，带有变形效果。

◎ CC Line Sweep（CC光线擦除）：模拟光线在原图像面前加一个光线折射图形的擦拭效果。

◎ CC Radial ScaleWipe（CC径向缩放擦除）：模拟带有边缘扭

曲的圆孔过渡效果。

◎ CC Scale Wipe（CC 缩放擦除）：模拟扯动变形过渡效果。

◎ CC Twister（CC 龙卷风）：模拟龙卷风变换的过渡特效。

◎ CC WarpoMatic（CC 自动弯曲）: 模拟自动弯曲的过渡效果。

◎ 光圈擦除：创建显示下层图层的径向过渡。常通过半径属性设置动画。

◎ 块溶解：使图层消失在随机块中。

◎ 百叶窗：使用具有指定方向和宽度的条显示底层图层。

◎ 径向擦除：使用环绕指定点的擦除显示底层图层。

◎ 线性擦除：按指定方向对图层执行简单的线性擦除。

8.6.1 卡片擦除

“卡片擦除”滤镜特效可以模拟卡片的翻转并通过擦除切换到另一个画面。

选择图层，执行“效果”|“过渡”|“卡片擦除”命令，打开“效果控件”面板，在该面板中用户可以设置相关参数，如图 8-94 所示。各参数含义介绍如下。

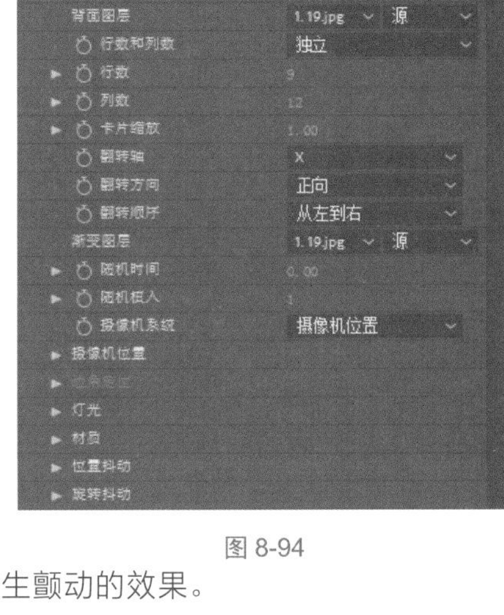

图 8-94

◎ 过渡完成：控制转场完成的百分比。

◎ 过渡宽度：控制卡片擦拭宽度。

◎ 背面图层：在下拉列表中设置一个与当前层进行切换的背景。

◎ 行数：设置卡片行的值。

◎ 列数：设置卡片列的值。

◎ 卡片缩放：控制卡片的尺寸大小。

◎ 翻转轴：在下拉列表中设置卡片翻转的坐标轴方向。

◎ 翻转方向：在下拉列表中设置卡片翻转的方向。

◎ 翻转顺序：设置卡片翻转的顺序。

◎ 渐变图层：设置一个渐变层影响卡片切换效果。

◎ 随机时间：可以对卡片进行随机定时设置。

◎ 随机植入：设置卡片以随机度切换。

◎ 摄像机位置：控制用于滤镜的摄像机位置。

◎ 位置抖动：可以对卡片的位置进行抖动设置，使卡片产生颤动的效果。

◎ 旋转抖动：可以对卡片的旋转进行抖动设置。

添加效果并设置参数，效果对比如图 8-95 和图 8-96 所示。

图 8-95

图 8-96

8.6.2 百叶窗

“百叶窗”滤镜特效通过分割的方式对图像进行擦拭，以达到切换转场的目的，就如同生活中的百叶窗闭合一样。

选择图层，执行“效果”|“过渡”|“百叶窗”命令，打开“效果控件”面板，在该面板中用户可以设置相关参数，如图 8-97 所示。

◎ 过渡完成：控制转场完成的百分比。

◎ 方向：控制擦拭的方向。

◎ 宽度：设置分割的宽度。

◎ 羽化：控制分割边缘的羽化。

添加效果并设置参数，效果对比如图 8-98 和图 8-99 所示。

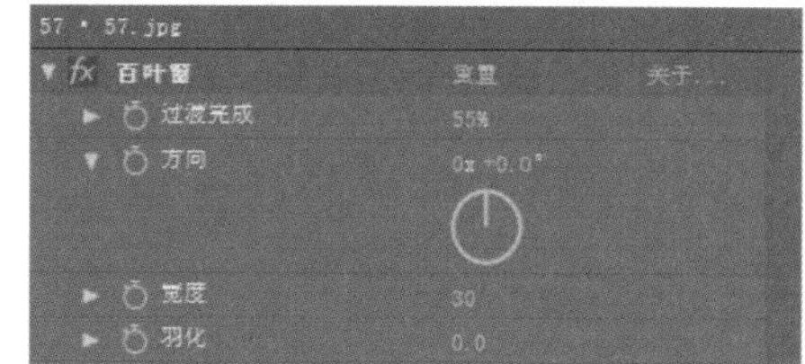

图 8-97

图 8-98

图 8-99

实例：制作文字重组效果

在影视节目制作过程中，经常会运用到文字来制作动画的相关操作。本例将通过文字破碎后重组的动画效果，让读者更好地了解效果应用的相关知识以及操作和应用。

Step01 新建项目，在“项目”面板单击鼠标右键，在弹出的快捷菜单中选择“新建合成”命令，如图 8-100 所示。

Step02 弹出“合成设置”对话框，在“基本”选项组中单击“预设”下拉按钮，从下拉列表中选择“PAL D1/DV 方形像素”模式选项，设置“持续时间”为 0:00:05:00，如图 8-101 所示。

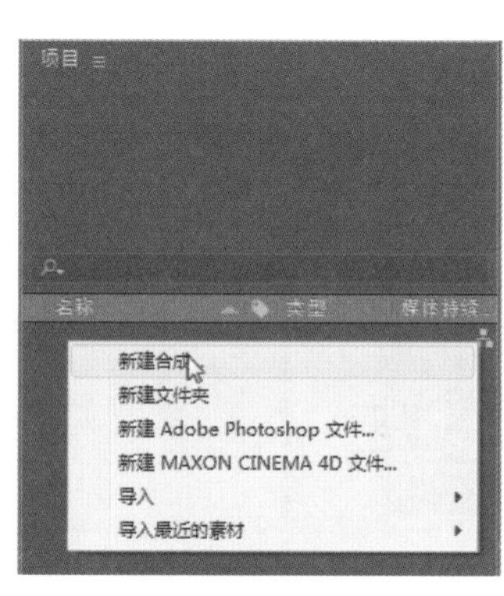

图 8-100

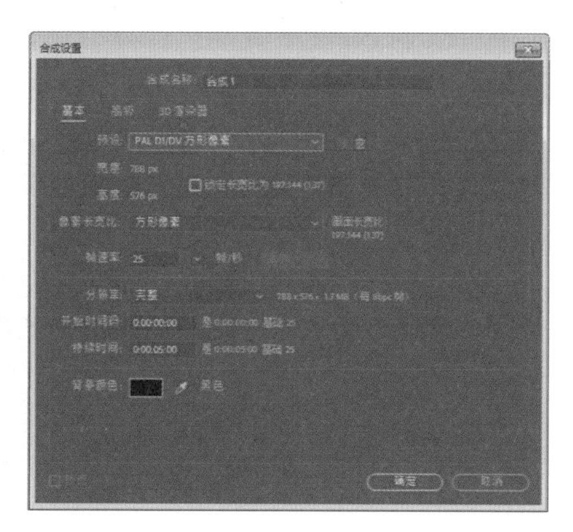

图 8-101

Step03 单击“确定”按钮新建合成，如图 8-102 所示。

图 8-102

Step04 单击“横排文字工具”，在“合成”面板单击并输入文字 I'm Ready，在“字符”面板中设置字体、大小及加粗，如图 8-103 和图 8-104 所示。

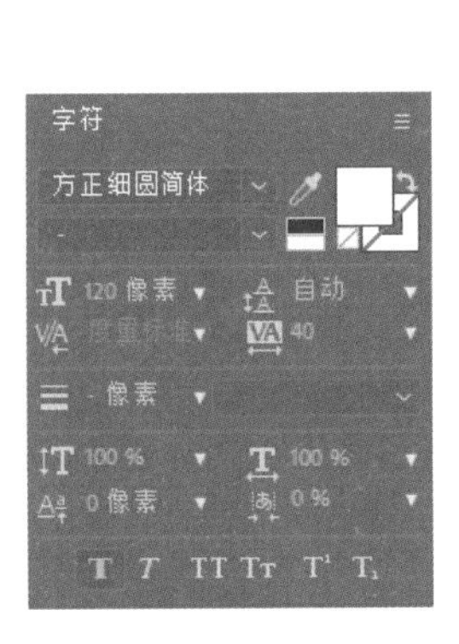

图 8-103

图 8-104

Step05 复制文字图层，并更改文字内容为 Let's Go，再隐藏图层，如图 8-105 所示。

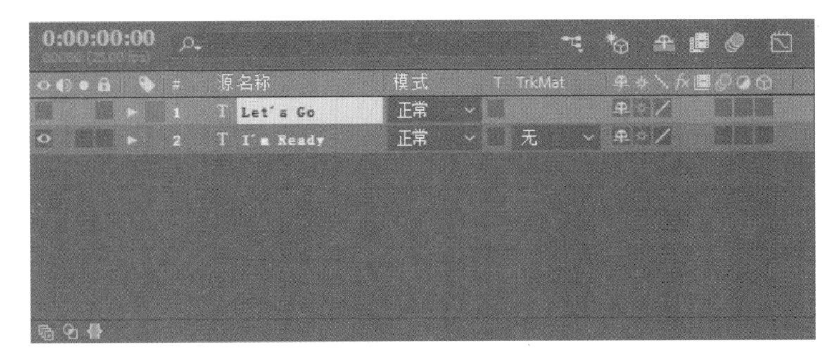

图 8-105

ACAA课堂笔记

Step06 选择 Ready 文字图层，为其添加“卡片擦除”特效，在“时间轴”面板打开属性列表，设置背景图层为 Let's Go 文字图层，将时间线移动至 0:00:00:00 位置，添加关键帧，并设置“过渡完成”值为 0%，如图 8-106 所示。

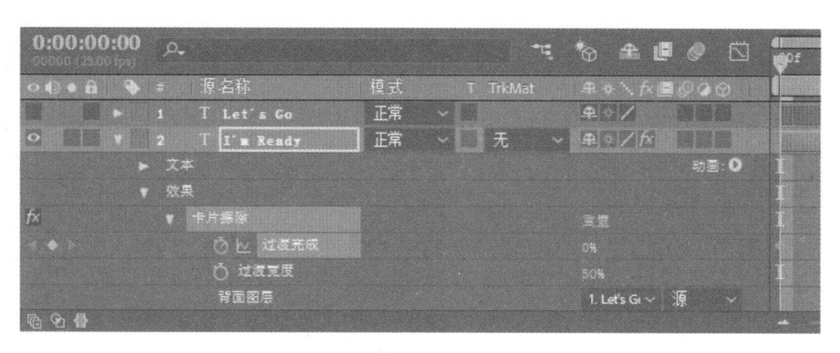

图 8-106

Step07 接着将时间线移动至 0:00:02:00 位置，设置“过渡完成”值为 100%，按 Enter 键添加关键帧，如图 8-107 所示。

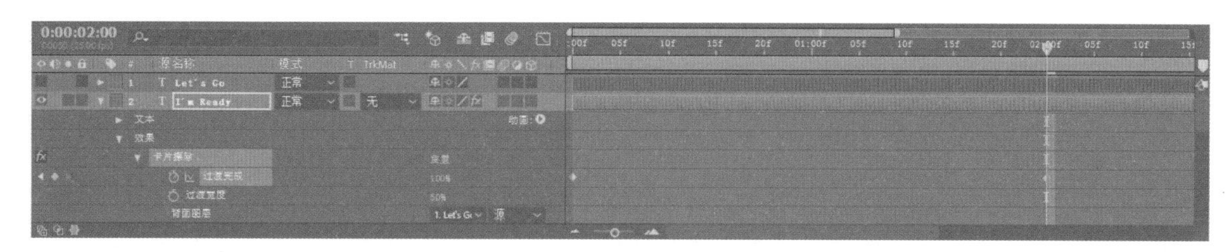

图 8-107

Step08 “合成”面板中此时的文字已切换到 GO 字样，如图 8-108 所示。

Step09 按空格键播放动画，当时间线移动至 0:00:01:00 位置时，文字破碎效果如图 8-109 所示。

图 8-108

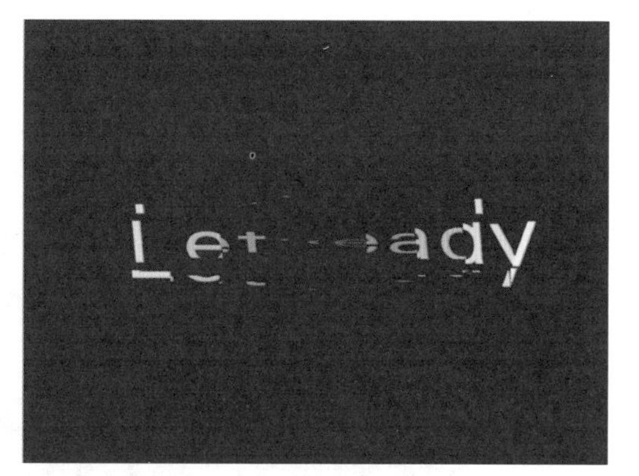

图 8-109

Step10 在“效果控件”面板中设置过渡宽度、行数、列数、翻转轴、翻转方向等参数，再观察合成效果，如图 8-110 和图 8-111 所示。

Step11 打开“位置抖动”属性组列表，将时间线移动至 0:00:00:05 位置，分别设置“X 抖动量”“Y 抖动量”“Z 抖动量”参数为 0 并添加关键帧，如图 8-112 所示。

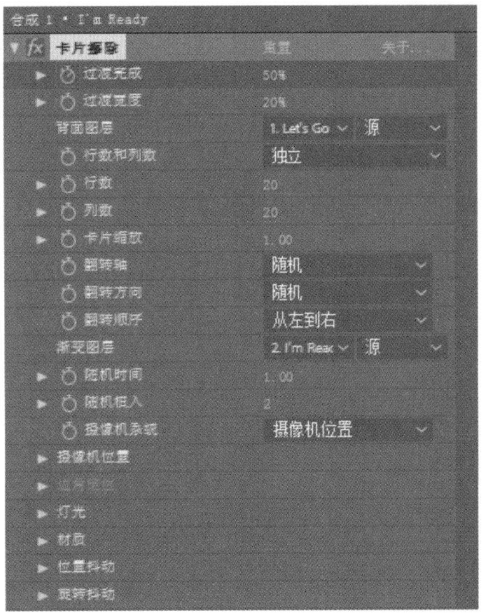

图 8-110

图 8-111

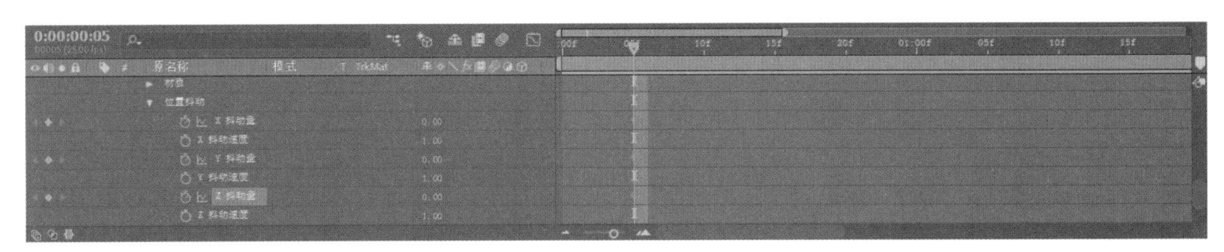

图 8-112

Step12 将时间线移动至 0:00:01:00 位置，分别设置“X 抖动量”“Y 抖动量”“Z 抖动量”参数为 8 并添加关键帧，如图 8-113 所示。

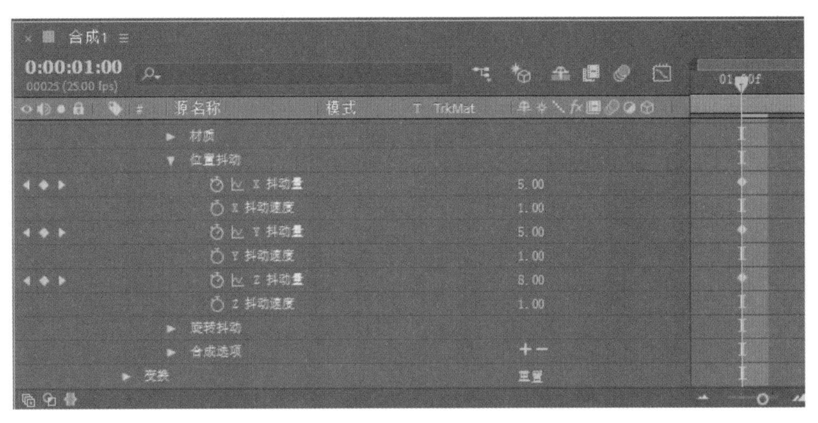

图 8-113

Step13 此时在“合成”面板可以看到文字破碎的状态，如图 8-114 所示。

Step14 继续将时间线移动至 0:00:02:00 位置，分别设置“X 抖动量”“Y 抖动量”“Z 抖动量”参数为 0 并添加关键帧，如图 8-115 所示。

Step15 按空格键预览文字重组的动画效果。

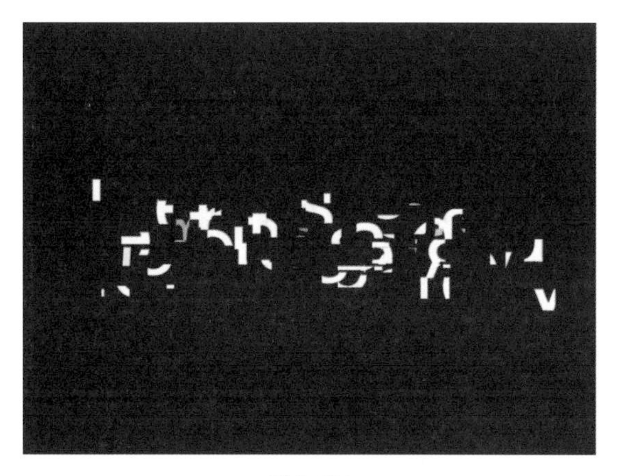

图 8-114

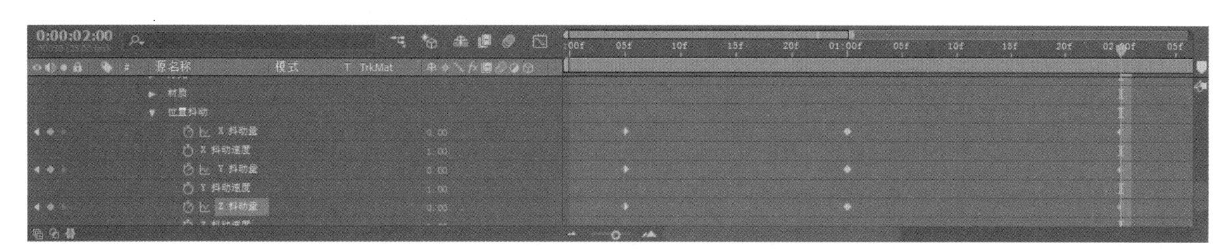

图 8-115

课堂实战：制作星球光效

经过本章知识的学习，下面利用各种特效来制作星球光效运动的效果。具体操作步骤如下。

Step01 新建项目，将素材图像拖曳至“项目”面板，右键单击素材，在弹出的快捷菜单中选择“基于所选项新建合成”命令创建合成，如图 8-116 和图 8-117 所示。

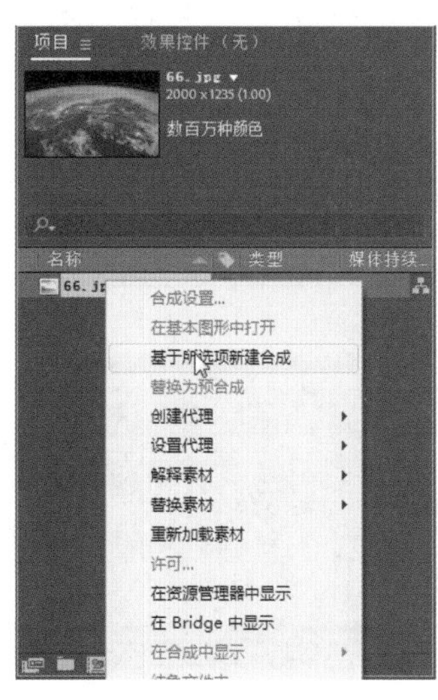

图 8-116

图 8-117

Step02 选择素材，从“效果和预设”面板中选择“镜头光晕”特效，效果如图 8-118 所示。

Step03 在“时间轴”面板打开“镜头光晕”属性列表，默认镜头类型，将时间线移动至 0:00:00:00 位置，调整光晕中心的位置并添加关键帧，如图 8-119 所示。

图 8-118

Step04 “合成”面板效果如图 8-120 所示。

Step05 移动时间线至时间轴末尾，调整光晕中心位置，按 Enter 键自动创建关键帧，如图 8-121 所示。

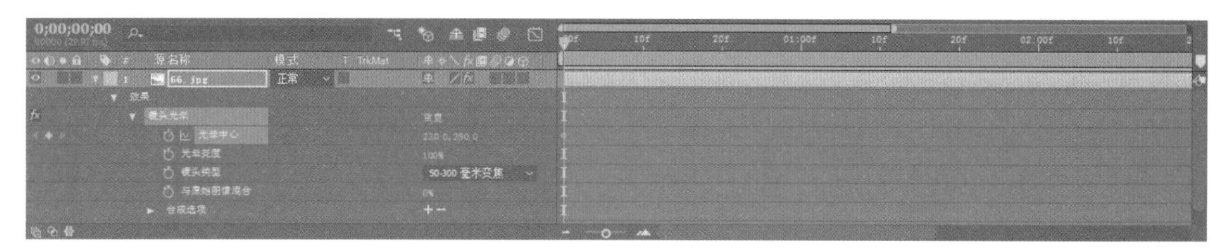

图 8-119

图 8-120

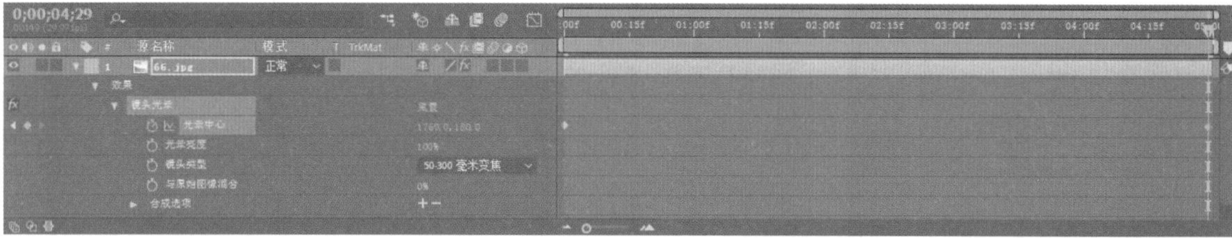

图 8-121

Step06 按空格键即可播放动画效果，如图 8-122 所示。

Step07 选择素材，从“效果和预设”面板中选择 CC Light Sweep 特效，如图 8-123 所示。

ACAA课堂笔记

图 8-122

图 8-123

Step08 在“时间轴”面板打开 CC Light Sweep 属性列表，将时间线移动至 0:00:00:00 位置，调整 Center 位置，然后设置 Direction 参数为 0x-68.0°，为该属性添加关键帧，如图 8-124 所示。

Step09 在“合成”面板可以看到，在当前时间，两种光效重合在一起，如图 8-125 所示。

Step10 由于两种光效运动的方式不同，这里需要创建多个关键帧，使其能够同步运动。将时间线移动至 0:00:01:00 位置，再设置 Direction 参数为 0x-52.0°，按 Enter 键添加关键帧，如图 8-126 所示。

图 8-124

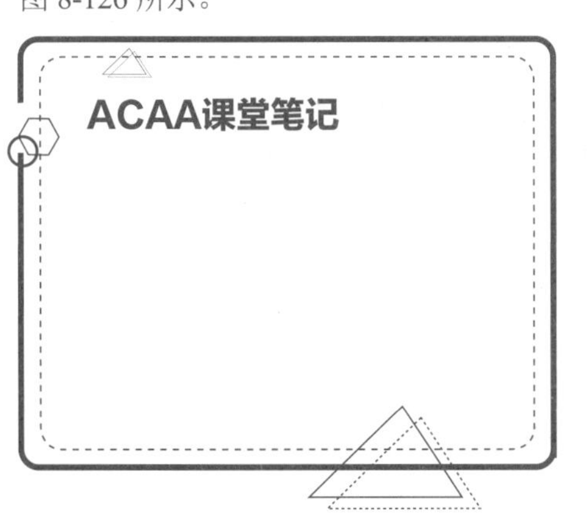

图 8-125

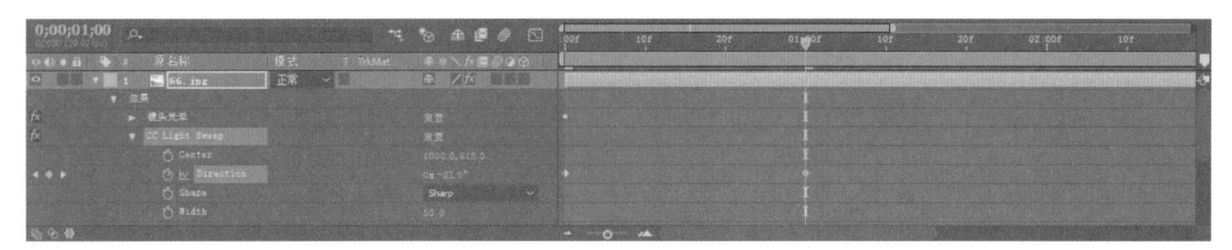

图 8-126

Step11 当前位置的效果如图 8-127 所示。

图 8-127

Step12 按照同样的方法，依次在 0:00:02:00 位置、0:00:03:00 位置、0:00:04:00 位置、0:00:05:00 位置分别添加关键帧，并依次设置 Direction 参数为 0x-23.0°、0x20.0°、0x48.0°、0x60.0°，使两种光效能够重合，如图 8-128 所示。

Step13 各个关键帧效果如图 8-129 所示。

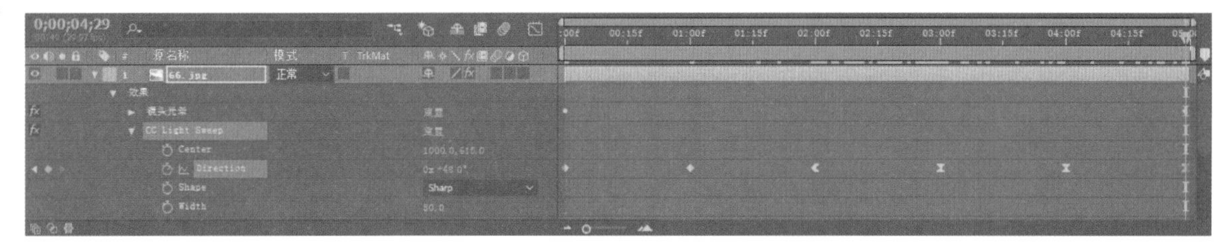

图 8-128

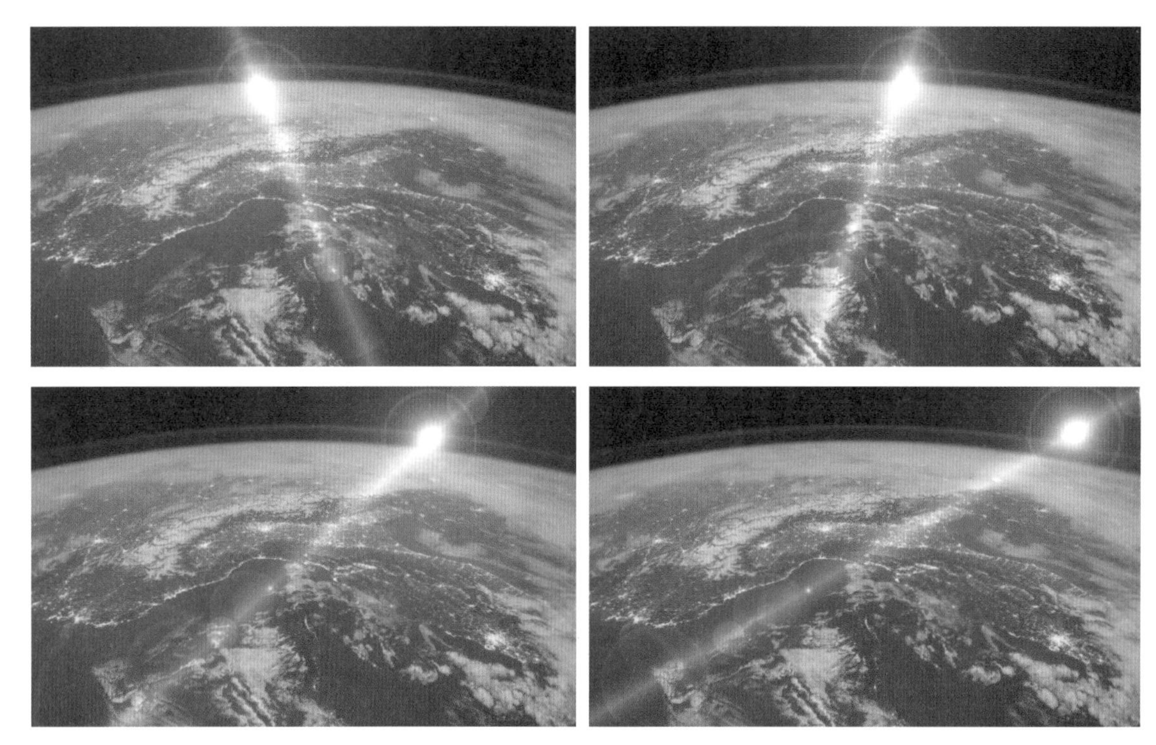

图 8-129

Step14 再次添加“镜头光晕”特效，设置“镜头类型”为“105 毫米定焦”，“光晕亮度”为50%，再调整光晕中心位置，并为该属性添加关键帧，如图 8-130 所示。

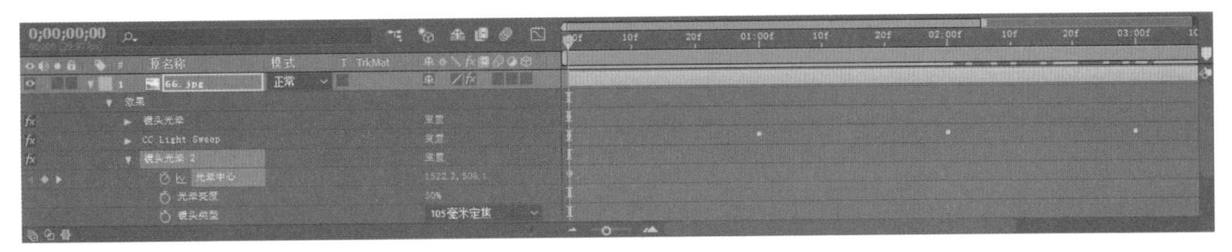

图 8-130

Step15 “合成”面板效果如图 8-131 所示。

Step16 再将时间线移动至时间轴末尾，设置光晕中心参数并按 Enter 键添加关键帧，如图 8-132 所示。

Step17 “合成”面板效果如图 8-133 所示。

图 8-131

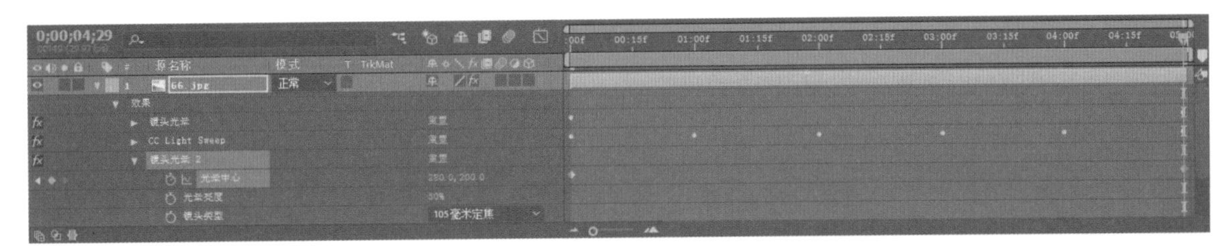

图 8-132

图 8-133

Step18 最后为素材添加“摄像机镜头模糊”特效，将时间线移动至0:00:00:00位置，设置“模糊半径”为20，再为该属性添加关键帧，如图8-134所示。

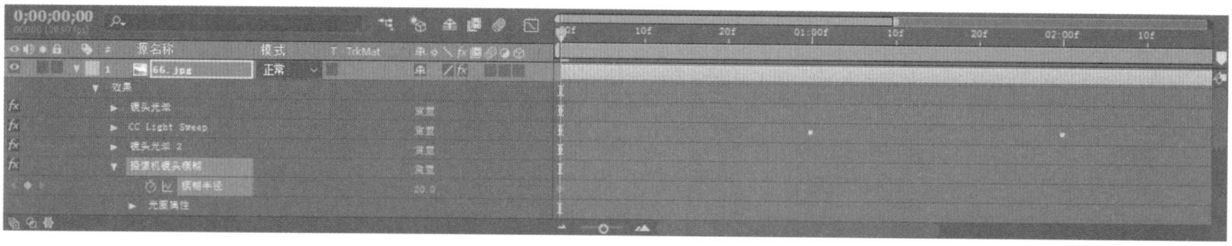

图 8-134

Step19 “合成”面板效果如图8-135所示。

Step20 将时间线移动至0:00:00:10位置，设置“模糊半径”为0，按Enter键添加关键帧，如图8-136所示。

Step21 “合成”面板效果如图8-137所示。

Step22 按空格键即可预览动画效果。

图 8-135

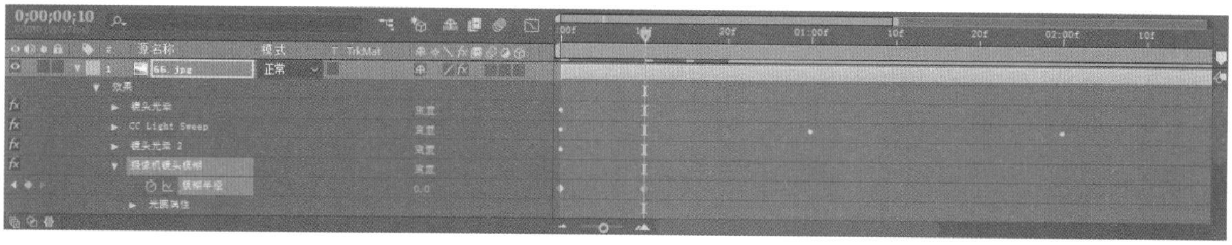

图 8-136

图 8-137

课后作业

一、选择题

1. 下列方式不能为素材添加特效的是（　　）。
   A. 从“效果”菜单中选择　　B. 右键单击图层，在弹出的快捷菜单中选择效果
   C. 从“效果和预设”面板中选择效果　　D. 从“效果控件”面板选择
2. 为特效的效果点设置动画后，下列窗口能够对运动路径进行编辑的是（　　）。
   A. “项目”窗口　　B. “播放控制”窗口
   C. “时间轴”窗口　　D. “特效控制”窗口
3. 根据层的 Transform 动画，产生真实的运动模糊现象，下列方法正确的是（　　）。
   A. 打开运动模糊开关　　B. 应用 Echo 特效
   C. 应用 Direcyion Blur　　D. 应用 Motion Blur 特效
4. 对于背景比较复杂的图像，以下键控方式效果比较好的是（　　）。
   A. Color differences　　B. Difference Matte
   C. Inner Out Key　　D. Lincar Color Key
5. 对 After Effects 的粒子特效描述不正确的是（　　）。
   A. 粒子发生器从设置特效的层的 0 秒开始工作，指示器可以在时间线的任意点观察效果
   B. 不仅可以用文本替换粒子，还可以为粒子进行贴图
   C. 只有 Cannon 和 Gird 两种粒子可以被文本替换
   D. 粒子一旦产生后，可以用重力、排斥力和使用墙的方法来调节其物理状态

二、填空题

1. ________ 特效可以用于模拟比较复杂的效果和无规律的表面纹理，比如烟雾、流动的岩石表面和燃烧。
2. ________ 特效可以将图像分解成许多小卡片的形状并达到转场的效果。
3. After Effects 自带了 ________ 种针对音频的特效，其中可以产生回声特效的是 ________。

三、操作题

为素材图像制作下雪效果，如图 8-138 和图 8-139 所示。

图 8-138

图 8-139

操作提示：

Step01 选择合适的素材图像。

Step02 在“效果和预设”面板中展开“模拟”特效组，选择 CC Snowfall。

Step03 在“效果控件”面板设置参数。

综合实战篇

General practice

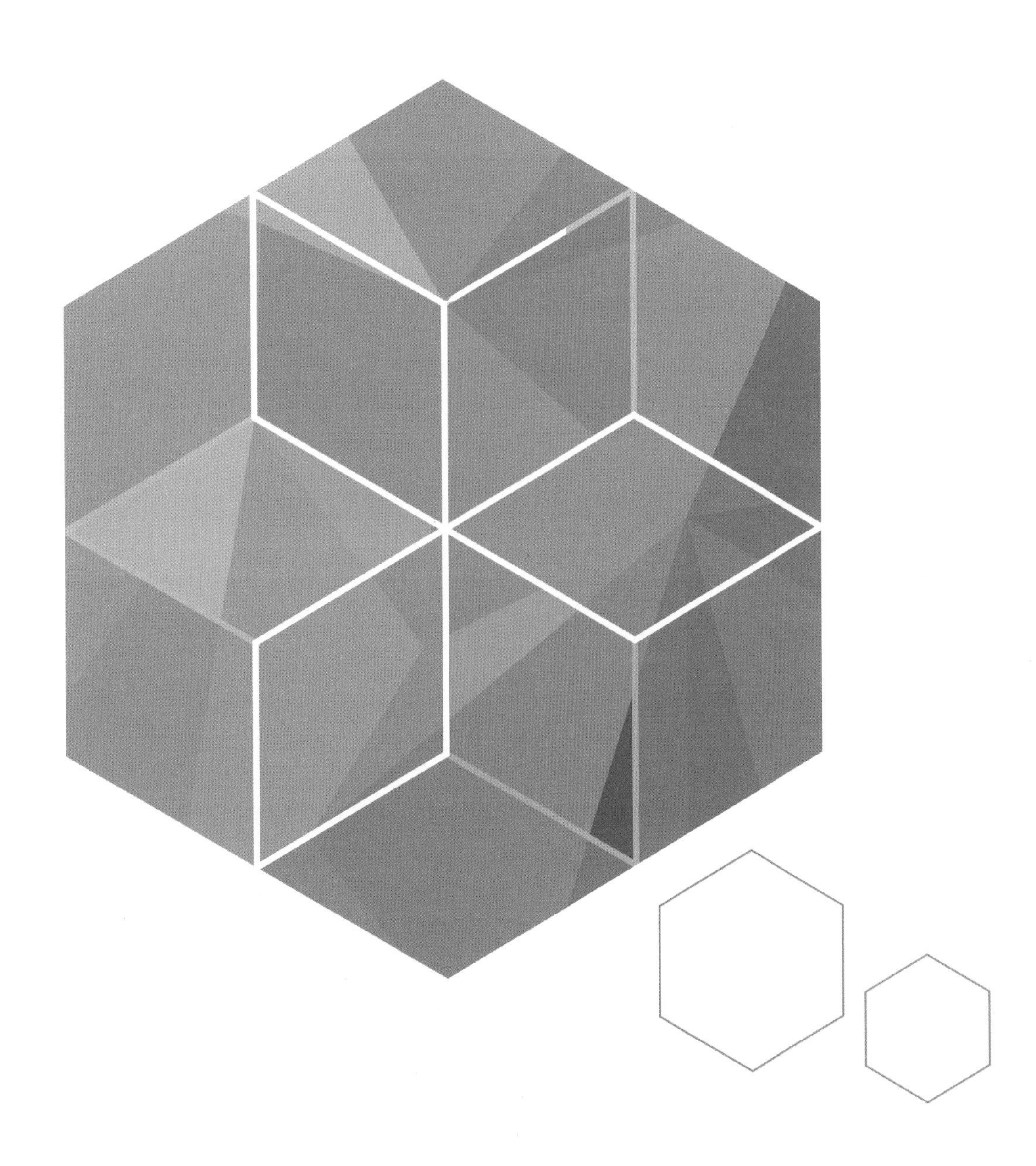

第9章 制作水墨动画效果

内容导读

利用 After Effects CC 可以制作出复杂的合成素材效果，从而实现更好的视觉效果。水墨在影视特效中是较常出现的，能够很好地表现出中国风的特色。

本案例将介绍水墨动画效果的处理，以便用户更好地掌握遮罩、关键帧等功能的作用。

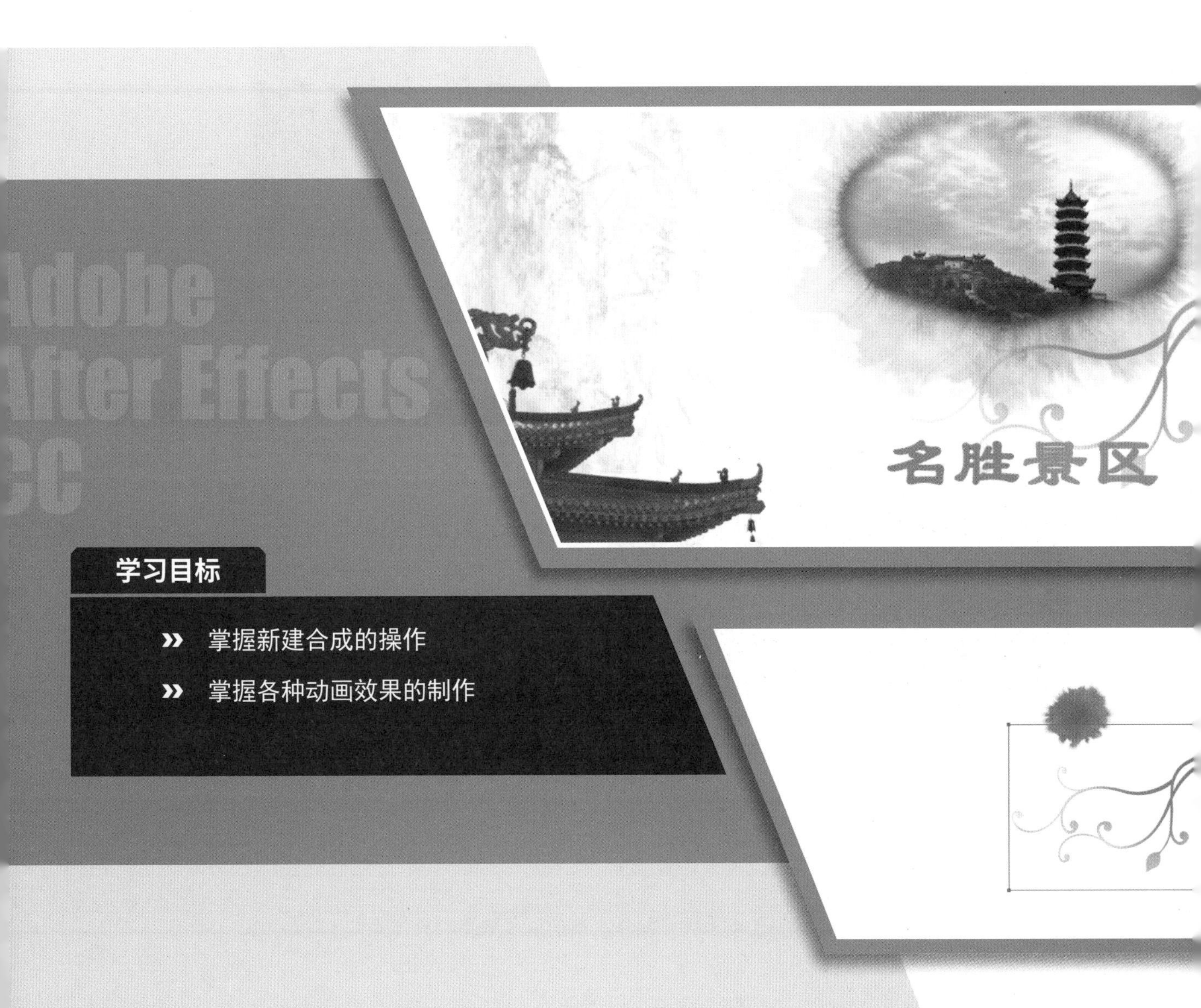

学习目标

- 掌握新建合成的操作
- 掌握各种动画效果的制作

9.1 新建合成

在案例制作的开始首先要新建合成项目，这里要创建一个纯色图层作为固态层，便于承载后期的各种特效。具体操作步骤如下。

Step01 新建项目，在“项目”面板单击鼠标右键，在弹出的快捷菜单中选择“新建合成”命令，如图 9-1 所示。

Step02 打开“合成设置”对话框，设置预设类型为 HDV/HDTV 720 29.97，持续时间为 0:00:05:00，如图 9-2 所示。

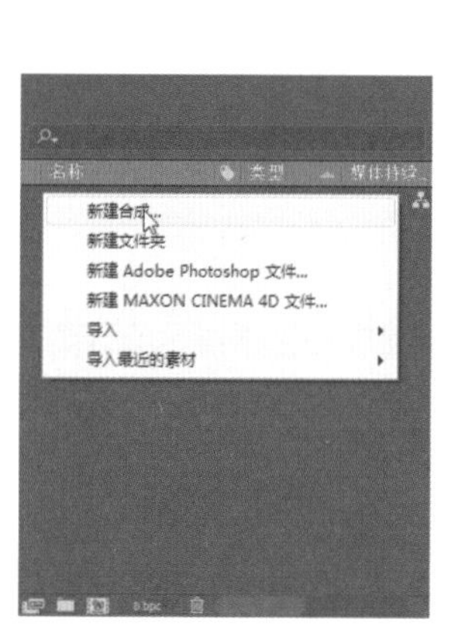

图 9-1

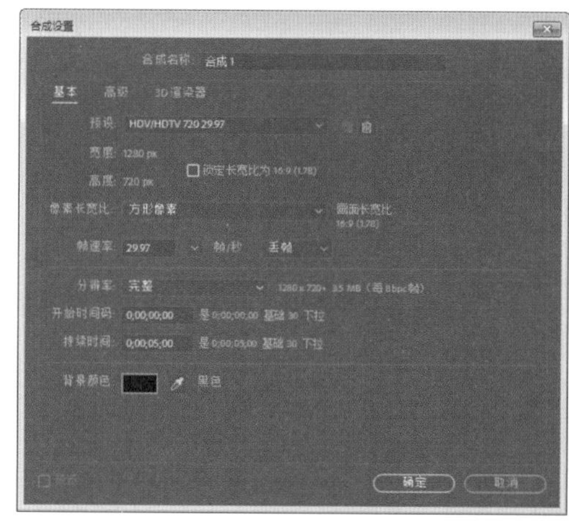

图 9-2

Step03 单击“确定”按钮新建合成，如图 9-3 所示。

Step04 在“时间轴”面板单击鼠标右键，新建白色的纯色图层，如图 9-4 所示。

图 9-3

图 9-4

9.2 制作水墨动画效果

本小节将利用一段水墨散开的动态视频制作主要的展示效果，具体操作步骤如下。

Step01 从素材文件夹中选择素材并将其拖入“项目”面板，如图 9-5 所示。

Step02 将“合成”面板中的“水墨 .mov”视频素材拖入“时间轴”面板，将图层拖至纯色图层上层，按住 Shift 键调整视频在合成面板中的比例，效果如图 9-6 所示。

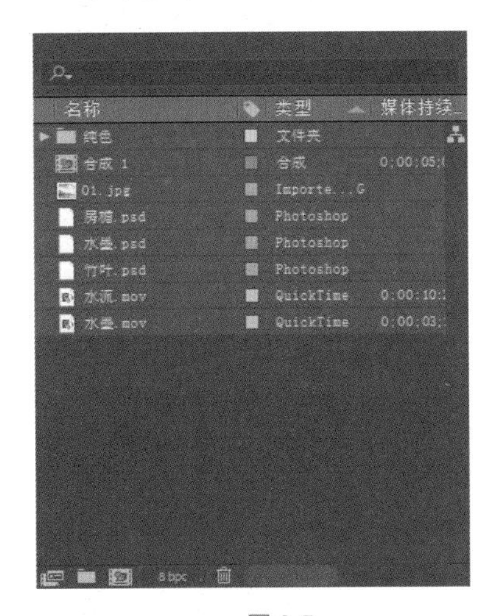

图 9-5

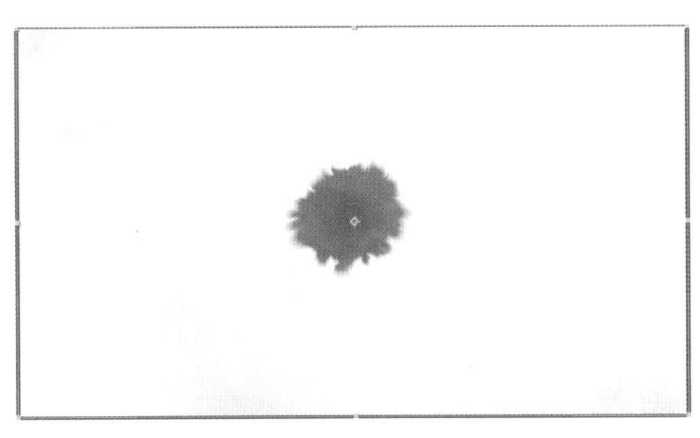

图 9-6

Step03 为该视频图层添加“亮度 / 对比度”效果，设置“对比度”为 60，如图 9-7 所示。

Step04 设置后的效果如图 9-8 所示。

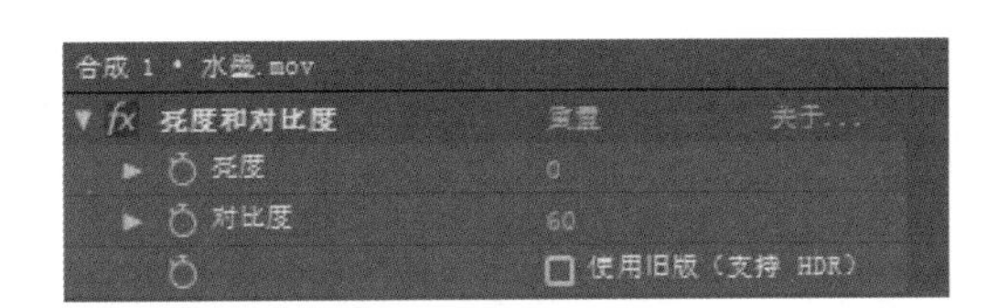

图 9-7

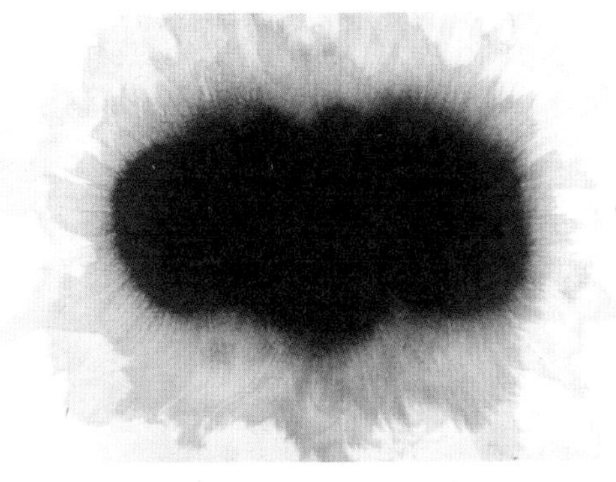

图 9-8

Step05 在“时间轴”面板打开属性列表，设置“缩放”值为 50%，再调整对象的位置，如图 9-9 所示。

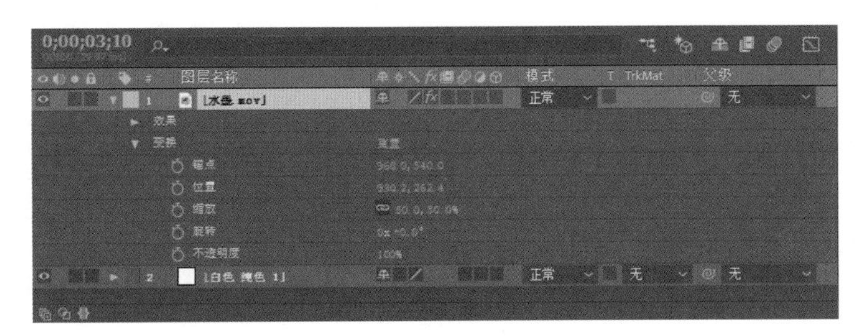

图 9-9

Step06 在“合成”面板中调整对象的位置，如图 9-10 所示。

Step07 单击“椭圆工具”，在“合成”面板上绘制一个椭圆，如图 9-11 所示。

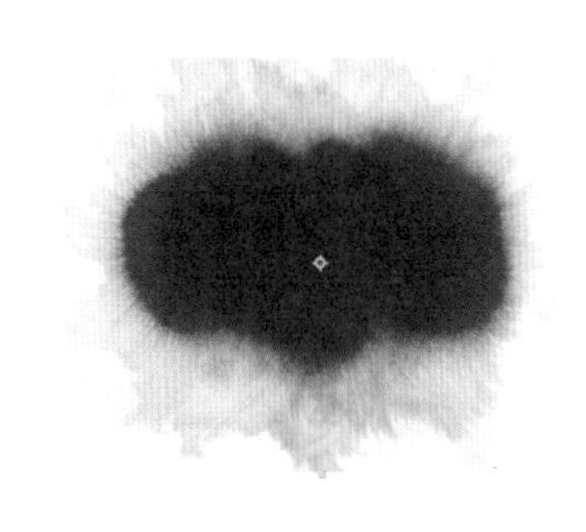

图 9-10

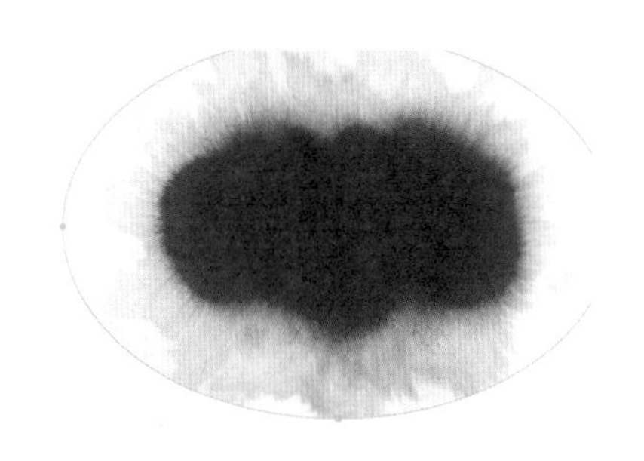

图 9-11

Step08 在“时间轴”面板中打开属性列表，设置“蒙版羽化”值为 80，如图 9-12 所示。

Step09 设置后按空格键播放动画，“合成”面板中的效果如图 9-13 所示。

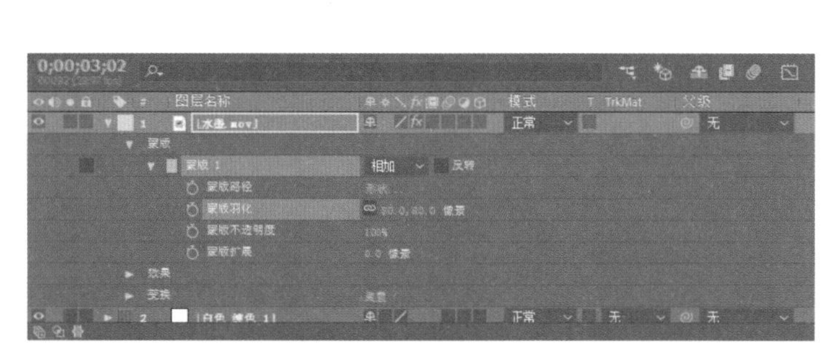

图 9-12

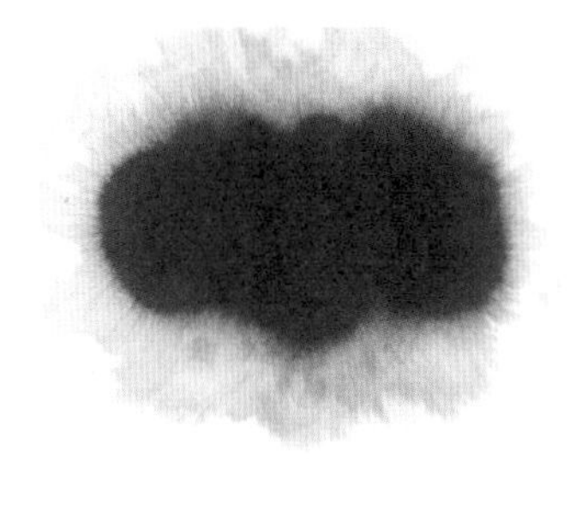

图 9-13

Step10 将时间线移动至 0:00:00:00 位置，添加关键帧并设置“不透明度”为 0%，如图 9-14 所示。

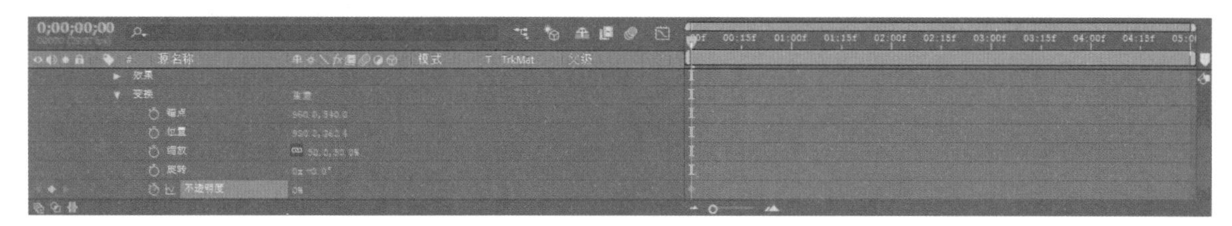

图 9-14

Step11 再将时间线移动至 0:00:05:00 位置，添加关键帧并设置“不透明度”为 100%，如图 9-15 所示。

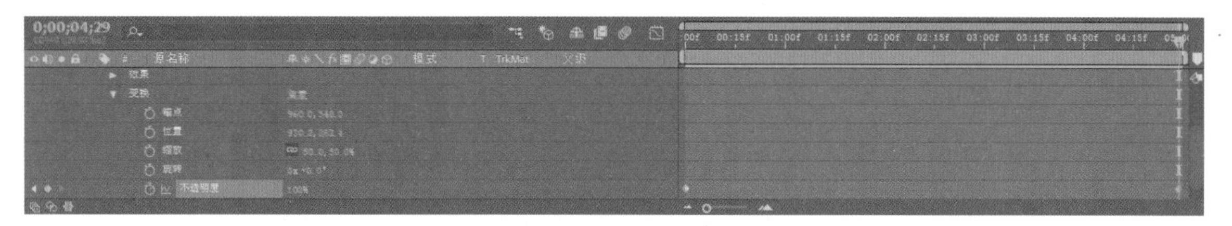

图 9-15

Step12 至此完成水墨效果的设置。

9.3 制作屋檐变化效果

本小节将制作屋檐淡入的效果，具体操作步骤如下。

Step01 选择视频图层，单击鼠标右键，在弹出的快捷菜单中选择“时间”|“时间伸缩”命令，打开“时间伸缩”对话框，设置新的持续时间为0:00:05:00，如图9-16所示。

Step02 单击“确定”按钮即可完成视频图层持续时间的缩放，在“时间轴”面板中可以看到视频图层的结束点延长至0:00:05:00，如图9-17所示。

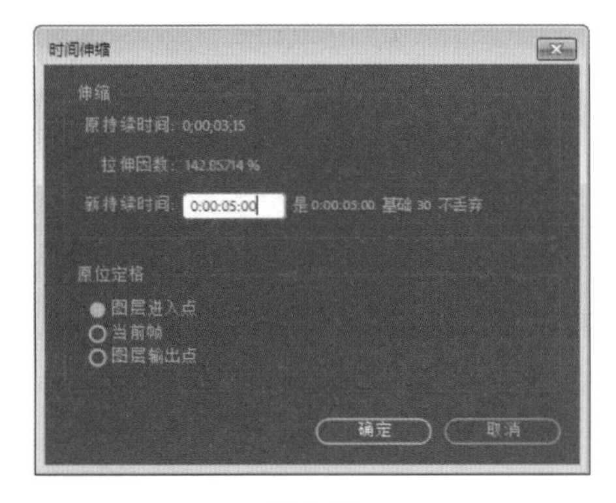

图 9-16

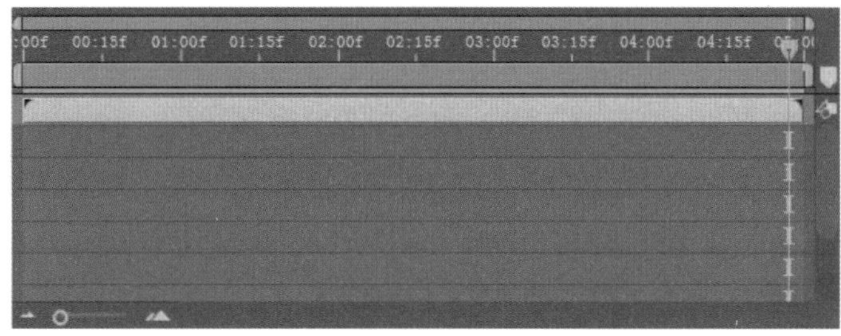

图 9-17

Step03 从“项目”面板拖动“房檐.PSD”文件至“时间轴”面板，图层调整至顶部，在“合成”面板可以看到当前素材较大，效果如图9-18所示。

Step04 在“合成”面板调整素材大小，在“对齐”面板中单击“水平靠左对齐”和“垂直靠下对齐”按钮，效果如图9-19所示。

图 9-18

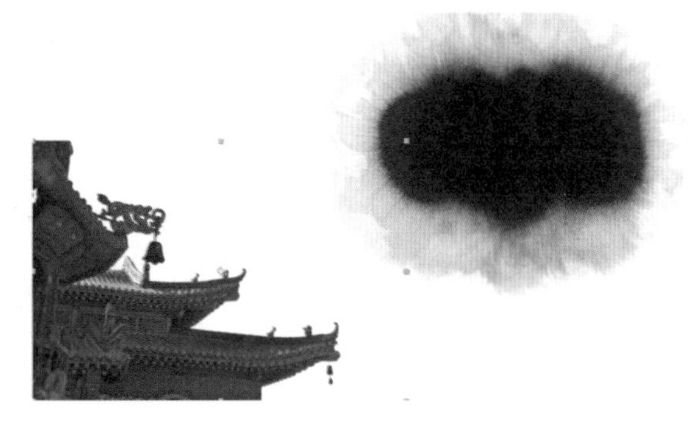

图 9-19

Step05 在“时间轴”面板展开属性列表，将时间线移动至0:00:04:00位置并添加关键帧，再设置“不透明度”为100%，如图9-20所示。

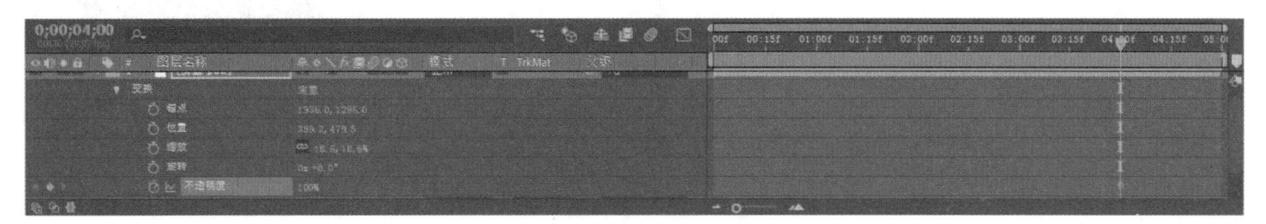

图 9-20

Step06 再将时间线移动至 0:00:00:00 位置，添加关键帧并设置“不透明度”为 0%，如图 9-21 所示。

图 9-21

Step07 打开图表编辑器，如图 9-22 所示。

Step08 选择曲线，再依次单击“缓入”和“缓出”按钮，此时的曲线如图 9-23 所示。

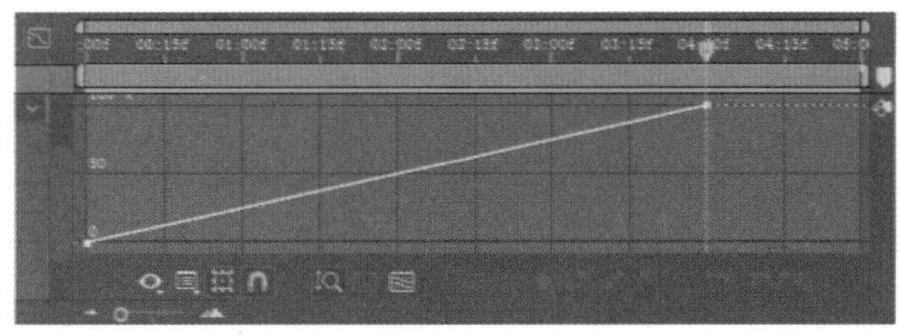

图 9-22

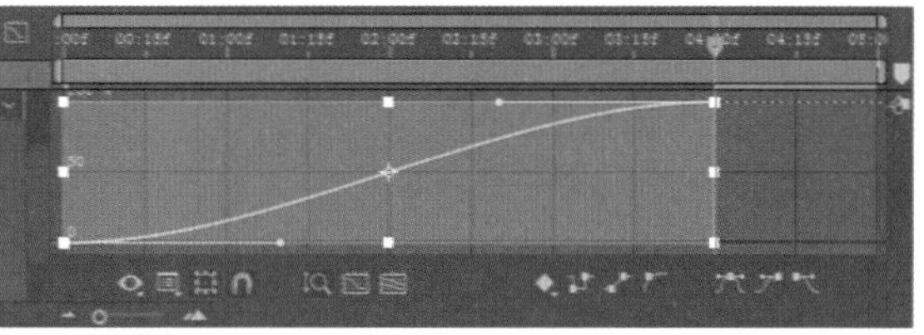

图 9-23

Step09 至此完成屋檐显示效果的制作。

9.4 制作花纹展示效果

本小节将制作藤蔓花纹展开的动画效果，具体操作步骤如下。

Step01 将“项目”面板中的“水墨.PSD”素材拖至“时间轴”面板，调整素材大小及位置，如图 9-24 所示。

Step02 单击“矩形工具”，在“合成”面板创建矩形蒙版并调整位置，如图 9-25 所示。

图 9-24

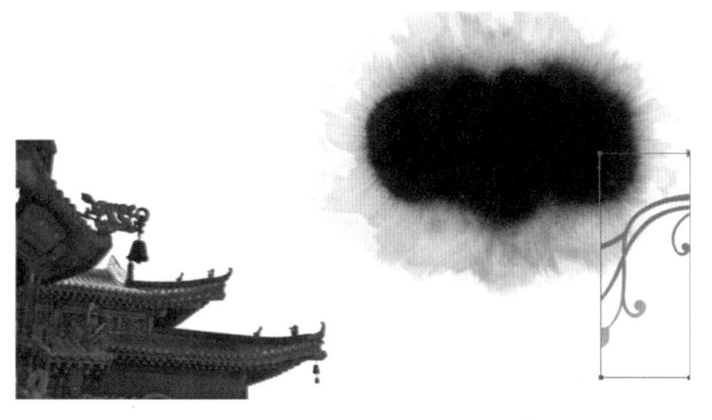

图 9-25

Step03 在属性列表中单击“蒙版路径”的“形状”按钮，打开“蒙版形状”对话框，设置定界框尺寸，如图 9-26 所示。

Step04 单击“确定”按钮，合成面板中设置后的矩形蒙版如图 9-27 所示。

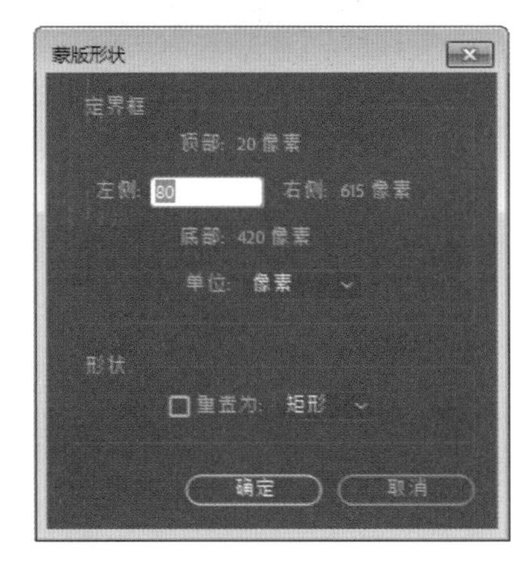

图 9-26

图 9-27

Step05 将时间线移动至 0:00:05:00 位置，单击“时间变化秒表”按钮添加关键帧，如图 9-28 所示。

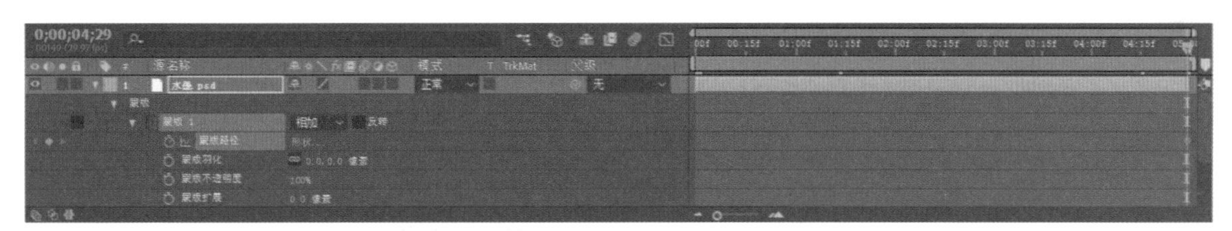

图 9-28

Step06 将时间线移动至 0:00:00:00 位置，再单击“形状”按钮打开“蒙版形状”对话框，设置定界框左侧参数，如图 9-29 所示。单击“确定”按钮关闭对话框。

Step07 在“时间轴”面板设置“蒙版羽化”为 300，如图 9-30 所示。

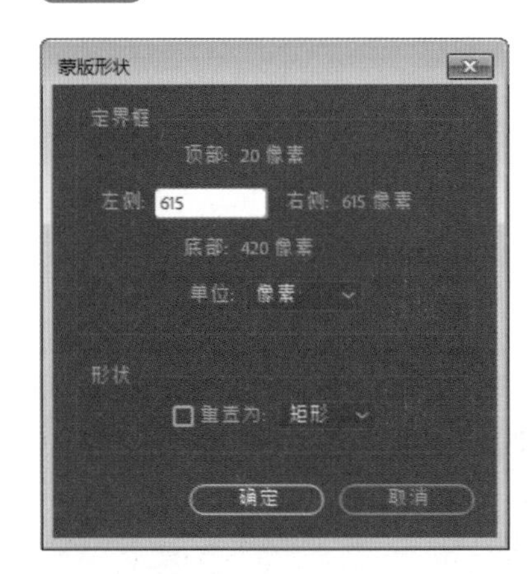

图 9-29

图 9-30

ACAA课堂笔记

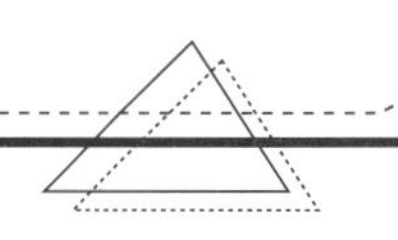

Step08 “合成”面板效果如图 9-31 所示。

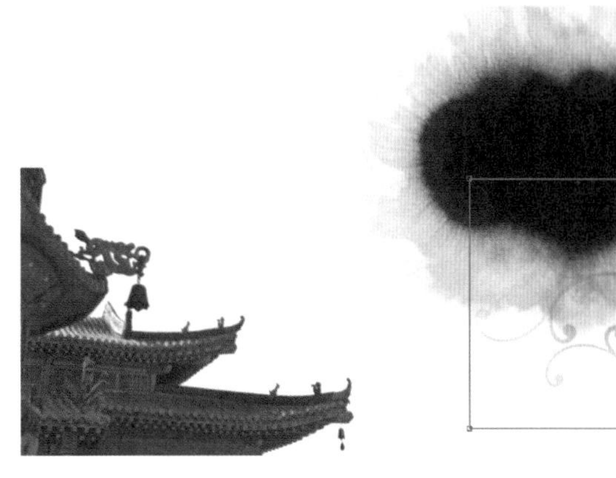

图 9-31

Step09 至此完成花纹展示效果的制作。

9.5 制作竹叶变化效果

本小节将制作竹叶元素忽隐忽现的动画效果，具体操作步骤如下。

Step01 将“竹叶 .psd”素材拖曳至“时间轴”面板，在“合成”面板中调整位置，如图 9-32 所示。

图 9-32

Step02 将时间线移动至 0:00:00:00 位置，单击“时间变化秒表”按钮添加关键帧，设置“不透明度”为 0%，如图 9-33 所示。

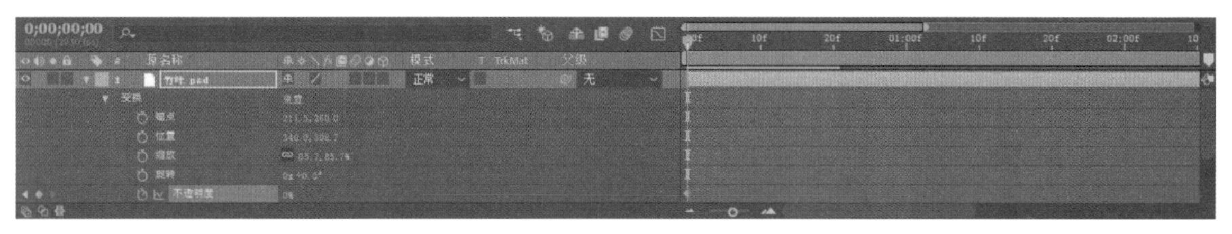

图 9-33

Step03 将时间线移动至 0:00:01:00 位置并添加关键帧，再设置“不透明度”为 20%，如图 9-34 所示。

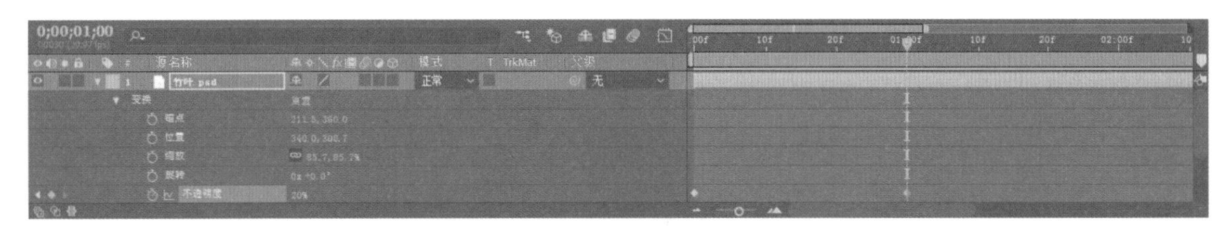

图 9-34

Step04 将时间线移动至 0:00:02:00 位置，单击“时间变化秒表”按钮添加关键帧，设置“不透明度”为 0%，如图 9-35 所示。

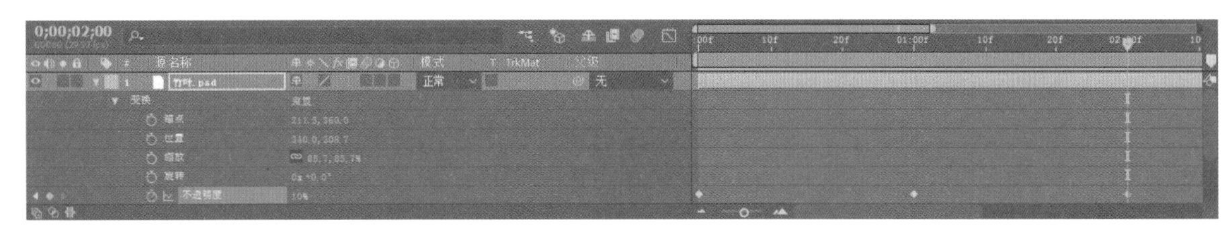

图 9-35

Step05 将时间线移动至 0:00:03:00 位置，单击“时间变化秒表”按钮添加关键帧，设置“不透明度”为 35%，如图 9-36 所示。

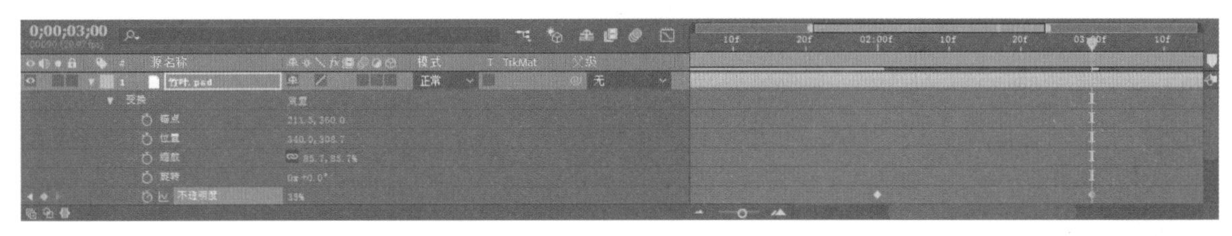

图 9-36

Step06 将时间线移动至 0:00:04:00 位置，单击“时间变化秒表”按钮添加关键帧，设置“不透明度”为 20%，如图 9-37 所示。

图 9-37

Step07 将时间线移动至 0:00:05:00 位置，单击“时间变化秒表”按钮添加关键帧，设置“不透明度”为 10%，如图 9-38 所示。

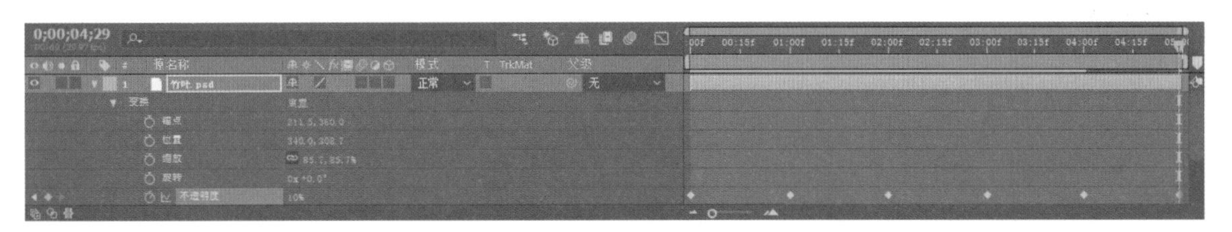

图 9-38

Step08 为图层添加“色阶”效果，设置“输出白色”参数为150，如图 9-39 所示。

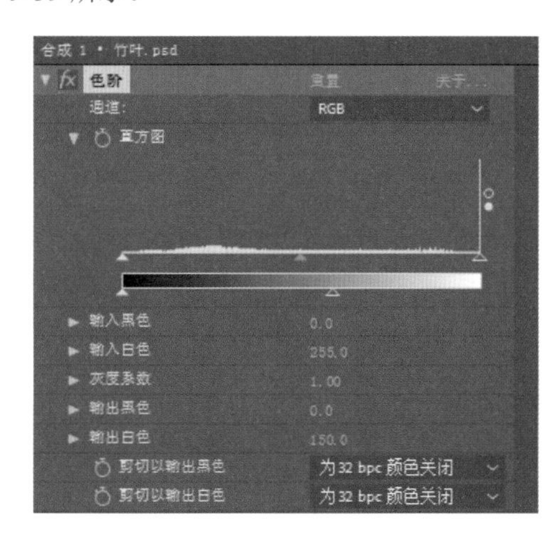

图 9-39

Step09 设置后的效果如图 9-40 所示。

图 9-40

Step10 设置“竹叶”图层混合模式为“经典差值”，效果如图 9-41 所示。

图 9-41

Step11 至此完成竹叶变化效果的制作。

9.6 制作流水变化效果

本小节会将一段流水动态视频制作为背景动态效果，具体操作步骤如下。

Step01 将“水流 .mov”素材拖曳至“时间轴”面板，图层置于“房檐”下方，如图 9-42 所示。

0;00;03;06
00096 (29.97 fps)

#	源名称	模式	TrkMat	父级
1	竹叶.psd	经典差值		无
2	水墨.psd	正常	无	无
3	房檐.psd	正常	无	无
4	水流.mov	正常	无	无
5	水墨.mov	正常	无	无
6	白色 纯色 1	正常	无	无

图 9-42

Step02 在“合成”面板缩放对象大小并调整位置，如图 9-43 所示。

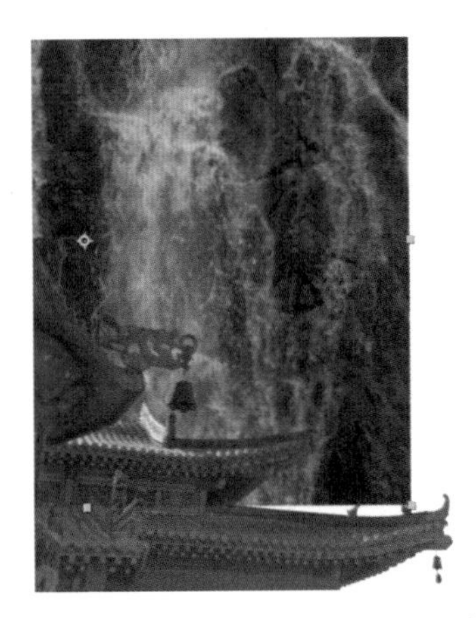

图 9-43

Step03 单击“矩形工具”，绘制一个矩形遮罩，如图 9-44 所示。

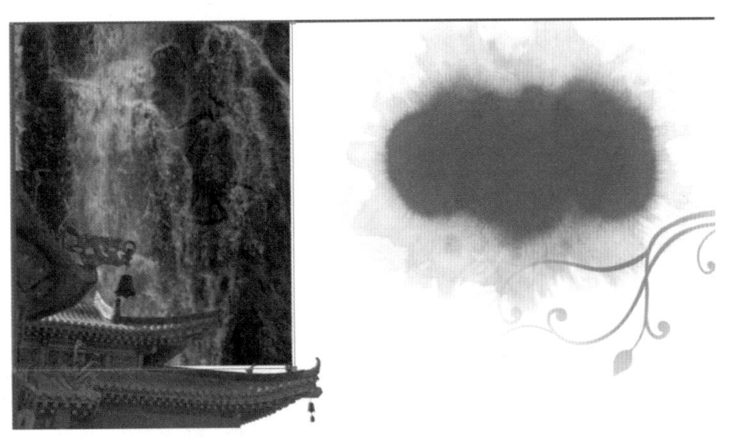

图 9-44

Step04 打开属性列表，设置“蒙版羽化”为 180，如图 9-45 所示。

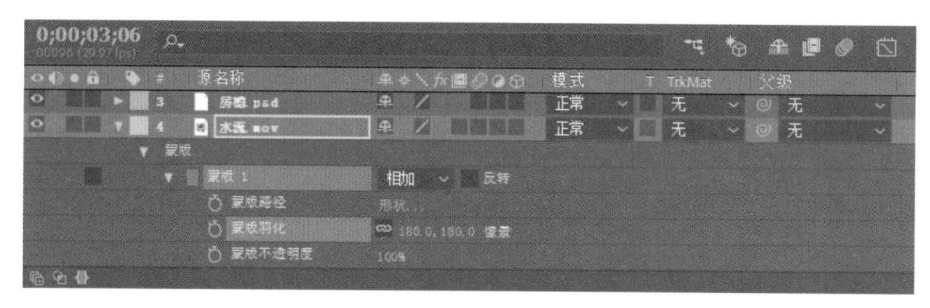

图 9-45

Step05 设置后的效果如图 9-46 所示。

Step06 为图层选择并添加“色阶”效果，设置“灰度系数”值为 0.5，如图 9-47 所示。

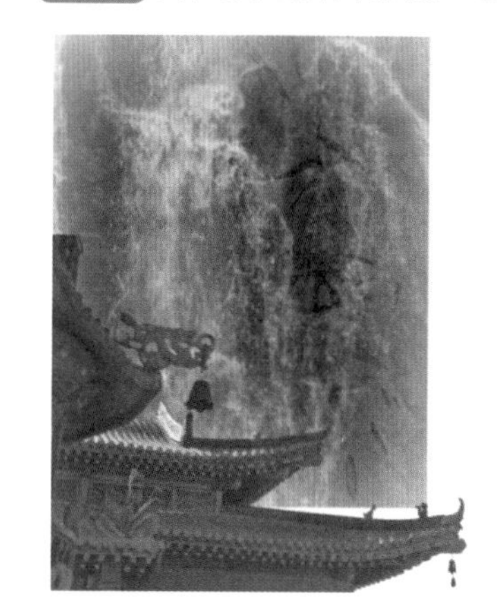

图 9-46

图 9-47

Step07 设置后效果如图 9-48 所示。

图 9-48

Step08 将时间线移动至 0:00:00:00 位置，添加关键帧并设置“不透明度”为 0%，如图 9-49 所示。

图 9-49

Step09 将时间线移动至 0:00:02:00 位置，添加关键帧并设置“不透明度”为 50%，如图 9-50 所示。

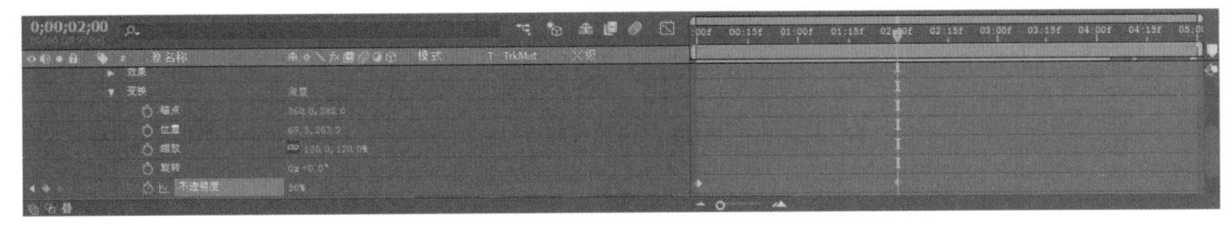

图 9-50

Step10 将时间线移动至 0:00:04:00 位置，添加关键帧并设置“不透明度”为 50%，如图 9-51 所示。

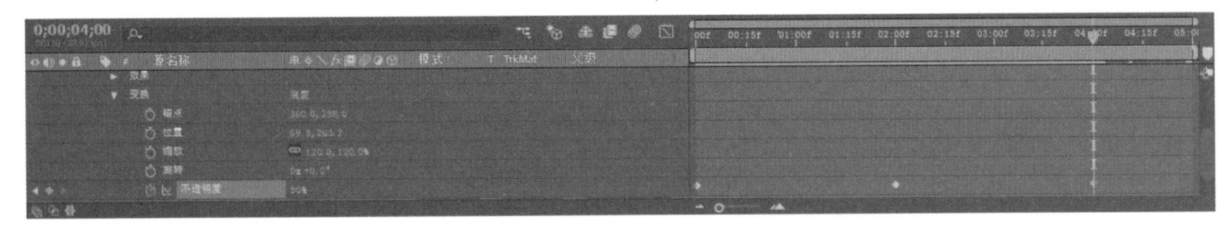

图 9-51

Step11 最后将时间线移动至 0:00:05:00 位置，添加关键帧并设置“不透明度”为 0%，如图 9-52 所示。

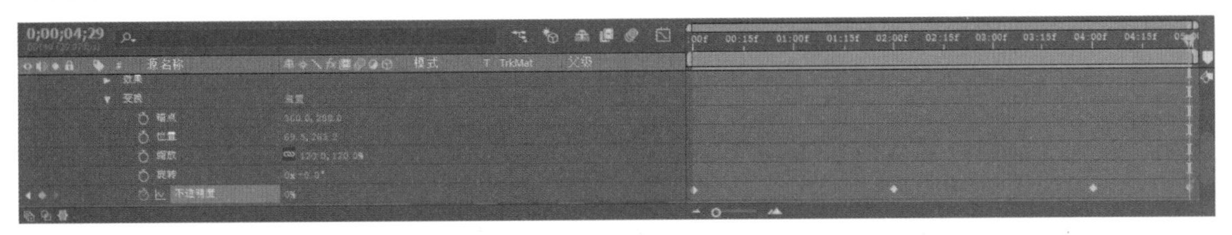

图 9-52

Step12 按空格键播放动画，可以看到流水的动态效果，如图 9-53 所示。

Step13 最后为“水流”素材添加“色相 / 饱和度”效果，在“效果控件”面板设置主饱和度，如图 9-54 所示。

图 9-53

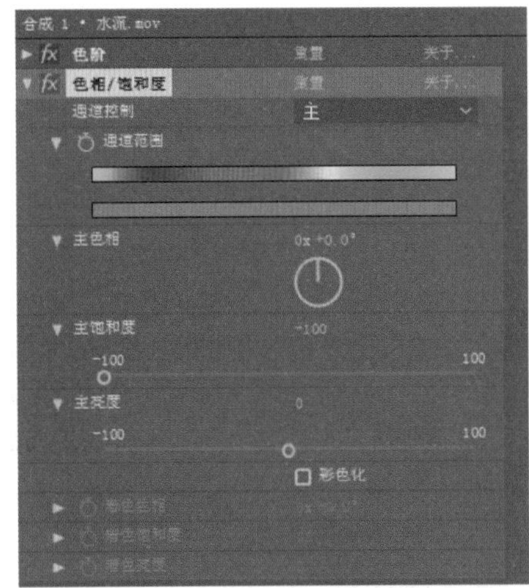

图 9-54

Step14 设置后的水流效果如图 9-55 所示。

图 9-55

Step15 至此完成流水变化效果的制作。

9.7 制作风景展示效果

本小节将利用“椭圆工具”的遮罩功能制作风景展示动态效果，具体操作步骤如下。

Step01 将风景素材拖曳至“时间轴”面板，打开属性列表并设置“缩放”值为 12%，如图 9-56 所示。

图 9-56

Step02 在“合成”面板调整素材位置，如图 9-57 所示。

图 9-57

ACAA课堂笔记

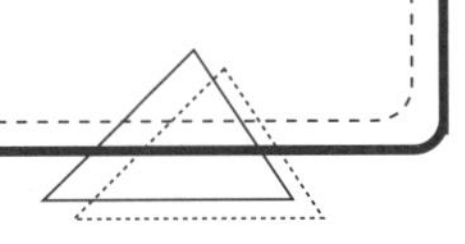

Step03 单击“椭圆工具”，在“合成”面板绘制一个椭圆遮罩并调整位置，如图 9-58 所示。

图 9-58

Step04 从“时间轴”面板打开“蒙版”属性列表，设置“蒙版羽化”值为 200，如图 9-59 所示。

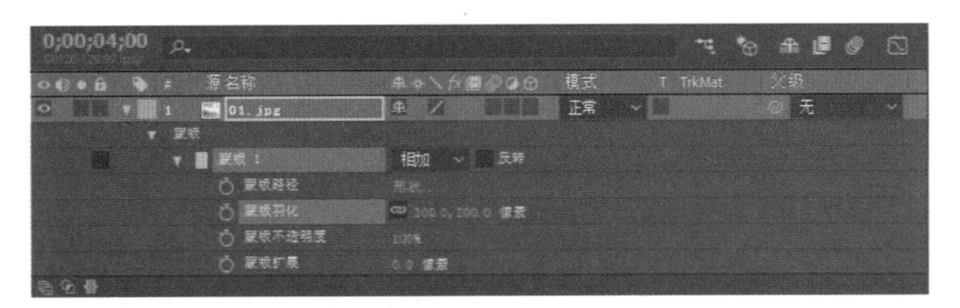

图 9-59

Step05 设置后的羽化效果如图 9-60 所示。

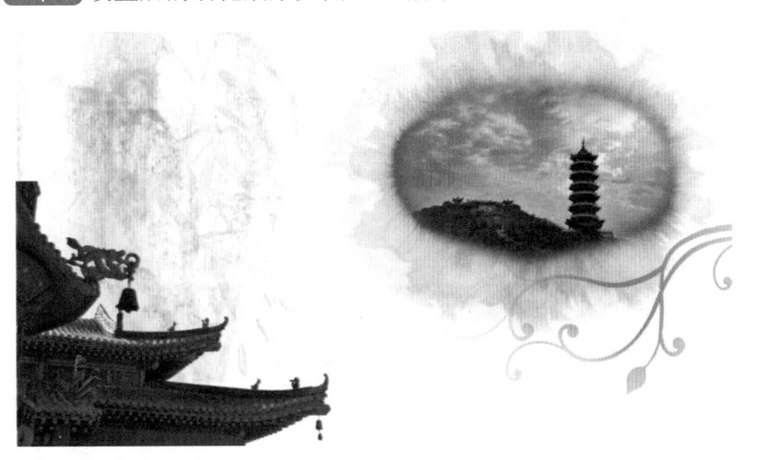

图 9-60

Step06 为素材添加“亮度 / 对比度”效果，设置亮度值，如图 9-61 所示。

Step07 继续添加“色相 / 饱和度”效果，设置主饱和度，如图 9-62 所示。

图 9-61

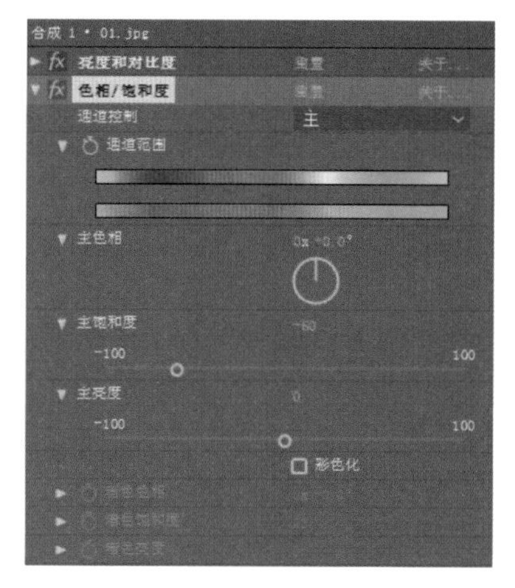

图 9-62

Step08 设置后的风景效果如图 9-63 所示。

Step09 在“时间轴”面板调整图层的入点位置在 0:00:00:20，如图 9-64 所示。

Step10 保持时间线位置，打开“变换”属性列表，为“不透明度”添加关键帧，设置数值为 0%，如图 9-65 所示。

图 9-63

图 9-64

图 9-65

Step11 将时间线移动至 0:00:03:00 位置，添加关键帧并设置“不透明度”为 100%，如图 9-66 所示。

Step12 将时间线移动至 0:00:04:15 位置并添加关键帧，不透明度值不变，如图 9-67 所示。

Step13 将时间线移动至 0:00:04:29 位置，添加关键帧并设置“不透明度”为 20%，如图 9-68 所示。

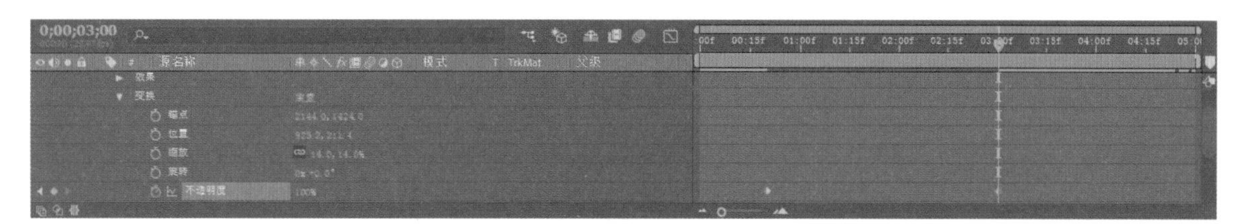

图 9-66

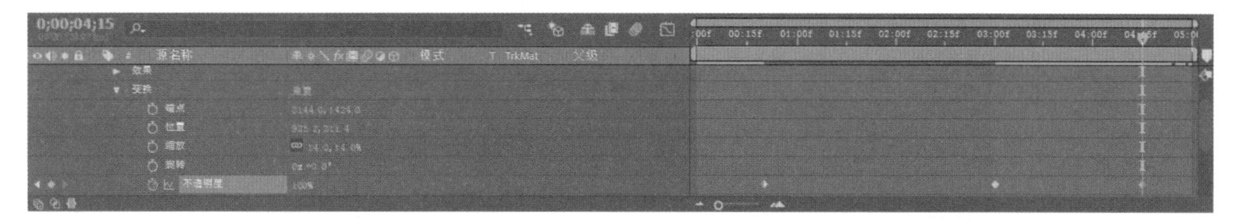

图 9-67

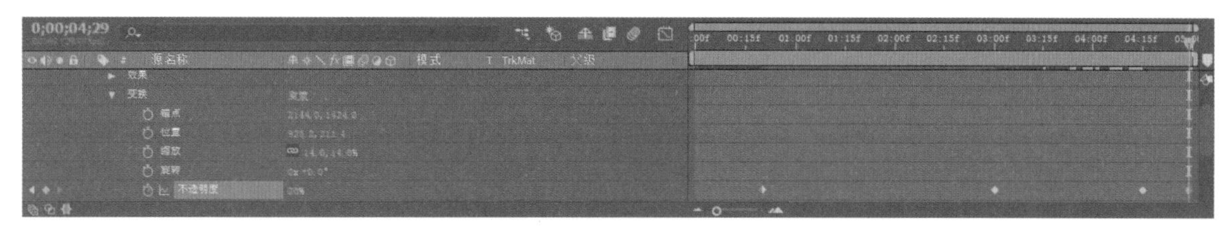

图 9-68

Step14 至此完成风景展示效果的制作。

9.8 制作文字效果

利用文字和“3D 下雨词和颜色”效果制作一个简单的文字动态效果，完善整个视频。具体操作步骤如下。

Step01 单击“横排文字工具”，在“合成”面板单击并输入文字内容，在“字符”面板设置文字字体、大小和颜色，再调整文字在合成面板中的位置，如图 9-69 和图 9-70 所示。

图 9-69　　图 9-70

Step02 将时间线移动至 0:00:02:00 位置，为文字添加“3D 下雨词和颜色”效果，按空格键预览动画，

即可看到文字的动画效果以及颜色变化，如图 9-71 所示。

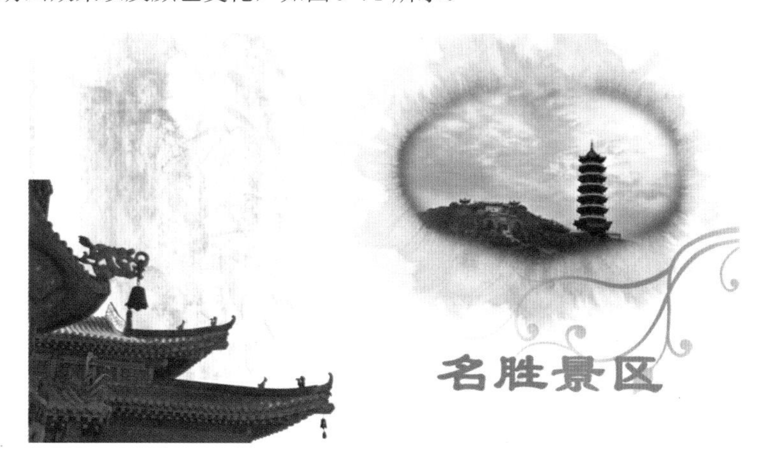

图 9-71

Step03 至此完成本案例动画效果的制作。

第10章 制作杂志宣传视频

内容导读

视频宣传片是如今较为常用的传媒手段，人们可以使用视频进行各种简单的宣传，同样也可以利用 After Effects CC 来制作宣传片。本章将利用所学知识制作一个杂志宣传小视频，让读者更好地掌握图层的应用以及各种特效的使用技巧。

学习目标

» 掌握背景动画效果的制作

» 掌握文字动画效果的制作

10.1 根据素材创建合成

在制作合成视频之前首先要新建项目与合成，本小节将根据素材创建合成，具体操作步骤如下。

Step01 执行“文件”|“新建”|“新建项目”命令，创建新的项目。

Step02 在“项目”面板单击鼠标右键，在弹出的快捷菜单中选择“导入”|“文件”命令，打开“导入文件”对话框，选择导入的素材图像，单击“导入”按钮，如图 10-1 和图 10-2 所示。

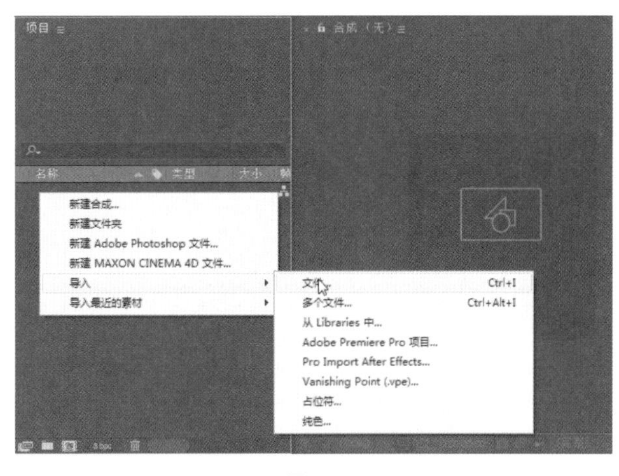

图 10-1

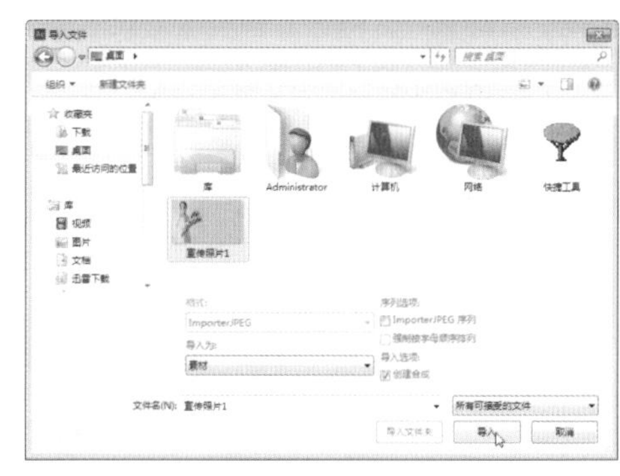

图 10-2

Step03 系统会根据该素材图像自动创建合成，如图 10-3 所示。

Step04 执行“合成”|“合成设置”命令，打开“合成设置”对话框，设置“持续时间”为 0:00:10:00，如图 10-4 所示。

图 10-3

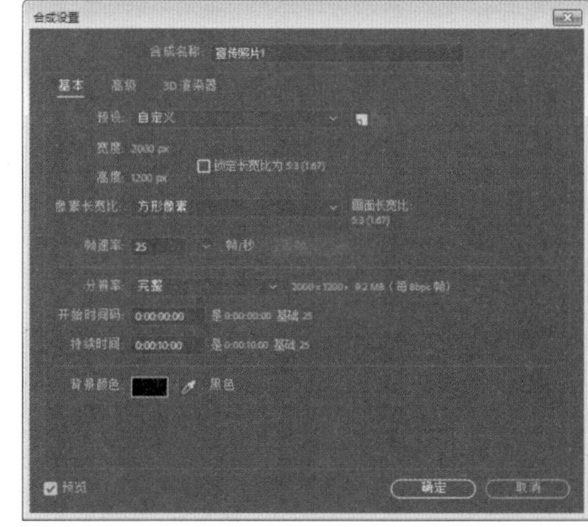

图 10-4

ACAA课堂笔记

Step05 单击“确定”按钮，在“时间轴”面板可以看到时间线变长了，再调整图层长度，如图 10-5 所示。

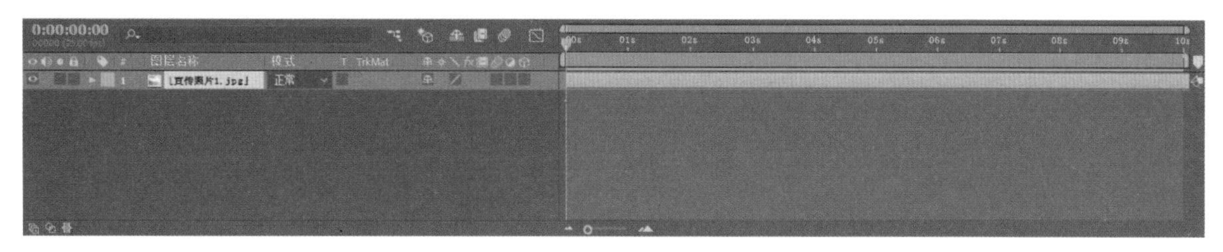

图 10-5

10.2 设计背景动画效果

本小节将利用图层的“位置”属性和“不透明度”属性等制作背景动画效果，具体操作步骤如下。

Step01 在“时间轴”面板的空白处单击鼠标右键，在弹出的快捷菜单中选择“新建”|“纯色”命令，打开“纯色设置”对话框，设置图层“宽度”为 2000 像素，“高度”为 600 像素，图层“颜色”为黑色，如图 10-6 和图 10-7 所示。

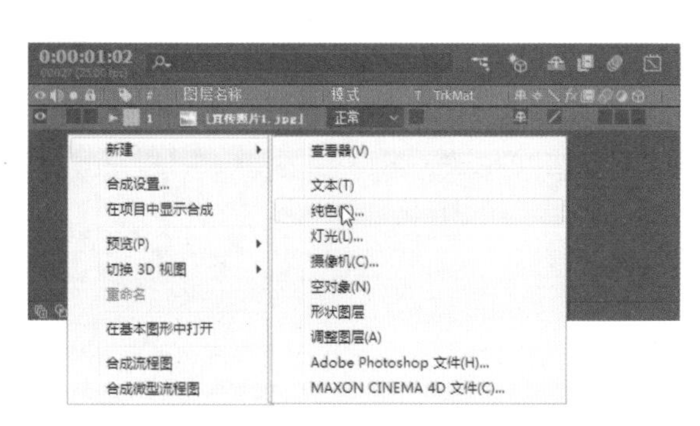

图 10-6

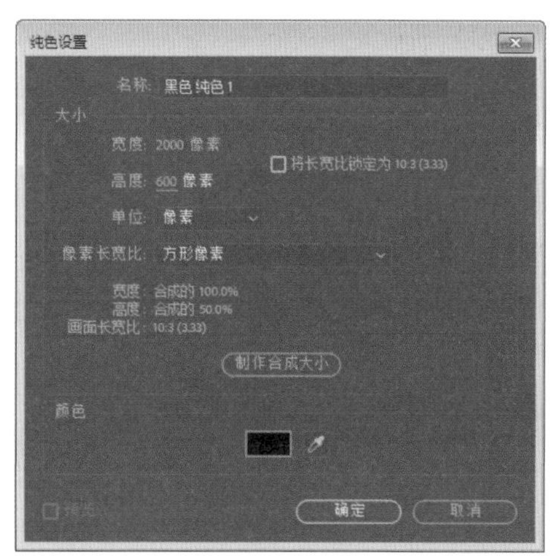

图 10-7

Step02 单击“确定”按钮创建纯色图层，位于图像图层之上，如图 10-8 所示。

Step03 在“对齐”面板中单击“垂直靠上对齐”按钮，对齐纯色图层，如图 10-9 所示。

Step04 从“时间轴”面板打开属性列表，在 0:00:00:00 位置激活并创建“位置”属性的关键帧，如图 10-10 所示。

图 10-8

图 10-9

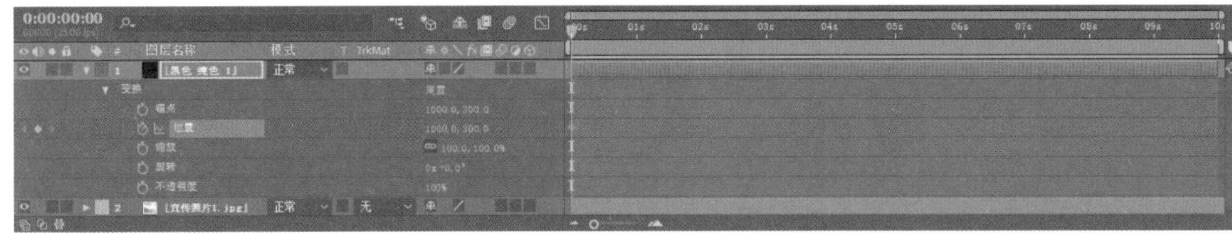

图 10-10

Step05 将时间线移动至 0:00:01:00 位置并添加关键帧，再设置“位置”属性为 1000.0,-300.0，如图 10-11 所示。

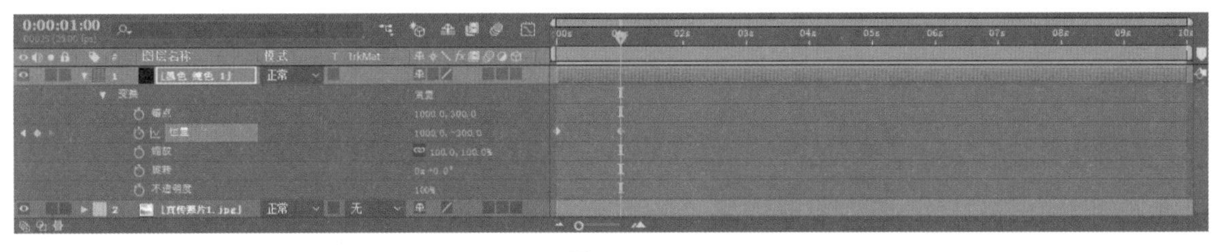

图 10-11

Step06 此时在“合成”面板可以看到，纯色图层对象已经移动至上方，如图 10-12 所示。

Step07 用同样的方法创建下半部分的纯色图层，按空格键可以预览动画效果，如图 10-13 所示。

Step08 新建一个“宽度”为 2000 像素，“高度”为 1200 像素的纯白色图层置于图像图层下方，如图 10-14 所示。

图 10-12

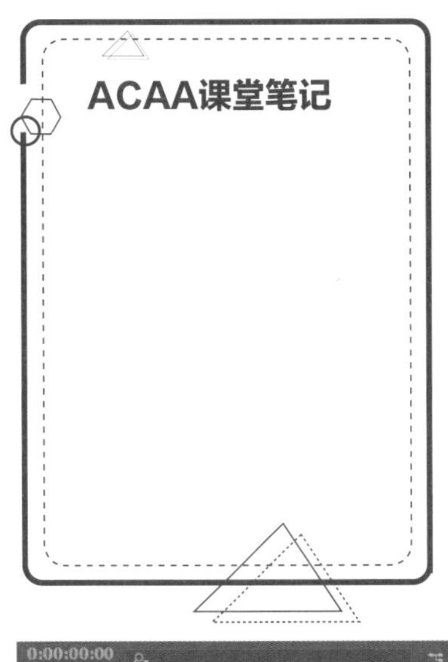

图 10-13

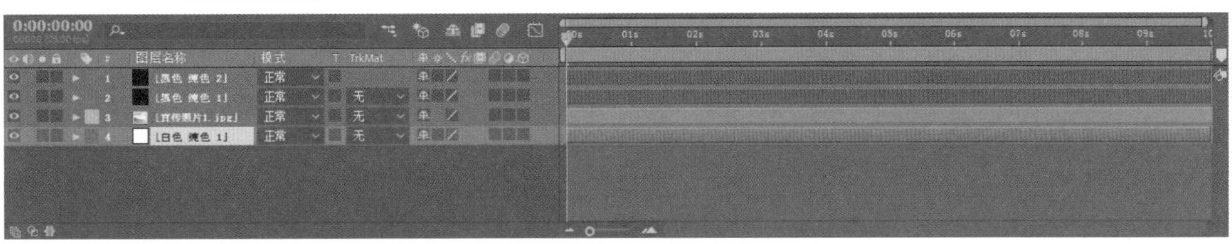

图 10-14

Step09 在“时间轴”面板打开图层的“变换”属性组，将时间线保持在0:00:00:00位置，单击“不透明度”属性左侧的“时间变化秒表”按钮，为该属性添加关键帧，设置“不透明度”为0%，如图10-15所示。

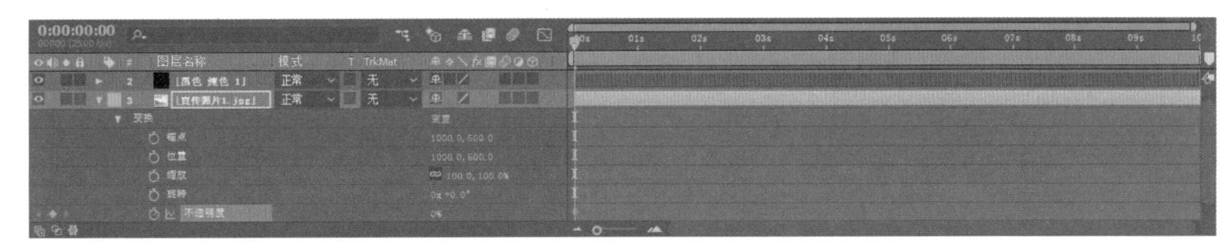

图 10-15

Step10 接着将时间线移动至0:00:01:00位置，继续添加关键帧并设置“不透明度”为100%，设置图层混合模式为“动态抖动”，如图10-16所示。

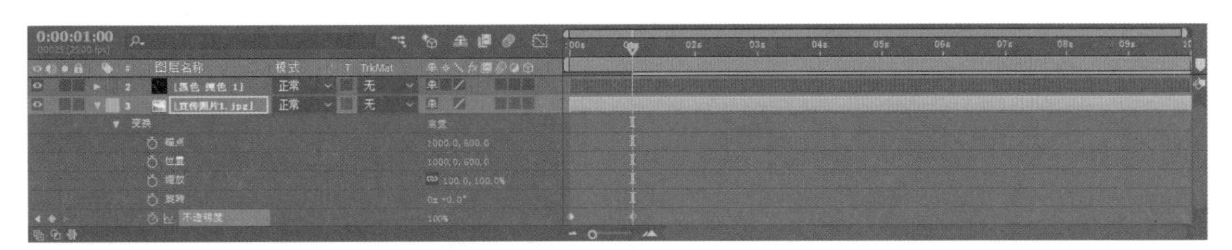

图 10-16

Step11 在“合成”面板单击“选择网格和参考线”按钮，在打开的列表中选中“参考线”和“标尺”选项，为项目面板显示标尺，如图10-17和图10-18所示。

图 10-17

图 10-18

Step12 按照 40 像素、280 像素的间距拖动创建多条参考线，如图 10-19 所示。

Step13 在“时间轴”面板单击鼠标右键，在弹出的快捷菜单中选择“新建”|“纯色”命令，打开“纯色设置”对话框，设置“宽度”为 920 像素，“高度”为 1 像素，“颜色”为白色，如图 10-20 所示。

图 10-19

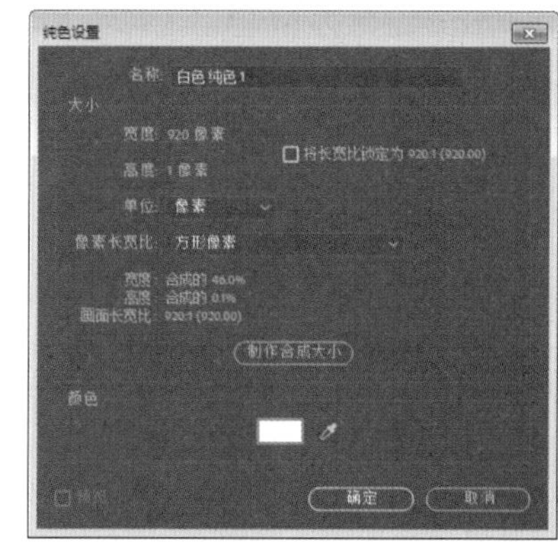

图 10-20

Step14 单击“确定”按钮创建纯色图层，再调整图层位置，隐藏参考线，即可看到新创建的纯色图层，如图 10-21 所示。

Step15 打开属性列表，设置“位置”为 2500,40，在时间线 0:00:01:00 位置添加关键帧，如图 10-22 所示。

图 10-21

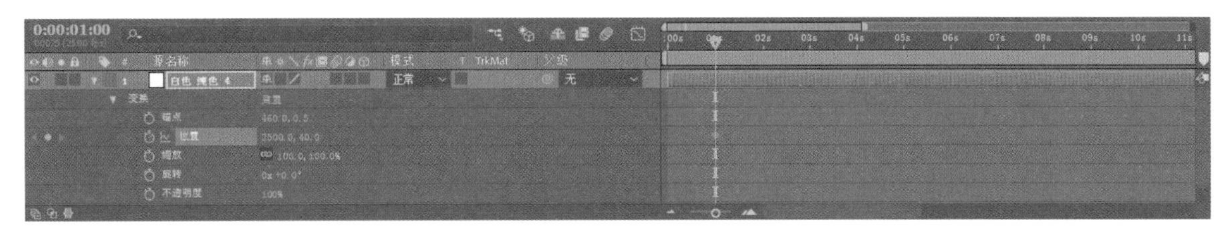

图 10-22

Step16 在"合成"面板可以看到纯色图层位于视野范围之外，如图 10-23 所示。

Step17 移动时间线至 0:00:02:00 位置，添加关键帧并设置"位置"为 1540,40，如图 10-24 所示。

图 10-23

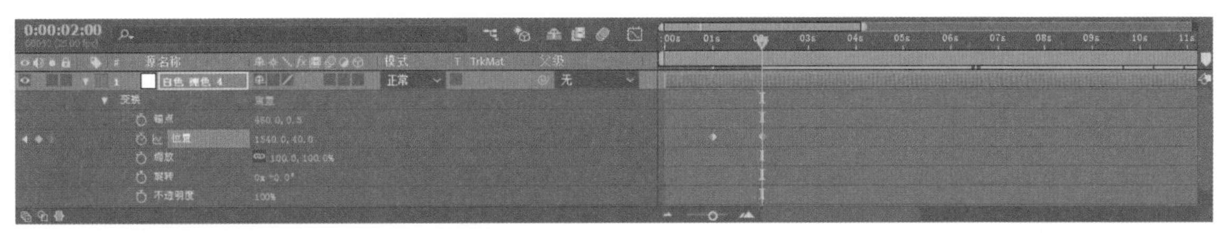

图 10-24

Step18 此时图层对象已显示在相应位置，如图 10-25 所示。

Step19 用同样的方法制作多个纯色图层，并将其移动对齐至参考线，如图 10-26 所示。

Step20 接下来制作竖向线条，新建纯色图层，设置"宽度"为 1 像素，"高度"为 1200 像素，如图 10-27 所示。

图 10-25

ACAA课堂笔记

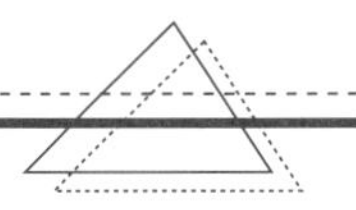

图 10-26

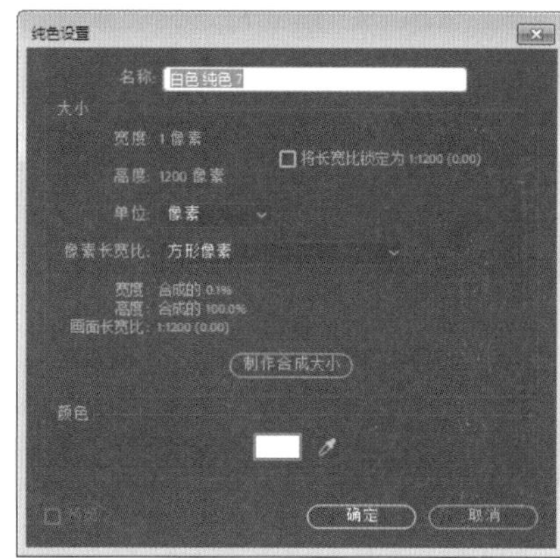

图 10-27

Step21 在“合成”面板中调整素材的位置，使其对齐到最左侧的竖向参考线，如图 10-28 所示。

图 10-28

Step22 利用透明度制作素材的渐变显示效果。打开属性列表，将时间线移动至 0:00:01:00 位置，添加关键帧并设置“不透明度”为 0%，如图 10-29 所示。

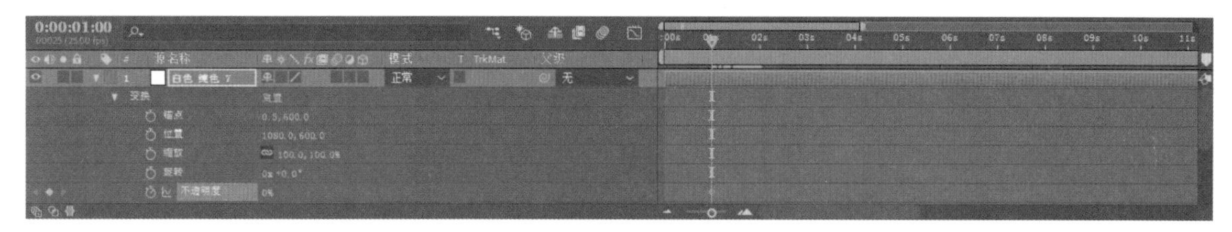

图 10-29

Step23 再将时间线移动至 0:00:02:00 位置，添加关键帧并设置“不透明度”为 100%，如图 10-30 所示。

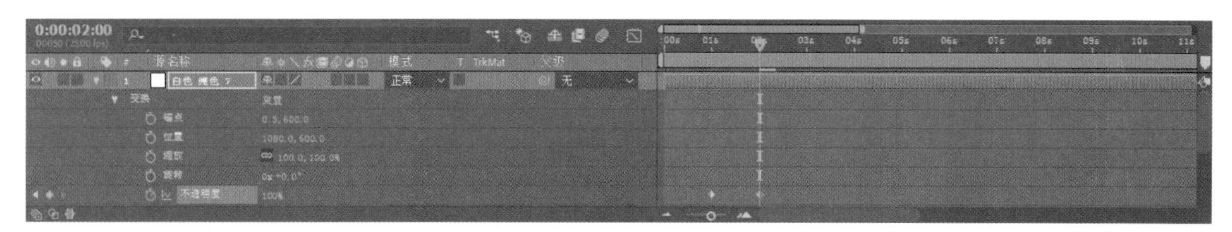

图 10-30

Step24 复制出四个图层，并在“合成”面板中调整位置，效果如图 10-31 所示。

图 10-31

10.3 设计文字动画效果

本小节将利用文字预设动画、“卡片擦除”特效等制作文字动画效果，具体操作步骤如下。

Step01 创建文字图层，输入字母 C，在“字符”面板设置字体、文字大小以及文字颜色，如图 10-32 和图 10-33 所示。

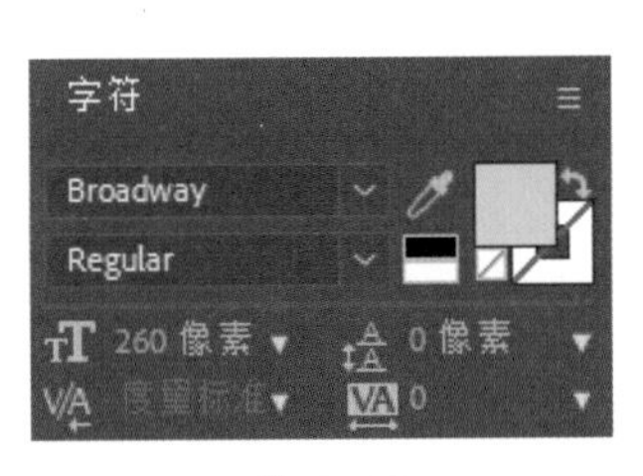

图 10-32

图 10-33

ACAA课堂笔记

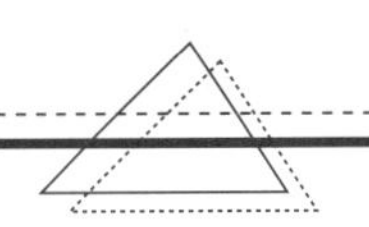

Step02 在“项目”面板中调整文字素材的位置，如图 10-34 所示。

图 10-34

Step03 复制多个文字图层，修改文本内容及颜色，并在“合成”面板中调整文字的位置，效果如图 10-35 所示。

图 10-35

Step04 选择文字 C 对象，从“效果和预设”面板选择“动画预设”|Text |3D Text |“3D 从摄像机后下飞”效果，为文字添加动画效果，打开属性列表，可以看到该效果的持续时间为 2s，调整关键帧位置，缩短持续时间为 10f，如图 10-36 和图 10-37 所示。

ACAA课堂笔记

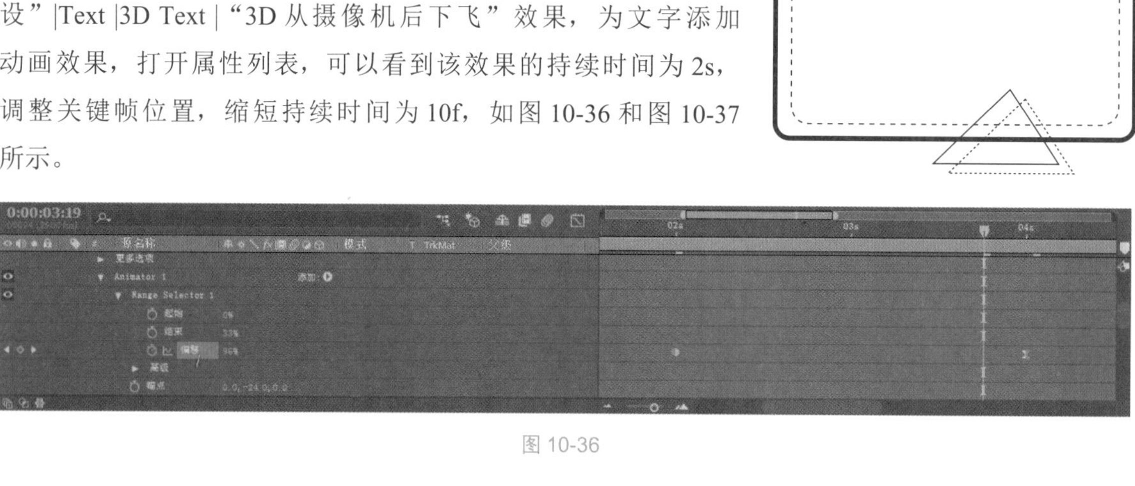

图 10-36

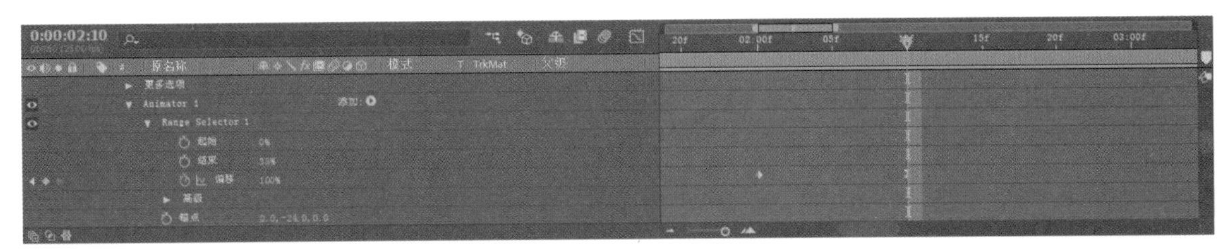

图 10-37

ACAA课堂笔记

Step05 将时间线保持在第一个文字特效的结束位置，选择其他字母，逐个添加“3D 从摄像机后下飞”效果，并依次调整持续时间为 10f。

Step06 单击“横排文字工具”按钮，创建文字选框，输入文字内容并设置字体和大小，如图 10-38 所示。

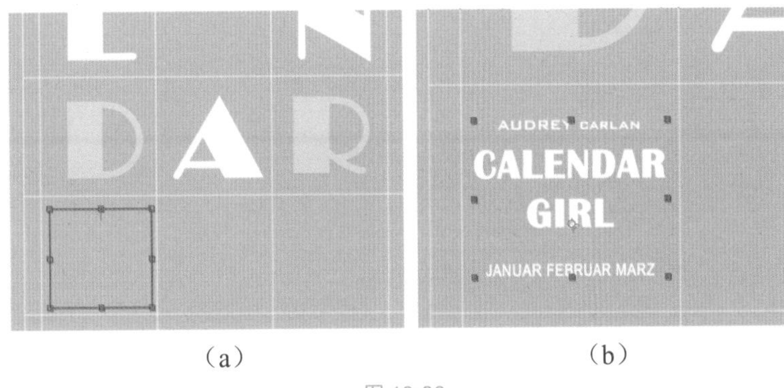

（a）（b）

图 10-38

Step07 再创建两个文字图层，如图 10-39 所示。

图 10-39

Step08 打开文字图层的属性列表，将时间线移动至 0:00:02:00 位置，添加关键帧并设置“不透明度”为 0%，再将时间线移动至 0:00:06:00 位置，添加关键帧并设置“不透明度”为 100%，如图 10-40 所示。依次为三个文字图层进行同样的操作。

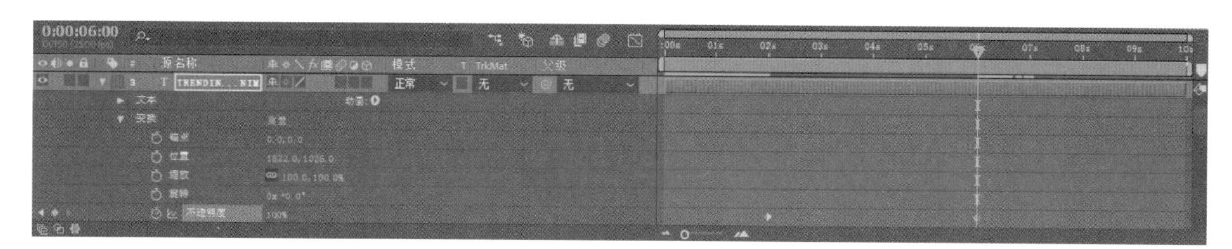

图 10-40

Step09 继续创建文字图层，输入文字内容，在“字符”面板设置字体、文字大小、文字颜色等参数，如图 10-41 和图 10-42 所示。

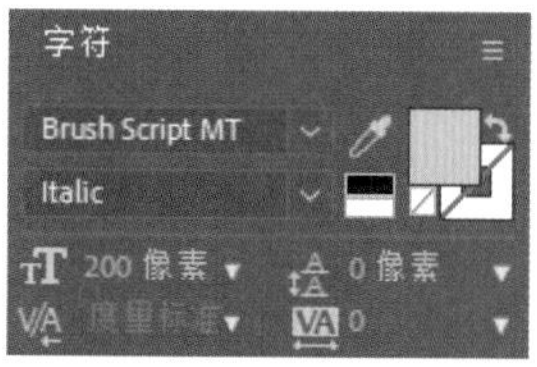

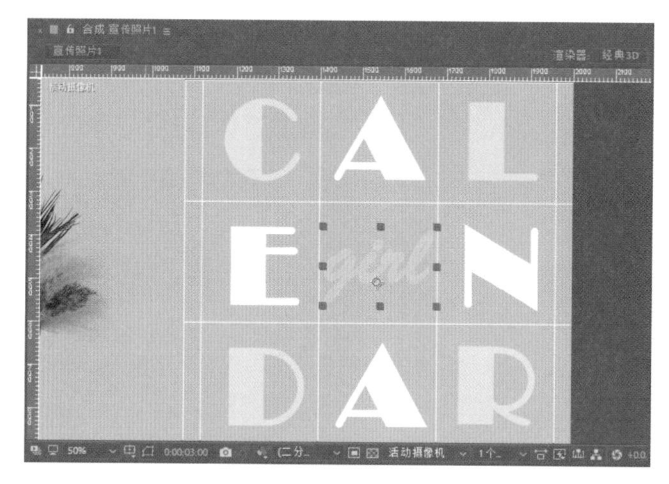

图 10-41　　图 10-42

Step10 将该文字图层隐藏，如图 10-43 所示。

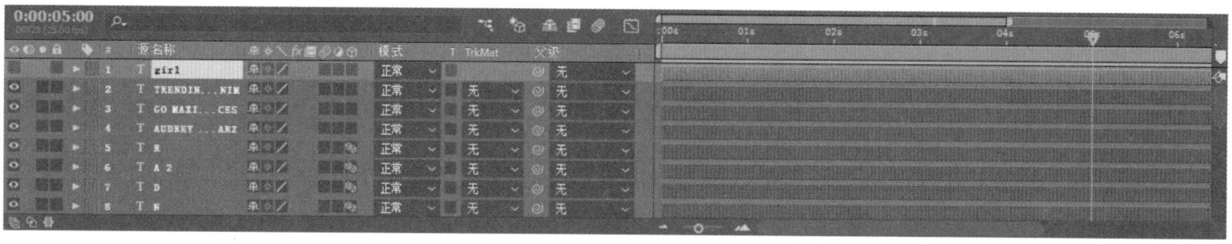

图 10-43

Step11 新建形状图层，单击“钢笔工具”，绘制一个心形图形，设置填充颜色为粉色，描边像素为 0，如图 10-44 所示。

Step12 在“时间轴”面板打开属性列表，将时间线移动至 0:00:05:00 位置并添加关键帧，再设置“模糊半径”为 200；将时间线移动至 0:00:05:10 位置并添加关键帧，再设置“模糊半径”为 0，如图 10-45 和图 10-46 所示。

图 10-44

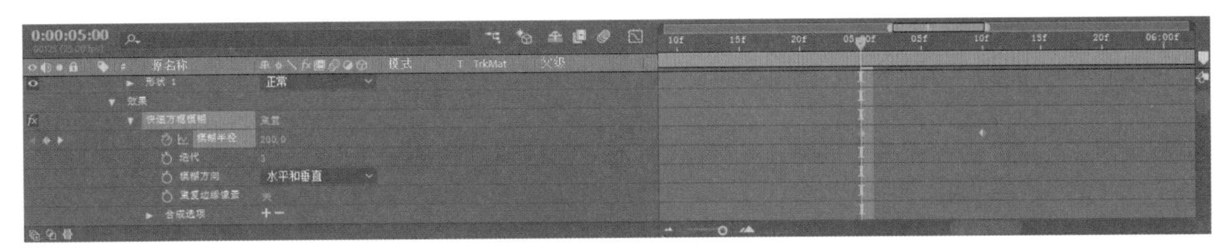

图 10-45

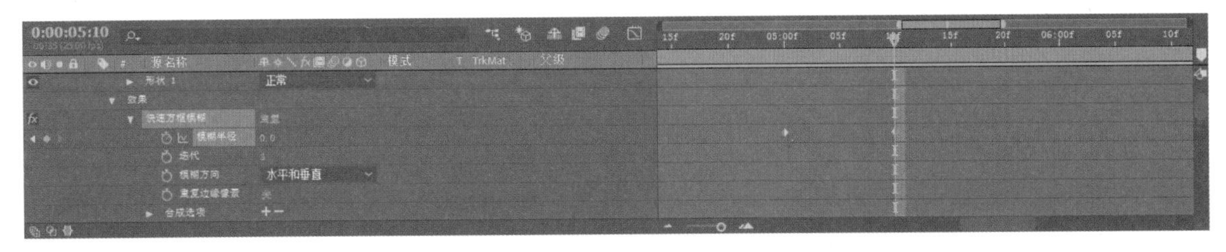

图 10-46

Step13 为图层添加“卡片擦除”特效，在“效果控件”面板设置背景图层、行数、列数、翻转轴、翻转方向等参数，如图 10-47 所示。

Step14 移动时间线至 0:00:06:00 位置，添加关键帧并设置“过渡完成”为 0%，如图 10-48 所示。

Step15 继续移动时间线至 0:00:07:00 位置，添加关键帧并设置“过渡完成”为 100%，如图 10-49 所示。

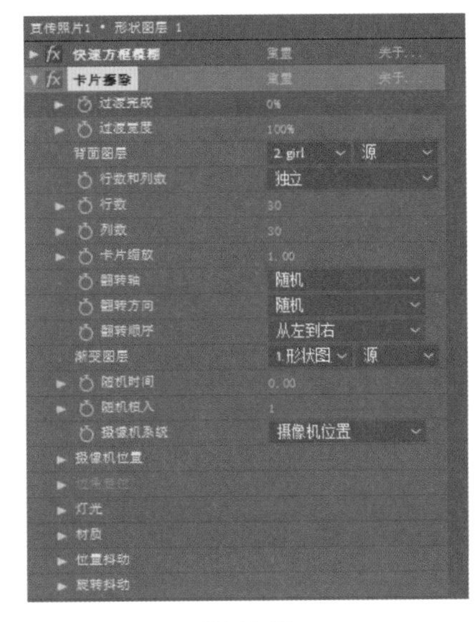

图 10-47

图 10-48

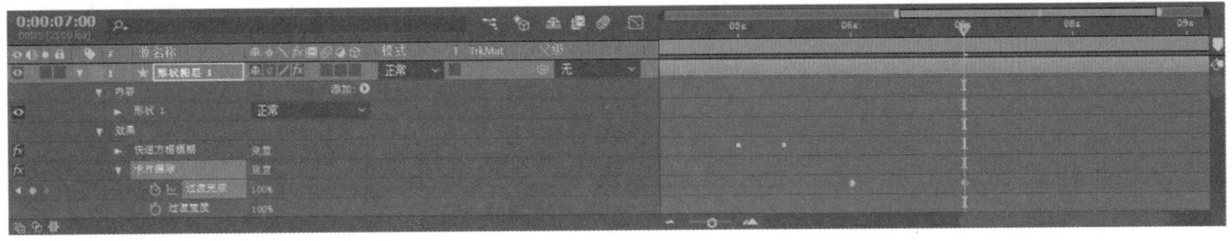

图 10-49

Step16 新建文字图层并输入文字内容，在“字符”面板设置字体、文字大小及颜色，在“合成”面板调整文字位置，如图 10-50 和图 10-51 所示。

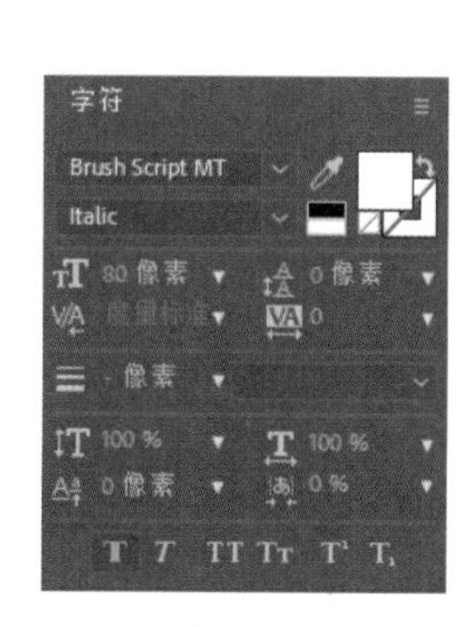

图 10-50

图 10-51

Step17 将时间线保持在 0:00:07:00 位置，为文字图层添加“字符旋转进入”特效，按空格键播放动画，效果如图 10-52 所示。

Step18 按 Ctrl+Y 组合键创建一个白色的纯色图层，如图 10-53 所示。

Step19 为纯色图层添加“分形杂色”效果，在“时间轴”面板中展开属性列表，再展开“演化选项”属性列表，按住 Alt 键单击“随机植入”属性的“时间变化秒表”按钮，在右侧输入表达式 time*10，如图 10-54 所示。按 Enter 键即可完成操作。

图 10-52

图 10-53

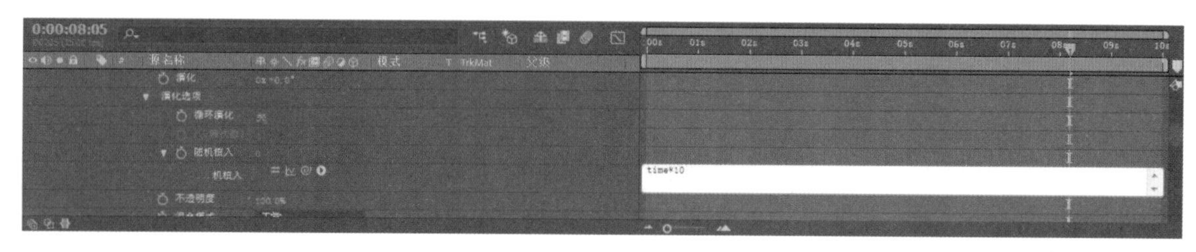

图 10-54

Step20 右键单击纯色图层，在弹出的快捷菜单中选择“预合成”命令，打开“预合成”对话框，选中“将所有属性移动到新合成”单选按钮，如图 10-55 所示。

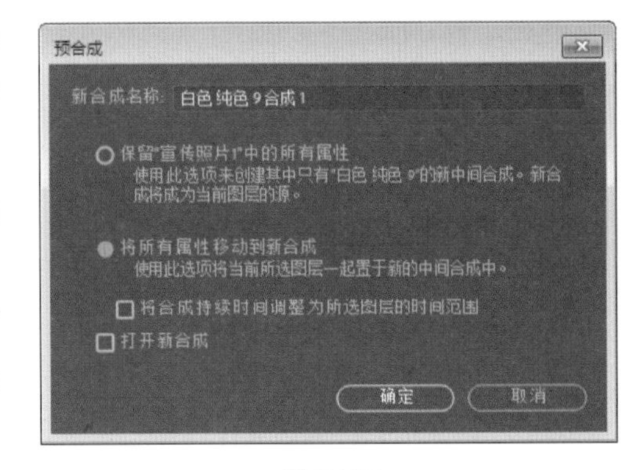

图 10-55

Step21 接着隐藏该图层，并在“时间轴”面板中将该图层的起始点移动至 0:00:09:00 位置，如图 10-56 所示。

Step22 选择图层列表中所有的文字图层，添加“置换图”效果，在“效果控件”面板设置置换图层为刚才创建的纯色图层，最大水平置换值和最大垂直置换值都为 8，如图 10-57 所示。

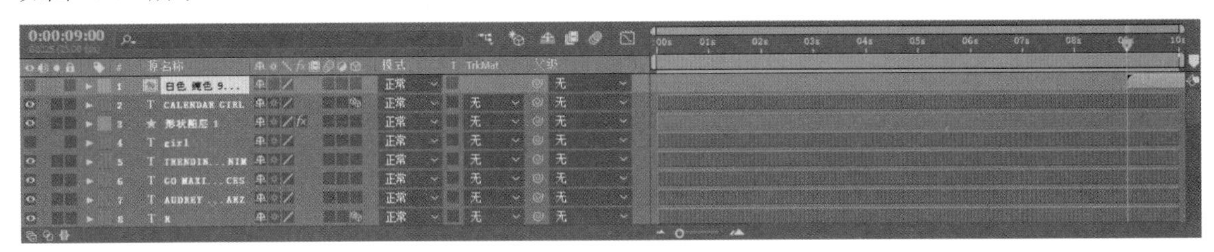

图 10-56

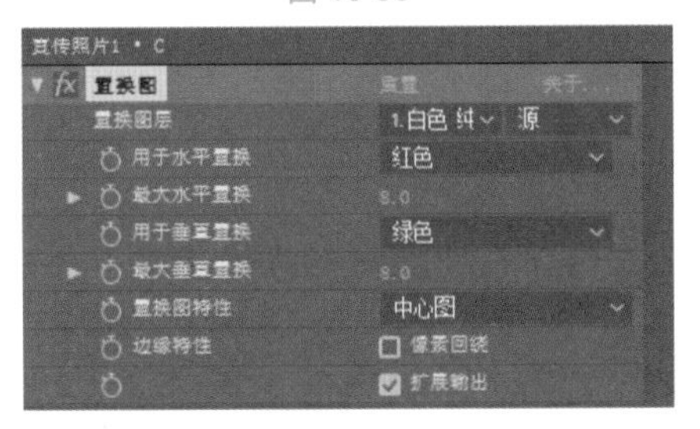

图 10-57

Step23 按空格键可预览文字抖动的动画效果，如图 10-58 所示。

Step24 至此完成本案例的制作。

图 10-58